聖史式　積み重ね型物理学入門　力学編

> 聖史式

積み重ね型物理学入門
力学編

松野聖史

海鳴社

はじめに

　物理学とはどんな学問なんでしょう？
　僕は，見ればわかる目の前で起こる現象を，数学を用いて客観的に説明しようと試みる学問と考えています。つまり，物理学の対象は生まれてからずっと経験してきた目の前の現象なのです。そして，それらを説明するうちに，過去や未来までも予想し，さらには広大な宇宙まで説明しようとするものです。
　しかし，高校で物理を学んだ人でも，そこまで奥の深い学問であることを理解できた人は少ないかと思います。なぜなら，"入試のための物理"に成り下がってしまって，本来の物理学の学問としての面白みが感じられないまま終わってしまう場合が多いからです。まったく，残念で仕方がありません。
　そこで，この本では，次のような人を読者として想定しました。

　　一度，高校などで物理を学び，脱落した人。
　　高校で学んだ物理が，問題の解き方ばかりで面白くないなと感じていた人。
　　高校で学んだ物理に興味を持ち，今後，物理学をさらに学んでみたい人。
　　大学受験のための物理に飽き飽きしてしまっている人。
　　趣味や教養として，物理学をこれからはじめようと思っている人。

　つまり，この本は，大学入試の問題ができるようになったり，よくある，得点を取れるテクニックのような要点ポイント集のようなものでは全くありません。
　物理学が本当はもっと奥が深く，面白いものであることをぜひとも知ってほし

い。目の前の物体で作り上げた理論がどんどん未知なるモノへと応用できるという物理学の面白さを知ってもらいたい。そこで，**"積み重ね学問としての物理学"** を常に念頭においてこの本を仕上げました。少しでも，入試物理のせいで物理嫌いになってしまった，または，なっている人の考え方を変えられればと思います。

いつも僕が思っていることがあります。**物理学は，自分の生き方に大きく役立つ学問である**ということです。法則や公式の応用方法が生き方のヒントを与えてくれることもあるし，自然界を数学で理解しようという試みが，なぜ自分がここにいるのだろう？ という哲学に近いものへと続いていくのです。そういった，**"学問として楽しむための物理学"** をぜひ堪能してください。

                              2006年7月　松野聖史

目次

はじめに ・・・・・・・・・・・・・・・・・・・・・・・・・・・・・・・・・・・ 5

1. 速度と加速度 ・・・・・・・・・・・・・・・・・・・・・・・・・・・ 9
2. 等加速度直線運動の三公式 ・・・・・・・・・・・・・・・ 19
3. 身近な等加速度直線運動 ・・・・・・・・・・・・・・・・・ 27
4. はたらく力の見つけ方 ・・・・・・・・・・・・・・・・・・・ 51
5. 運動の法則 ・・・・・・・・・・・・・・・・・・・・・・・・・・・・ 62
6. いろいろな力 ・・・・・・・・・・・・・・・・・・・・・・・・・・ 76
7. 運動方程式の使い方 ・・・・・・・・・・・・・・・・・・・・ 91
8. 仕事 ・・・・・・・・・・・・・・・・・・・・・・・・・・・・・・・・・ 103
9. エネルギー ・・・・・・・・・・・・・・・・・・・・・・・・・・・ 111
10. 仕事と力学的エネルギーの関係 ・・・・・・・・・・ 121
11. 力積と運動量 ・・・・・・・・・・・・・・・・・・・・・・・・ 135
12. はねかえり係数 ・・・・・・・・・・・・・・・・・・・・・・ 145
13. モノとモノがぶつかるとき ・・・・・・・・・・・・・ 150
14. 複雑な物理現象の解明 ・・・・・・・・・・・・・・・・・ 162
15. 慣性力 ・・・・・・・・・・・・・・・・・・・・・・・・・・・・・ 174
16. 等速円運動 ・・・・・・・・・・・・・・・・・・・・・・・・・ 177
17. 単振動 ・・・・・・・・・・・・・・・・・・・・・・・・・・・・・ 194
18. 天体の運動 ・・・・・・・・・・・・・・・・・・・・・・・・・ 211

19. 大きさのある物体の扱い方 ・・・・・・・・・・・・・・・・・・・・・・・・・・ *226*
20. 回転運動 ・・ *243*
21. コリオリの力 ・・・・・・・・・・・・・・・・・・・・・・・・・・・・・・・・・・・・・ *262*
22. 物理学と微分・積分 ・・・・・・・・・・・・・・・・・・・・・・・・・・・・・・ *267*

付録A. 高校物理の家 ・・・・・・・・・・・・・・・・・・・・・・・・・・・・・・・ *279*
付録B. ぴこちゃんと父ちゃんの会話問題 ・・・・・・・・・・・ *283*
付録C. 松野聖史作詞作曲"物理学（？）の歌" ・・・・・・・・ *293*

おわりに ・・ *298*
参考文献 ・・ *301*

1．速度と加速度

速さ

　例えば，自動車に乗っているとき，いったい今どれだけの**速さ**（speed）で走っているのかを知ろうと思えば，スピードメータを見ればよい。その**瞬間の速さ**がメータで即時にわかるからだ。ちょうど目盛りが 80［km/h］を示していたら，これは"1 時間に 80［km］の距離を進む速さですよ"という意味だ。ところが考えたらわかるが，自動車はいつも同じ速さで進んでいるわけではない。信号があれば停止する。坂があれば速くなったり遅くなったりする。目的地まで大体どれくらいかかるだろうかを予測しようとするなら，**平均の速さ**を概算するほうが現実的だ。止まったり速くなったりするが，平均では 60［km/h］くらいだと考えるという意味だ。実際の場合と同じく，物理学でも，ある一定時間での移動距離を求める場合が多いので，平均の速さを一般的に用いる。

$$v \equiv \frac{\Delta x}{\Delta t} \left(\Leftarrow \frac{位置の変化}{時間の変化} \right) [\text{m/s}]$$

　これが，**速さの定義**である。左辺の v が速さのことだ。"Δ" は "**変化分**" という意味で，**デルタ**というギリシア文字だ。また，x は，位置を表すときによく用いられる。よって Δx は，位置の変化（**変位**），すなわち，移動した距離のことである。また，t は時間。英語の time の頭文字だ。
　あ，また公式が出たな。物理は公式ばっかりだよなぁ・・・と思ったかもしれない。いや，よく見てほしい。これは，**定義であって公式では断じてない！**

よく誤解され，なんでも公式だと思って覚えようとする人がいるが，実は物理学では，公式はあまりないのである。そのかわり，法則が多いのだ。

> **定義** … そのように定めることで現象が理解しやすくなるというもの。
> **公式** … 数学的に証明できるもの。覚えると便利であるが覚えなくてもよい。
> **法則** … 数学的に証明できないもの。たいてい発見者の名前がついている。

よって，定義は，「そう定めると現象が理解しやすくなるんだな」と思って，確実に身につけよう。リンゴを"リンゴ"というのと同じだと考えてもよい。要は，それを知らないと物理学が語れないわけだ。ちなみに，"≡"の記号が，**定義を示す数学の記号**である。

単位

さて，定義の式を見ると，単位がかいてある。[m/s] というのがそれだ。車のメータは [km/h] なのに，なんで？ と思うかもしれないが，おなじ速さにいろいろと単位があっては，文字でかいたときに誤解が生じる可能性が高い。そこで，**国際的にこうしましょうと約束した国際単位系**（SI 単位系）を用いることになっている。国際的に約束されているので，いわば世界共通語のようなものである。どの国に行っても誤解されることがないので，ここで紹介しておく。

この約束は 1960 年の国際度量衡総会でなされた，まだつい最近の出来事である。位置で用いた長さの単位の他にも，合計 7 つの基本物理量が基本単位として定められた。これを**国際単位系**（international system of units）といい，略称で"**SI 単位系**"という場合が多い。ちなみに，"系（system）"というのは，"セット"というようなニュアンスの言葉であると考えればよい。つまり，国際単位系とは，国際的に約束された単位のセットのことである。

一般的に使用される基本単位は，その 7 つのうちの 4 つであり，それぞれの頭文字をとって"**MKSA 単位系**"とよばれている。ちなみに，正しくは SI 単位系が

1. 速度と加速度

MKSA 単位系より発展したという経緯がある。

MKSA では何かと発音しにくいので，僕は並べ替えて "**MASK（マスク）単位系**"（←聖史造語）と紹介することにしている。よく戦隊モノは 3 人か 5 人でチームを組んで悪者と戦うパターンが多いのだが，物理学の基本単位は 4 人でチームを組んで戦うのである。そう，"**ブツーリ戦隊 MASK（マスク）マン**"！ なのだ！

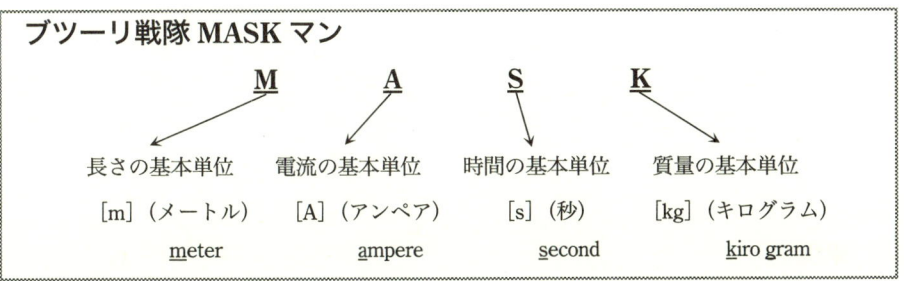

順に確認していくことにしよう。

まずは "**M**"。これは "**長さの基本単位**" である [m]（メートル：meter）の頭文字だ。つまり，国際的には，どのような場合においても，長さはいつでも [m] で測るということだ。だから，[cm] や [km] や [yard] 等で自分で表現するにはかまわないが，国際的には [m] に直さなくてはならないぞということだ。また，特に長さの単位について説明がない場合は，暗黙のうちにだれでも [m] であるとして，その値を用いるということをも意味している。もし自分が [m] でない単位で長さを用いる場合は，毎回主張しなくてはならないことになる。くどいようだが，**国際的な約束なので万国共通である。**

次は "**A**"。この力学編では登場することがない "**電流の基本単位**" である [A]（アンペア：ampere）の頭文字だ。ちなみにこの単位は，フランスの物理学者である**アンペール**（André Marie Ampère）の名前からつけられた。

さて次の "**S**"。これは "**時間の基本単位**" である [s]（秒：second）の頭文字だ。時間には他に，[min]（分：minute），[h]（時間：hour），[y]（年：year）な

どがあるが，国際的な時間としての単位は，[s] だということだ。なので，あらゆる時間を [s] に直さねばならない。

最後は "**K**"。これは "**質量の基本単位**" である [kg]（キログラム：<u>ki</u>ro <u>g</u>ram）の頭文字だ。質量だけなぜか他の単位と違って [g] でなく [kg] で測るというように約束されたのが興味深い。

ここまで読み進めてきて感じられたかもしれないが，僕は，単位を必ず［四角カッコ］で囲うようにしている。そうすることで，第三者に "これは単位ですよ" と主張できるし，なにより，物理学では文字を使った数式が多いので，物理量としての文字と，単位の文字が混在することが多い。そうした場合に誤解しないためにも，**単位を［四角カッコ］で囲う癖をつけておくことを**モーレツに**オススメ**する。

速度

ところで，自動車は，いつも同じ向きに動いているのか？ そんなわけはない。カーブなら次第に曲がっていくし，L 字の交差点もある。速さだけでは情報不足なのだ。つまり，向きの情報が必要になってくる。そこで，速さに向きの情報を加えたような物理量の定義が必要になってくる。それを，**速度**（<u>velocity</u>）というのだ。

速度

$$\vec{v} \equiv \frac{\Delta \vec{x}}{\Delta t} = \frac{\vec{x}_{あと} - \vec{x}_{はじめ}}{t_{あと} - t_{はじめ}} \, [\text{m/s}]$$

速さと何が違うかというと，**速度はベクトルで定義されている**点だ。ベクトルとは，**向きと大きさを持った量**で，**矢印**（vector）であらわす。

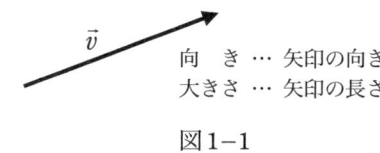

向き … 矢印の向き
大きさ … 矢印の長さ

図1-1

たとえば，図1-1にあるように，斜めの向きもたやすく表現でき，速度の大きさ（速さ）と速度の向きも同時にあらわせる優れモノだ。つまり，"速さ"は"速度"の大きさのみの情報というわけなので，"**速さは速度の大きさ**"という関係となる。

再度確認しておくが，速度は，向きと大きさの情報を常に持つ。定義の式によって，**速度とは，1秒間あたり（単位時間あたり）の位置の変化[m]である**ということを確認しておこう。ちなみに，変化分は，常に［あと－はじめ］である。どれだけ変化したかなのだから，［変化後－変化前］で求めることになるわけだ。

では具体的に，考えていこう。

問題

常に一定の速さで転がるボールがある。次の問いに答えよ。
（1）東向きに転がしてから30秒後に，6.0[m]だけ転がった。このボールの速さはいくらか。
（2）その後，西向きに向きを変えた後，20秒後に元の位置に戻った。西向きに向きを変えた後の速度を求めよ。
（3）ボールが転がり始めてから50秒間のx–tグラフおよびv–tグラフをかけ。

はじめに何をするかというと，状況を自分で絵にかくのだ。一体，どのような現象を考えているのかが絵にかくことで見えてくる場合が多い。**手を抜いてはいけないのだ。**

図1-2が，問題文を絵にかいてみた様子だ。これを見ながら順に考えていこう。

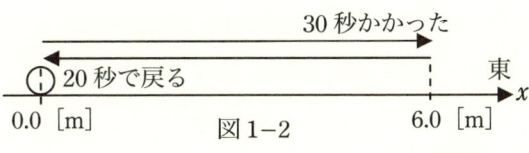

図1-2

（1）の速さは，**速さの定義**により，$v \equiv \dfrac{\Delta x}{\Delta t} = \dfrac{6.0 - 0.0}{30} = \underline{0.20\,[\text{m/s}]}$。

（2）では，速度が聞かれている。**速度は，大きさ（速さ）と向きを答えなくてはならない**点に注意だ。向きは西向きなので<u>西向き</u>。また，20秒で戻ったこと

より，速さは，$v \equiv \dfrac{\Delta x}{\Delta t} = \dfrac{6.0 - 0.0}{20} = 0.30\,[\text{m/s}]$。よって，速度は**西向き 0.30 [m/s]**。

さてここで，ちょっと別の答え方をしてみよう。

東向きを正の向きとすると，数学で慣れ親しんだ座標軸xが図のようにとれる。はじめの位置が原点とみなせる。すると，速度が東向きならば正になり，西向きならば負になるので，**向きを符号で表現することも可能になる**。つまり（2）は，

$\vec{v} \equiv \dfrac{\Delta \vec{x}}{\Delta t} = \dfrac{\vec{x}_{\text{あと}} - \vec{x}_{\text{はじめ}}}{t_{\text{あと}} - t_{\text{はじめ}}} = \dfrac{0.0 - (+6.0)}{20} = -0.30\,[\text{m/s}]$ と，直接ベクトルで計算ができ，結果は負になるので，向きが西向きであることがわかる。ただし，**問題文中に東向きを正とするとはどこにも書いていないので，答えるときは自分で定義したことを明記しなくてはいけない**。速度は**東向きを正とすると−0.30 [m/s]**。

このように，**直線的な運動を一次元の運動**という。座標軸はひとつですむ。考えるときには自分で正の向きを定義する。今後のこともあるので，ここで，正の向きの決め方を伝授する。**いつもはじめに動く向きを正とする**ようにしよう。

さて，（1）（2）を見てきてお分かりかと思うが，**速さに符号は存在しない。常に正だ**。なぜなら，速度の大きさだからだ。

（3）は，図1−3のようになる。座標軸に説明を入れ忘れないように。

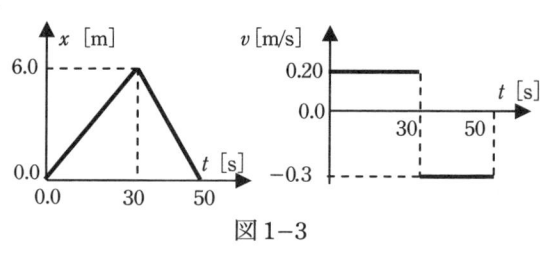

図1−3

このように一定の速さの運動を，**等速運動**といい，今は直線運動なので，**等速直線運動**というわけだ。

相対速度

速度は，もう一つ厄介な要素を持っているので，それについて考えていこうと思う。

1．速度と加速度

> **問題**
> 図1-4のように，自分の車と，その隣をトラックが同じ方向に走っている。自分の車から見えるトラックの速度はどうなるだろうか？　また，トラックの運転手から見える自分の車の速度はいくらだろうか？

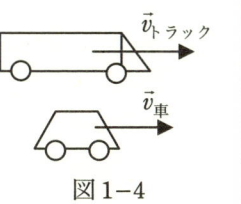

図1-4

では，**問題**に取り組んでみよう。このように，問題に絵がすでにかかれていることも多いのだが，**状況を理解するためにはやはり，自分で絵をかくことをサボってはならない**。というわけで，図1-4と同じような図を自分でかいてから考えていくことにしよう。・・・きちんとかけたかな？

まず，**はじめに動く向きを正として，軸をとってみよう**。自分の車から見るわけなので，自分の車がはじめに動いている右向きがx軸の正となる。

話を具体的にするために，トラックと自分の車の速度に値を入れて考えてみよう。図1-5のように，トラックがx軸の正の向きに80［km/h］，自分の車が60［km/h］で等速直線運動をしていたとする。

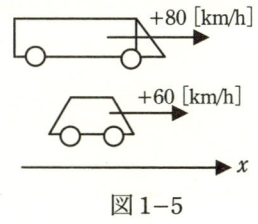

図1-5

自分の車からトラックは，$(+80)-(+60)=+20$［km/h］で正の向きに進んでいるように見えることはわかると思う。自分の車から見えるトラックは，どんどん先に進んでいってしまう。

トラックの運転手から見ると，自分の車は，$(+60)-(+80)=-20$［km/h］でどんどん後ろにさがっていくように見える。

しかし，トラックも自分の車も，道路わきに立っている人から見れば，等速直線運動をしながら正の向きに進んでいるだけなのだ。

同じ等速直線運動をし続けているはずの自分の車の速度が，速くなったり遅くなったり，向きまで変わってしまうのである。

・・・なにがちがうのか？　そう，**その運動を見ている場所が違うのだ！**　これが，速度の非常に厄介な要素なのである。だから，**速度について話をする場合**

は，常にどこから見た速度であるかを明確にして話をする必要があるのだ。

どこから見た速度なのかがわかるように，次のような表記方法を導入しよう。

"Bから見たAの速度"を"$\vec{v}_{A \leftarrow B}$"と表記する

$\vec{v}$ の右下の添え字を見れば，どこから見た速度であるかが一目瞭然でわかる。このように，速度は**相手に対して決まる**ので，"**相対（そうたい）速度**（relative velocity）"ということになるわけだ。

問題の，自分の車から見たトラックの速度は，$\vec{v}_{\text{トラック} \leftarrow \text{車}} = \vec{v}_{\text{トラック}} - \vec{v}_{\text{車}}$ となる。具体的な場合の計算式と比較して確認してほしい。同様にして，トラックから見た自分の車の速度は，$\vec{v}_{\text{車} \leftarrow \text{トラック}} = \vec{v}_{\text{車}} - \vec{v}_{\text{トラック}}$ である。

相対速度

速度はどこから見たかで変わる。どこから見た速度かを明記する必要がある。

Bから見たAの速度　　　$\vec{v}_{A \leftarrow B} = \vec{v}_A - \vec{v}_B$
基準がB

文字でかかれた式を見るとよくわかるが，"Bから見たAの速度"を求める場合，Aの速度からBの速度を引いて求める。これは，**Bの速度を基準とみなし，それを引いている**ことに相当している。つまり，「〜から見た」という表現が基準を示しているということになる。

もう少しわかりやすい例を挙げよう。たとえば試験を返してもらったとき，その平均点が 50 点だったとしよう。あなたの得点は 82 点。では，「平均から見たあなたの得点は？」と聞かれたらどうやって計算するか？

［自分の得点 82 点］ － ［平均点 50 点］ ＝ ［平均から見た自分の得点 +32 点］

「〜から見た」という表現が基準になっていることがわかってもらえたかな？

ところで，いつもいつも速度はどこから見た速度かを明記しなくてはならないことはわかっていただけたと思うが，それでは，なかなか便利に使えない。そこで，次のように約束しよう。

> **速度に関する約束**
> 　　地球上での運動である場合，地球上（地面）から見た速度を一般的に"（絶対）速度"と呼ぶことにする。それ以外の場所から見た速度は，すべて"相対速度"として考える。

なぜ約束なのかというと，地球自身も太陽のまわりを公転しているし，自転もしているから，正確には"絶対速度"ではないからだ。しかし，便宜上，通常扱う"速度"は，地面から見た速度のことと考えてほしいということなのだ。

加速度

ここからは，もう少し自動車の運動を細かく見てみよう。信号で停止した後，青になったらアクセルを踏んで発進する。だんだん速度が速くなる・・・。そう，速度はいつも一定ではない。常に変化するほうが普通だ。では，それをどのように扱えばよいか。物理量として速度の変化を表す**加速度**（acceleration）の導入である。

> **加速度**
> $$\vec{a} \equiv \frac{\Delta \vec{v}}{\Delta t} = \frac{\vec{v}_{あと} - \vec{v}_{はじめ}}{t_{あと} - t_{はじめ}} \, [\text{m/s}^2]$$

加速度の定義は，1 秒間あたり（単位時間あたり）の速度の変化である。速度がベクトルなので，その変化である加速度もベクトルで定義される。進行方向に軸の正をとると，青になってだんだん速くなる自動車の加速度は，正になるとい

うわけだ。また，単位は [m/s²] であり，"**メートル毎秒毎秒**（まいびょうまいびょう）"と読むのが普通だ。定義の式を見ればわかるが，これは，速度の単位を時間の単位で割ったものになっている。つまり，定義の式どおりに単位の計算をすれば，

$$\vec{a} \equiv \frac{\Delta \vec{v}}{\Delta t} \left(\Rightarrow \frac{[\text{m/s}]}{[\text{s}]} \Rightarrow \left[\frac{\left(\frac{\text{m}}{\text{s}}\right)}{\text{s}}\right] \Rightarrow \left[\frac{\text{m}}{\text{s}\cdot\text{s}}\right] \Rightarrow [\text{m/s}^2] \right)$$

となるわけだ。このように，単位を忘れた場合には，求めることもできる。僕は，この方法を"**単位解析**"（←聖史造語）と呼んでいる。

ところで，速度同様に，加速度も変化する。すると，今度は加速度の変化を表す物理量を導入しなくてはならないのかと思うわけだが，**世の中の大半の現象が，等加速度運動なのだ**。以降，運動はすべて加速度運動として扱うことにする。また，これには根拠があるので，後ほど述べようと思う。

おいおいちょっと待て。前のほうのページを見ると，等速直線運動という運動があるじゃないか！ という人がいるかもしれない。では，こう考えてみよう。同じ速度ということは，$\vec{v}_{あと} - \vec{v}_{はじめ} = 0$ だから，そう，

$$\vec{a} \equiv \frac{\Delta \vec{v}}{\Delta t} = \frac{\vec{v}_{あと} - \vec{v}_{はじめ}}{t_{あと} - t_{はじめ}} = \frac{0}{t_{あと} - t_{はじめ}} = 0$$

となって，加速度が0と求まる。

つまり，**等速直線運動（等速度運動）は，加速度の大きさが0の等加速度直線運動**なのだ。等速直線運動も所詮，等加速度運動の一種なのだ。・・・どうかな？運動がすべて等加速度運動という意味が少しでもわかってもらえたかな？

2. 等加速度直線運動の三公式

加速度をより理解するために、次の**問題**を考えてみよう。

問題

ある物体が、図 2-1 の v–t グラフのように運動した。右向きを正とする。

(1) 30 秒後から 60 秒後の間の物体の加速度を求め、物体の運動を説明せよ。

(2) 動き出してから 30 秒間に物体が動いた距離はいくらか。

(3) 動き出してから 60 秒後には物体はどこにいるか。

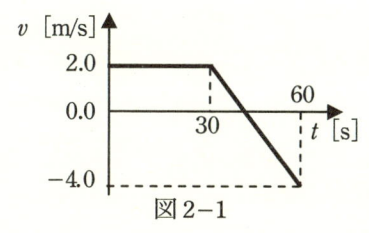

図 2-1

まずは、絵をかく。今回は、図 2-2 くらいしかかけないが、とにかく、絵をかこう。右向きを正としており、v–t グラフより 30 秒間は速度が $v = +2.0\,[\text{m/s}]$ で一定なので、右向きに動いていることがわかる。

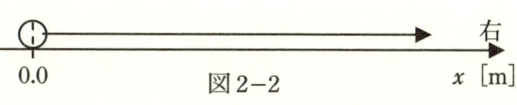

図 2-2

(1) 30 秒後から 60 秒後の間の加速度を、定義の式で求めてみよう。

$$\vec{a} \equiv \frac{\Delta \vec{v}}{\Delta t} = \frac{\vec{v}_\text{あと} - \vec{v}_\text{はじめ}}{t_\text{あと} - t_\text{はじめ}} = \frac{(-4.0) - (+2.0)}{60 - 30} = \frac{-6.0}{30} = \underline{-0.20\,[\text{m/s}^2]}$$

求まった加速度の符号は負なので、左向きに大きさ $0.20\,[\text{m/s}^2]$ の等加速度で

加速していることがわかる。つまり，進行方向（右向き）と逆方向に加速しているのだから，**だんだん遅くなっている**わけだ。さらに v–t グラフをよく見ると，ちょうど 40 秒後に，$v=0$ になっている。その後，v が負になって大きさが大きくなっているから，**物体の運動は，だんだん遅くなって一度完全に静止（40 秒後）し，その後左向きにだんだん速くなっていっている**とわかる。特にここで注意してほしいのは，$v=0$ になった，40 秒後の瞬間であるが，$v=0$ [m/s] だが，$\vec{a}=-0.20$ [m/s] は一定値のままであるということだ。つまり，**静止しているからといって加速度が 0 とは限らないのだ！**

（2）動き出してから 30 秒間は，等速直線運動である。速さ 2.0 [m/s] で 30 秒間動いたときの距離なので，$2.0 \times 30 =$ **60 [m]** と求められる。文字を使ってかいてみると，求める距離を x とすれば，$x=vt$ とかけるわけだ。

さて，この移動した距離は，よく見ると v–t グラフ上のある部分に相当する。v–t グラフ上で 2.0×30 に該当するのは…そう，図 2–3 で網をかけた部分の面積だ。つまり，**移動した距離は v–t グラフの軸と囲まれた部分の面積に等しい**ということがわかると思う。

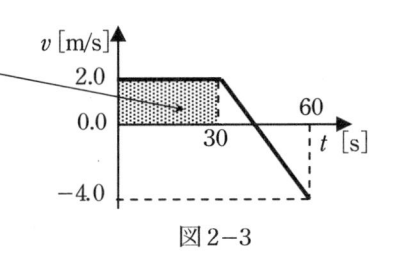

図 2–3

（3）v–t グラフの面積を求めればよいから，$x = (2.0 \times 30) + \left(\dfrac{2.0 \times (40-30)}{2} \right) + \left(\dfrac{(-4.0) \times (60-40)}{2} \right) = 60+10-40 = +30 [\mathrm{m}]$。30〜40 秒までの三角形の面積と，40〜60 秒までの三角形の面積を足せば求められる。聞かれているのは "どこ"，すなわち，位置なので，解答は，**はじめの位置から右方向に 30 [m] の位置にいる**。

等加速度直線運動の三公式

いつもいつも，物体の運動が v–t グラフで与えられていれば，今のように順番に求めることができるが，これらは，v–t グラフがない場合でも求めることがで

きなければならない。自分でグラフをかくのもひとつの手だが，下に紹介する三公式が便利だ。

これらは，**公式であるから，数学的に証明できる**。１．位置の公式と２．速度の公式はそれぞれ定義から証明でき，３．位置と速度の関係式は１．および２．の２式より導ける。しかし，このままの形で用いることが非常に多いため，覚えることをお勧めする。

でも，せっかくなので，２．は証明し，１．は，$v-t$ グラフとの関係を使って導き，より理解を深め，その２式から３．もがんばって導いて証明しよう。毎回これをするのは大変であることをぜひ実感してもらいたい。

等加速度直線運動の三公式（←聖史造語？）

１．**位置の公式**

$$x = x_0 + v_0 t + \frac{1}{2}at^2$$

２．**速度の公式**

$$v = v_0 + at$$

３．**位置と速度の関係式**（←正式名称がないのでこう呼ばれることが多い）

$$v^2 - v_0^2 = 2a(x - x_0)$$

x：求めたい位置
v：求めたい速度
t：時刻　　a：加速度
x_0：はじめの位置
v_0：はじめの速度（初速度）

１．位置の公式

これは，**とある瞬間（時刻 t にあたる）に物体がどこ（左辺の位置 x にあたる）にいるかを求める公式**である。たとえば，転がっている玉が3.0秒後に，25 [m] の位置にいるというように求められるわけだ。当然，**座標軸を決め，原点をとり，位置として求める**ことになる。原点からの運動ならば，$x_0=0$ となるわけだ。

２．速度の公式

これは，**とある瞬間（時刻 t にあたる）の物体の速度（左辺の速度 v にあたる）を求める公式**である。等加速度直線運動では，刻一刻と速度が変化するが，この

公式により，たとえば6.0秒後に，転がっている玉が，2.0 [m/s]になるというように求められる。静止した状態から運動を始めたのならば，$v_0=0$ となる。

では，**2.** の証明と，**1.** の v–t グラフとの関係を見ていこう。図2–4を見ながら考えよう。これは，ある物体が，初速度 $v_0=v_0$（←左辺の v_0 は初速度という意味で用いており，右辺の v_0 はその値を示している）で動いており，時刻 0 で加速させたときの等加速度直線運動の v–t グラフだ。

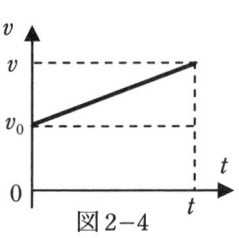

図2–4

問題

次の問いに答えよ。
(1) 加速し始めてから時刻 $t=t$ の時の速度 v を求めよ。
(2) 物体が時刻 0 のときに，位置 x_0 にいたとし，時刻 $t=t$ の時にどこにいるかを，図2–4の v–t グラフを用いて求めよ。

---

(1) **2. 速度の公式**の証明だ。加速度を a とすると，加速度の定義により，

$$\vec{a} \equiv \frac{\Delta \vec{v}}{\Delta t} = \frac{\vec{v}_{あと} - \vec{v}_{はじめ}}{t_{あと} - t_{はじめ}} = \frac{v - v_0}{t - 0} = a$$

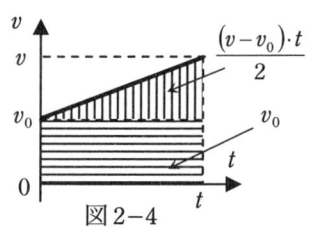

図2–4

整理すると， $v = \underline{v_0 + at}$ となり，証明ができた。

(2) **1. 位置の公式**と v–t グラフの関係だ。
移動した距離は，v–t グラフの軸と囲まれた部分の面積であったことより，$t=t$ での位置を x とすると，

$$x = x_0 + v_0 t + \frac{(v-v_0)\cdot t}{2} = x_0 + v_0 t + \frac{at\cdot t}{2} = \underline{x_0 + v_0 t + \frac{1}{2}at^2}$$

はじめの位置 x_0 に，移動した分の面積を足せばよい。横線部分の面積は $v_0 \times t$ であり，その上の縦線部分の三角形の面積が $\dfrac{(v-v_0)\times t}{2}$ である。これで，v–t グラフと

2. 等加速度直線運動の三公式

関連付けられ、公式どおりになることがわかったはずだ。

最後に、**3. 位置と速度の関係式**を**1.** および**2.** より導こう。

$$x = x_0 + v_0 t + \frac{1}{2}at^2 \quad (位置の公式) \quad \cdots\cdots ①$$

$$v = v_0 + at \quad (速度の公式) \quad \cdots\cdots ②$$

導く方法は、①式と②式を連立して、時刻の t を消去する。

②式より、$t = \dfrac{v - v_0}{a}$、これを①式に代入すると、

$$x = x_0 + v_0\left(\frac{v-v_0}{a}\right) + \frac{1}{2}a\left(\frac{v-v_0}{a}\right)^2 = x_0 + \frac{1}{a}(vv_0 - v_0^2) + \frac{a}{2a^2}(v^2 - 2vv_0 + v_0^2)$$

$$= x_0 + \frac{1}{2a}\left[(2vv_0 - 2v_0^2) + (v^2 - 2vv_0 + v_0^2)\right] = x_0 + \frac{1}{2a}\left[v^2 - v_0^2\right]$$

整理すると、

$$\frac{1}{2a}(v^2 - v_0^2) = x - x_0$$

$$\therefore v^2 - v_0^2 = 2a(x - x_0)$$

このように、**3.** もまた公式なので、**1.** および**2.** から導くことは可能である。しかし、毎回導いていては時間がもったいない。そこで、これらの三公式は、**等加速度直線運動の三公式**として覚えてしまうことを強くお勧めする。前にも触れたように、世の中の運動のほとんどが等加速度運動なので、今後ずっと使用することになる、重要な三公式であるからだ。

問題

図2-5のような斜面を登るボールを考えよう。ただし、座標軸を図のようにとるとする。

(1) ボールを転がし始めてから、図2-6の v–t グラフのように速度が変化した。このボールの加速度はいくらか。

(2) この v–t グラフより、x–t グラフをかき、運動を説明せよ。

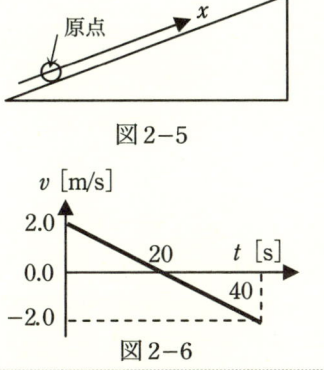

図2-5

図2-6

よくある，斜面を登るボールの運動についての問題だ。ここでは，その運動の様子を，加速度と速度と位置について相互に考え，実際に転がしてみた場合の振る舞いと結びつけよう。

　まずはじめにすることは，**絵をかくこと**だった。図2–5と同じような絵を自分でかいてほしい。

　さて，今まで真横（水平）に転がっていたボールが，いきなり斜め上方に登ってしまった。どうしたらよいのか。・・・まず，**軸はどう決めればよいのか？**　幸い今回は問題文中で定義がされているが，されていなかったらどうしたらよいのか。**心配御無用！**　実はすでに軸のとり方は伝授してある。そう，**はじめに動く向きを正の向きとする**。くどいようだが，それが基本だ。今回は，ボールを転がして，はじめに動くのは・・・そう，斜面上向きだ。だから，問題文で定義されているように，**軸は斜面に沿って上向きを正とする**わけだ。もちろん，定義されていなかった場合は，自分で定義しなくてはならないのは言うまでもなかろう。

　こう考えると，**このボールの運動は軸がひとつで説明できる**ことになる。それは，斜面に沿ってしか動かないからだ。つまり，**一次元の運動をしている**ことになる。一次元の運動ならば，斜めに上がっていようが，今までやってきた真横に動いているときと同じ扱い方でよいということになるのだ。・・・え？　斜め上方なのに？　・・・そう，斜め上方でもだ。**軸をとった瞬間，人間がその運動の向きを決められる**。地球に対して水平にしか軸をとれないわけではないので，軸のとり方ひとつで，変な方向に動く運動も，真横の運動と同じと扱うことができるのだ。それが，**物理学の面白いところ**だ。世の中の運動を，うまく軸をとることで，みんな同じ一次元の運動にして説明ができてしまうのだ！！

　さて，軸はおけた。x軸と名づけよう。この軸の原点は，はじめにボールを転がす点にとることにしよう。

　では，次に何をすればよいか。運動を考える場合，**いつも加速度を図の中にかき入れよう**。前にも述べたように，世の中の運動は等加速度運動なので，遠慮なく加速度をかけばよい。・・・で，どうやって？

　この後，（1）にて加速度を求めるわけなので，まだ絵にかく段階では加速度は

わからない。ならば、**文字でおいてかいておこう**ということになる。加速度は$\vec{a}$なので、ベクトルをかき入れることになる。大きさはaのままでも問題なさそうだが、向きはどうしたらよいのだろう？ ここでも、加速度のかき方を伝授しよう。**加速度はいつも軸の正の向きを正としてかき入れる**（←聖史式）。つまり、図2-7のようにかき入れることになる。速度の

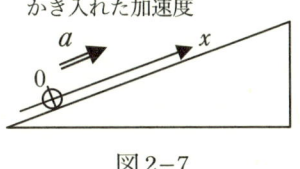

図2-7

ベクトルと紛らわしくないように二重の矢印にしよう（←聖史式）。これで、準備ができた。

（1）加速度は、定義の式で求まる。

$$\vec{a} \equiv \frac{\Delta \vec{v}}{\Delta t} = \frac{(-2.0)-(+2.0)}{40-0} = \frac{-4.0}{40} = \underline{-0.10 \,[\text{m/s}^2]}$$

これが意味するところは、向きが斜面に沿って下向きで、大きさが$0.10\,[\text{m/s}^2]$であるということで、聖史式で、先ほどかいた加速度の二重矢印と向きが異なっていることがわかると思う。しかし、$\vec{a} = -0.10\,[\text{m/s}^2]$という結果そのものが、加速度を示しているのだ。ベクトルの負は、向きが逆であるという意味で、斜面に沿って下向きになっていることが計算より導けたわけだ。ここで、結果がわかったので、二重矢印の向きを変えてはいけない。**軸の正の向きを加速度の正の向きとして定義した結果が負になったので、矢印の向きはそのままにしておこう**。

（2）実際のボールの運動とv-tグラフを結びつけよう。適当に斜面を作ってボールを転がしてみると、ある高さまで登って、その後落ちてくるのがわかると思う。**登り始めてだんだん遅くなり、最高点で停止し、落ち始めてだんだん早くなるような運動をする**はずだ。この運動を、今からかくx-tグラフと結び付けたい。とりあえず、最高点の位置x_1を求めよう。今見たように、最高点とは、速度がちょうど0になる瞬間の位置のことだ。**等加速度直線運動の三公式の１. 位置の公式**だ。v-tグラフからわかるが、速度が0になるのはちょうど20秒後。よって、$x_1 = x_0 + v_0 t + \frac{1}{2}at^2 = (0)+(+2.0)\times 20 + \frac{1}{2}\times(-0.10)\times 20^2 = 20\,[\text{m}]$と求まる。ち

なみに，40秒後の位置x_2も同様にして求めると，

$$x_2 = x_0 + v_0 t + \frac{1}{2}at^2 = (0)+(+2.0)\times 20 + \frac{1}{2}\times(-0.10)\times 40^2 = 0.0\,[\mathrm{m}]$$

となり，40秒後には，はじめの位置に戻ってくることがわかる。これらを踏まえてx-tグラフにすると，図2-8のようになる。**だんだん遅くなるため，グラフは曲線（正確には二次関数）になる**。運動とグラフは結びついただろうか？　図2-9を参考に，結びつけてほしい。

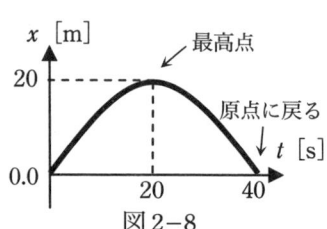

図2-8

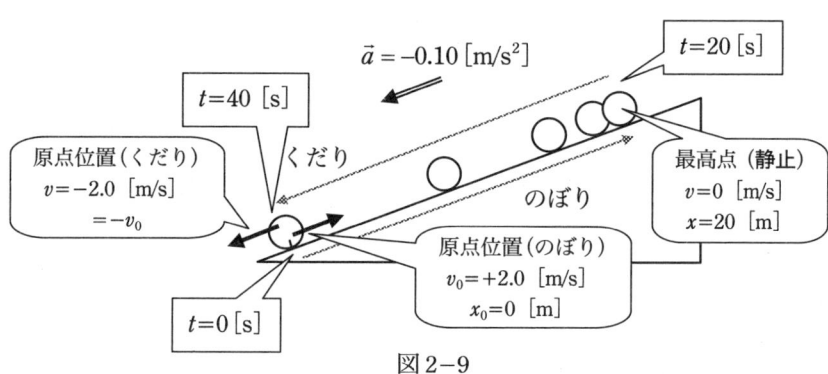

図2-9

3．身近な等加速度直線運動

　ここまでは，世の中の大半の運動である等加速度直線運動について扱ってきた。ここからは，身近な運動を具体的に扱っていくことにしよう。一番身近な運動というと，やはり，物体が落ちる現象だろうと思う。そこで，物体を落とした場合の運動について考えていくことにする。

自由落下

　ところで，**ニュートン**（Issac Newton）という人が枝から落ちるリンゴを見て，万有引力を発見したという話は聞いたことがあると思う。そこで，まずはじめは，ニュートンにならって，リンゴのように物体が落ちる場合からみていくことにしよう。ちなみに，この話は，ニュートン本人が著書などで語ったわけではなく，ニュートンが晩年，若い友人のステュークリーという人に，リンゴの木の下で話したという形で記録されているようだ。

　では，物体を落としてみよう。ボールを手に持って，できるだけ高いところから，そっと手を離そう。どんな運動をするだろうか。・・・落ちる。そりゃそうだ。では，どんな落ち方をしているか？　よく見ていると気がつくが，**だんだん落ちる速さが速くなってはいないだろうか？**　また，向きにも注意したい。何度やっても，真下に落ちるはずだ。ちなみに，物理学では真下とはいわず，**鉛直下向き**（鉛のおもりを糸に吊るしたときに糸が向く方向）という。つまり，**ボールを落とすと，速度の向きは，いつも鉛直下向きで，大きさがだんだん速くなる**。つま

り，加速度運動していることがわかる。

このボールの落下運動をさらにしっかりと調べてみたところ，**等加速度直線運動になっている**ことがわかっている。いろいろな調べ方があると思うが，気になる場合は，ビデオカメラで撮影して，等時間間隔でコマ送りし，ボールの速度変化を求め，そこから加速度を定義どおりに導けば等加速度直線運動であることがわかるので挑戦してみるのもよい。

では，物体が落下するときの等加速度直線運動を，もう少し具体的に扱ってみよう。

問題

ボールをビルの上の 10 [m] の高さから，そっと手を離して落とした。
（1） ボールが地面につくまでに何秒かかるか。
（2） ボールが地面とぶつかる瞬間の速さを求めよ。

ボールを落とすと等加速度直線運動になるということがわかっているので，**等加速度直線運動の三公式**を使えば，知りたい物理量をたやすく求められるはずだ。

まずはじめにすることは何だったか？ そう，**自分で絵をかくこと**だった。どんな簡単な運動の場合でも，絵をかくことが現象の理解につながるからだ。さて，図 3-1 のような絵がかけたかな？

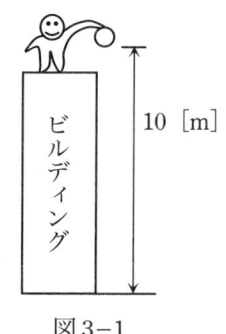

図 3-1

次に，軸をとろう。軸は，**はじめに動く向きを正にする**んだったから，この場合は，**鉛直下向きを正とする**。また，はじめのボールの位置を原点（x_0=0.0 [m]）とし，わからない加速度 a を軸の正の向きにおく（2 重矢印）。その他，わかっている物理量の値を図中にかき込むと，図 3-2 のようになるはずだ。自分でかけただろうか？

これで準備は整った。でははじめに，わからない加速度について説明しよう。先ほど述べたようにビデオカメラを使って導くとわかるのだが，物体を落とすと

3. 身近な等加速度直線運動

加速し、その加速度の大きさは一定となる。"そっと放す"という落とし方でボールを落とすと、いつもその加速度が同じになることもわかっている。物理学ではその加速度を特別に"**重力加速度（gravitational acceleration）**"と呼ぶ。文字でかくときは"$\vec{g}$"とかき、その大きさは $g=9.81$ [m/s²] である。重力は、地球上のどこでもかかっているので、その影響による加速度は特別なものとして、単なる加速度だけれども、特に重力加速度と呼んでいると思えばよい。向きは当

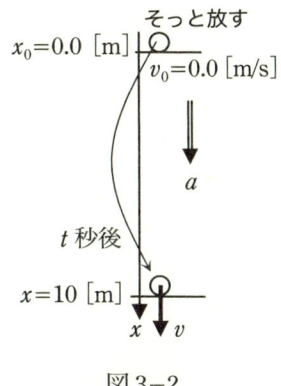

図 3-2

然、鉛直下向きなので、今考えている加速度 a とは、$\vec{a}=+\vec{g}$ の関係になっているわけだ。この重力加速度の存在はあまりに身近なので当たり前として物理学では扱われることが多く、その大きさ $g=9.81$ [m/s²] も、**常識として覚えておくのが望ましい**。通常、有効数字2桁での計算が多いので、以降、重力加速度を計算で用いる場合は、$g=9.8$ [m/s²] の値を用いる。ただし、3桁目まで覚えておくのが望ましい。

ちなみに、**実際の重力加速度の大きさは場所によって異なる**。地球の自転の影響により、両極では大きくなり、赤道では小さくなる。また、地面に埋まっている物質によっても異なることがわかっている。場所ごとに異なっていると扱いにくいため、1901年の国際度量衡委員会で、**北緯45度の平均海面での重力加速度の大きさの9.80665 [m/s²] を標準重力加速度の大きさとする**ことが約束された。後の1968年の国際度量衡委員会で、実際は、0.00014 [m/s²] だけ小さい値であることが承認されており、標準重力加速度としては9.80665 [m/s²] だが、精密なデータが必要な場合には修正値を用いるのが望ましいということになった。

というわけで、**重力加速度の大きさがはじめからわかっているという前提で、問題に取り組むことになる。物理学では暗黙の了解になっている。**

（1）ボールが地面につくまでにかかる時間は、**等加速度直線運動の三公式の1. 位置の公式**で求められる。座標軸をとったことにより、地面は x 軸上では +10

[m] の位置になるからだ。すると，かかる時間を t とすれば，$a = +g$ なので，
$$x = x_0 + v_0 t + \frac{1}{2}at^2 = x_0 + v_0 t + \frac{1}{2}(+g)t^2$$
値を代入して，$(+10) = (0) + (0) \times t + \frac{1}{2} \times (+9.8) \times t^2$ ∴ $t = \sqrt{\frac{2}{9.8} \times 10} \cong \underline{1.4\,[\text{s}]}$

　地面の位置 $x = +10$ [m] であり，はじめは原点から落ちるので $x_0 = 0$，そっと手を離したので初速度 $v_0 = 0$。加速度は重力加速度なので $a = +g = +9.8$ [m/s²] である。計算結果は，$t = 1.428571\cdots$ と続くので，有効数字2桁で答えると，1.4 [s] になる。"$\cong$" という記号は，**だいたいそれくらいですよという数学の記号**である。この本では，有効数字を考えて四捨五入したときに用いることにする。慣れ親しんだ "$\fallingdotseq$" という記号は，物理学ではあまり使わない。"$\cong$" を今日から多用しよう。専門家みたいでかっこいいぞ！

　ではなぜ有効数字2桁にしたのかというと，ビルの高さが10 [m] と2桁であるし，重力加速度の大きさも9.8 [m/s²] と2桁であるので，**それらの桁数にそろえた**のだ。

　この結果が示すところは，10 [m] ものビルの上からボールを落としても，わずか1.4秒後には地面についているということだ。学校の教室は床から天井まで3 [m] くらいなので，3階の校舎の屋上からボールを落としたと想像するとわかりやすいかもしれない。**ぐんぐん加速されるということがわかる**だろう。

（2）地面とぶつかる瞬間の速さは，どう求めればよいのか。今わかっている情報は，地面が位置 $x = +10$ [m] にあること，加速度が $a = +g = +9.8$ [m/s²] であること。位置と加速度しかわからないのに，速度が求まるのか？　…そう，**3. 位置と速度の関係式**を用いるわけだ。地面とぶつかる瞬間の速度を v とすると，
$$v^2 - v_0^2 = 2a(x - x_0) = 2 \times (+g)(x - x_0)$$
値を代入して，$v^2 - (0)^2 = 2 \times (+9.8) \times [(+10) - (0)]$ ∴ $v = \pm\sqrt{196} = \pm 14$ [m/s]
ただし，$v = -14$ [m/s] は不適。よって，$v = +14$ [m/s]

　ボールが地面とぶつかる瞬間は，<u>**14 [m/s]**</u> の速さであることがわかる。これは，1秒間に25 [m] プールの中間点ほどまで進むような速さである。そう考えると，

3．身近な等加速度直線運動

かなり速いとは思わないか？

ここで，ひとつ考えてみよう。**もし重さ（質量）の違うボールだったらどうなるか？** なんとなく，重いほうが速く落ちそうである。ところが，**ここで用いた等加速度直線運動の三公式の中には，質量について何も触れられていなかった。**どういうことかというと，**ボールを落とすという現象では，ボールの質量はまったく関係ない**ということだ。つまり，重いボールだろうが軽いボールだろうか，10 [m] の高さからボールを落とせば，約 1.4 秒後に地面に，速さ 14 [m/s] でぶつかるということなのだ。実際にこれを証明した人がいたらしい。**ガリレオ・ガリレイ**（Galileo Galilei）の**ピサの斜塔実験**だ。ちなみにこの話は根拠が確かではない。しかし，1904 年ごろまでにガリレイは，"物体の落下距離は時間の 2 乗に比例する"（←**1．位置の公式**）ことと，"落下物体の速度は時間に比例する"（←**2．速度の公式**）ことを見つけていたことは事実である。

自分でもこの実験を試してみるといいが，**あんまり軽いものだと，結果どおりにならない。**これは，空気抵抗力を受けるためであり，この現象は，**空気抵抗力が無視できる場合にしか当てはまらない**ということがわかると思う。とくに，物理学では，**空気抵抗力が無視できる場合に物体を静かに離すと，鉛直下向きに物体が落ちてゆく現象**を，**自由落下**（free fall）と呼んでいる。空気抵抗力が実際は無視できないが，計算が複雑になるので，**以降とくに断らない限り，空気抵抗力は無視できるとして扱う**ことにしよう。

このように，物体を落とすような運動を総称して，**放物運動**という。物体をそっと放す"自由落下"以外にもいろいろな落とし方による放物運動があるので，順に見ていくことにしよう。ちなみに，どんな条件で物体を落下させても，重力加速度の大きさ g はいつも同じ値となるため，**鉛直方向には，重力加速度一定の等速直線運動**となる。まずは，鉛直方向への投げ方の違いによる**鉛直投射運動**だ。

鉛直投斜運動

鉛直投射運動には，鉛直下向きに投げ下ろす場合の**"鉛直投げ下ろし運動"**と，

鉛直上向きに投げ上げる場合の"**鉛直投げ上げ運動**"がある。

鉛直投げ下ろし運動

要は物体を鉛直下向きに"フンッ！"と投げ下ろす場合の運動だ。物理学的には，物体がはじめに動く向きである**鉛直下向きを正**とすると，**初速度**$v_0=+v_0$という運動のことだ。ちなみに，$v_0=0$だと自由落下である。

具体的には，図3–3を見ながら確認しよう。自由落下の問題では数値の問題を扱ったので，ここでは，文字のまま考えることにしよう。

> **問題**
> 図3–3のように，位置x_0から，初速度v_0で物体を鉛直下向きに投げ下ろした。重力加速度の大きさをgとして次の問いに答えよ。
> （1）時刻tのときの位置xを求めよ。
> （2）時刻tのときの速度vを求めよ。
> （3）位置xと速度vの関係を求めよ。

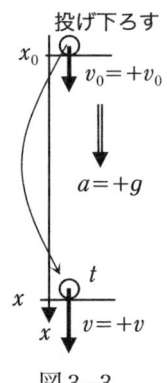

図3–3

図はすでにかかれているが，**問題を解く前にはやはり自分でかくことをオススメする**。自分で図3–3のような絵をかいてから，問題に取り組んでほしい。

まずはじめにすることは軸の確認だ。**はじめに物体が動く向きである鉛直下向きが正**である。すると，加速度aは，軸と同じ向きである鉛直下向きを正として図3–3のように2重矢印でかき込むことになる。この運動は物体の落下運動なので，加速度aは重力加速度gになるから$a=+g$である。

次に，**問題で与えられた位置x_0や初速度v_0を数字だと思って，等加速度直線運動の三公式のどの文字に代入すればいいのかを図にかき込んでいこう**。たとえば，数値として与えられた初速度v_0は，三公式の初速度v_0にあたるので，$v_0=+v_0$（左辺のv_0は初速度という意味で，右辺の$+v_0$はその値という意味）というように。

3．身近な等加速度直線運動

（1）等加速度直線運動の三公式の**1．位置の公式**より，
$$x = x_0 + (+v_0) \times t + \frac{1}{2} \times (+g) \times t^2 = \underline{x_0 + v_0 t + \frac{1}{2} g t^2}$$

文字の問題が苦手な場合でも，このように，文字を数値だと思ってあつかえば理解できるだろう。ここでの注意点は，**文字を数値だと思った場合，符号が必要となるので，忘れずに明記すること**である。

（2）等加速度直線運動の三公式の**2．速度の公式**より，
$$v = (+v_0) + (+g) \times t = \underline{v_0 + gt}$$

（3）等加速度直線運動の三公式の**3．位置と速度の関係式**より，
$$v^2 - (+v_0)^2 = 2 \times (+g) \times (x - x_0) \quad \therefore \underline{v^2 - v_0^2 = 2g(x - x_0)}$$

なんてことはない。（1）～（3）は，**等加速度直線運動の三公式の鉛直投げ下ろしバージョン**のようなものだ。巷の教科書や参考書では，これを仰々しく"鉛直投げ下ろしの公式"として暗記しなければならないように謳っているものが多いが，僕にいわせれば，**暗記すべきものではまったくない！** 毎回，図3-3のような絵を自分でかけば，**等加速度直線運動の三公式であっという間に導ける**のだ。わざわざ公式と称して覚えなくとも問題はない。それよりもむしろ，この**問題**でわかるように，**鉛直投げ下ろし運動が等加速度直線運動の一種であり，等加速度直線運動の三公式で求めたい物理量が求まるということのほうに，物理学の本質があるのだということに気がつくこと**のほうが大切なのだ。もし，だれかに「鉛直投げ下ろし運動の公式は？」と聞かれたら，自信をもってこういおう。「僕は／私は，覚えていない！」と。「なぜなら，等加速度直線運動の三公式で毎回導くから覚える必要がないのだ！」と。

鉛直投げ上げ運動

鉛直投げ上げ運動とは，物体を鉛直上向きに"エイヤッ！"と投げ上げる場合の運動だ。物理学的には，物体がはじめに動く向きである**鉛直上向きを正**とすると，図3-4のように，**初速度 $v_0 = +v_0$ という運動**のことだ。

物体はその後，鉛直上向きに運動する。**鉛直上向きを正とするので，加速度**

$a=-g$ となる点に注意（図中の2重矢印）して，**等加速度直線運動の三公式**の鉛直投げ上げバージョンを求めてみよう。

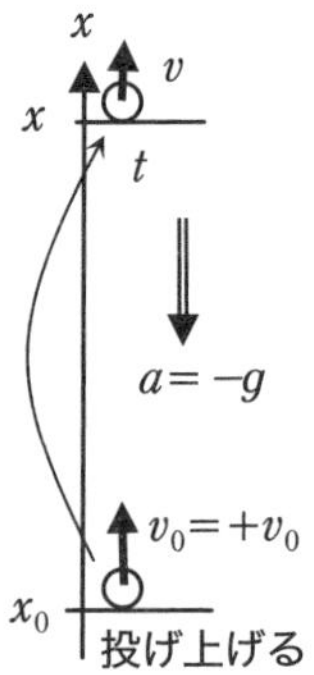

1．**位置の公式**は，次のようになる。それぞれの文字にどの文字の値が入るかがわかりにくければ，図3-3のように図の中にかき込んでから式を導いてほしい。

$$x = x_0 + (+v_0) \times t + \frac{1}{2} \times (-g) \times t^2 = x_0 + v_0 t - \frac{1}{2}gt^2$$

2．**速度の公式**は，
$$v = (+v_0) + (-g) \times t = v_0 - gt$$

3．**位置と速度の関係式**は，
$$v^2 - (+v_0)^2 = 2 \times (-g) \times (x - x_0) \quad \therefore v^2 - v_0^2 = -2g(x - x_0)$$

となる。くどいようだが，鉛直投げ下ろしの場合と同じように，これらの3つの式は，**暗記するようなものではない**。自信をもって，「僕は／私は，覚えていない！」というべき式である。**本質は鉛直投げ上げ運動が等加速度直線運動の一種だという点にある**のだから。

それでは，鉛直投げ上げ運動の大きな特徴を理解するために，次の問題に取り組んでみよう。

図3-4

問題

初速度 v_0 で投げ上げたボールは，図3-5のような軌道をえがいて運動した。重力加速度の大きさを g として，以下の問いに答えよ。

（1）ボールが最高点に達するまでの，投げ上げてからの時間を求めよ。

（2）ボールが最高点を過ぎ，再び投げ上げた位置まで戻ってくるのにかかる時間はいくらか。

（3）再び投げ上げた位置へ戻ってきたときの速度を求めよ。

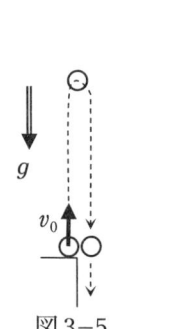

図3-5

3．身近な等加速度直線運動

いつものように，はじめに**自分で絵をかいてから**問題に取り組もう。

はじめにボールが動く向きに軸の正をとるのだから，今回は，**鉛直上向きを正とする**。すると，加速度 a は鉛直下向きに重力加速度 g なので，$a=-g$ である。初速度は，$v_0=+v_0$。図3-6のように図の中にどんどんかき込んでいこう。僕がしているように，あとから問題文を見なくてもよいくらいに，全ての情報を図の中にかき込んでいくのが望ましい。

（1）最高点までの時間を t_1 とする。さぁ，**等加速度直線運動の三公式**のどれかを利用して求めよう。ところが，現段階では，a と v_0 しかわからない。たとえ，**2．速度の公式**を用いても，最高点での速度 v がわからないと，t_1 と v の2つの未知数が残ってしまって解けない。困ったなぁ・・・。

そうだろうか？ 実際にボールを投げ上げてみればその疑問はすぐ解決されるのでやってみてほしい。**最高点ではボールはどうなっているかよく観察してみよう**。投げ上げてから最高点までは，だんだん速度が遅くなっていき，最高点で向きを変え，今度は鉛直下向きにボールが落ちてくる。そう，**最高点とはボールが向きを変える瞬間**だ。向きを変える瞬間の速度はどうなっているのか？ そう，**一瞬だけ静止（$v=0$）する**のだ。つまり，

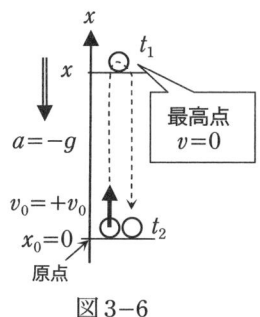

最高点ではボールの速度は $v=0$！

というわけだ。

すると，**2．速度の公式**を用いて，

$$0 = (+v_0) + (-g) \times t_1 \quad \therefore \quad t_1 = \frac{v_0}{g}$$

となるわけだ。

ちなみに**問題**にはなっていないが，投げ上げる位置を原点 $x_0=0$ とし，最高点の高さを x とすると，**1．位置の公式**によって，

$$x = 0 + (+v_0) \times t_1 + \frac{1}{2} \times (-g) \times t_1{}^2 = v_0 \left(\frac{v_0}{g}\right) - \frac{1}{2}\left(\frac{v_0}{g}\right)^2 = \frac{1}{2}\frac{v_0{}^2}{g}$$

である。

（2）ボールが再び投げ上げた位置 x_0 に戻ってくるのにかかる時間を t_2 としよう。これは，**1．位置の公式**によって求められる。はじめの位置もあとの位置も同じ x_0 を代入すればよいのだ。すると，

$$x_0 = x_0 + (+v_0) \times t_2 + \frac{1}{2}(-g) \times t_2{}^2$$

$$v_0 t_2 - \frac{1}{2} g t_2{}^2 = 0 \quad \cdots\cdots ①$$

$$t_2\left(v_0 - \frac{1}{2} g t_2\right) = 0 \quad \therefore\ t_2 = 0,\ 2\frac{v_0}{g}$$

となる。t_2 の2次方程式になったので，因数分解で解を求めた。$t_2=0$ は，投げ上げる瞬間の時刻のことだから，**再びはじめの位置にも戻ってくるのにかかった時間としては不適**。よって，$t_2 = 2\dfrac{v_0}{g}$ が求める時間ということになる。

さて，気がついたと思うのだが，実は今おこなった，はじめの位置もあとの位置も同じ x_0 を代入した場合の結果は，両方がはじめの位置 x_0 として x_0 を代入した場合の結果と同じである。だから，t_2 の解として，$t_2=0$ が出てくるのはあたり前のことなのだ。

ところで，式変形で因数分解したところを再度見直してほしい。①式だ。

$$v_0 t_2 - \frac{1}{2} g t_2{}^2 = 0 \quad \cdots\cdots ① \text{（再掲）}$$

の式だ。なんとなく，両辺を t_2 で割って，

$$v_0 - \frac{1}{2} g t_2 = 0 \quad \therefore\ t_2 = 2\frac{v_0}{g}$$

とできそうな気がするのだが，求まった解を見ると，$t_2=0$ のほうが求められなかったことになる。言い換えると，両辺を割った t_2 は，$t_2=0$ のほうだったというわけだ。すなわち，式変形の途中で，"**①式を 0 で割った**"ことになるのだ！

当然，"**0 で割るということは数学的には間違い**"であるから，**式変形自体が間違いということになる！** つまり，物理学では文字式を扱うため，今後もこのよ

3．身近な等加速度直線運動

0 になる可能性がある物理量では容易に割らない！

ようにしよう。だから，①式の変形の際には，因数分解という方法をとって，解を求めたわけだ。無論，因数分解できない場合は，2次方程式の解の公式を用いよう。

（3）投げ上げた位置に戻ってきたときの速さを v としよう。さて，その向きであるが，鉛直上向きか下向きかどちらになるのか？　まぁ，絵をかけばわかるのだが，以前にも約束したように，**わからない物理量をおく場合は必ず軸の正の向きを正とする**ように癖をつけておくとよいので，ここでもそれにしたがって，鉛直上向きに $v=+v$ とおく。図3-7のように，速度の矢印がかき込めるわけだ。すでに（2）で t_2 が求まっているので，**2．速度の公式**より，

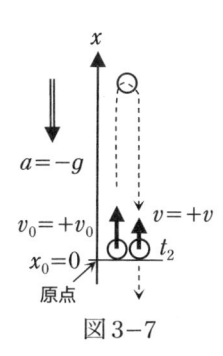

$$(+v)=(+v_0)+(-g)\times t_2 = v_0 - g\left(2\frac{v_0}{g}\right) = v_0 - 2v_0 = \underline{-v_0}$$

となる。すなわち，図3-7にかき込んだ矢印とは逆向きの**鉛直下向きに v_0 の大きさ**になるというわけだ。この大きさは，なんと，**投げ上げるときの初速度の大きさと同じになる**ことがわかる。

それでは，（1）〜（3）の結果を再度まとめて，鉛直投げ上げ運動の大きな特徴について見ていくことにいよう。

（1）でわかったように，最高点までは $t_1 = \dfrac{v_0}{g}$ かかる。（2）でわかったように，はじめの位置まで戻るのには $t_2 = 2\dfrac{v_0}{g}$ かかるので，最高点から元の位置までは $t_2 - t_1 = \dfrac{v_0}{g}$ かかることがわかる。（3）の情報も踏まえて，次の図3-8にまとめた。

鉛直投げ上げ運動の特徴
・物体が最高点に達する瞬間
　　速度 $v=0$（静止）
・所要時間について（同位置間での比較）
　　上昇時間＝下降時間
・同じ位置での速さについて
　　上昇する時の速さ＝下降する時の速さ
（これらは今後特に断らずに用いてよい）

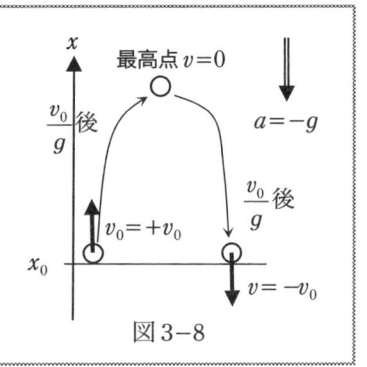

図3-8

　これらの特徴は，**問題を文字で解いたので**，どんな場合にでも当てはまることを証明したわけだ。よって，今後，"鉛直投げ上げ運動なので"と断れば，**証明することなく結果を用いてよい**ことにしよう。これを"**運動の対称性（symmetry）**"という。

　ところで，この鉛直投げ上げ運動であるが，よく考えると，最高点を過ぎた後の運動は何かの運動そのものなのだが，気がついただろうか？

　・・・そう，最高点で速度が0になるので，その後は，そっと物体を放した場合と同じ**自由落下**になっているのだ。**鉛直投げ上げ運動も部分だけ見ると自由落下と同じ運動になっている**というのはとても興味深い結果なのではないだろうか？　余力のある人は，(2)と(3)を自由落下の問題として解いてみてほしい。当然，同じ結果が導かれるはずである。

水平投射

　ここまで，鉛直方向ばかりに投げてきたが，水平方向にも投げたくなってきた頃だろうと思う。ここからは，水平方向に物体を投げた場合についての運動を扱うことにしよう。

　では，まず**問題**からだ。

3．身近な等加速度直線運動

> **問題**
> 2つのボールを用意し，同じ高さから次の2つの方法で落としたところ，どちらが先に床に落ちるだろうか。
> （ア）そっと手を離して落とす　　（イ）水平方向に"エイヤッ！"と落とす

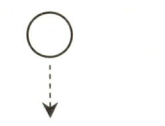

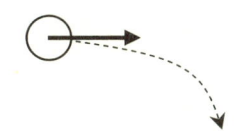

友達同士や，親や兄弟と，ぜひ試してみることをオススメしたい。さて，（ア）と（イ）では，どちらが先に落ちただろうか？

なんと，**同時に落ちる**のだ。どんなに（イ）で水平方向に吹っ飛ばそうとも，落ちるのは同時なのである。ちなみに，（ア）は自由落下であり，（イ）のような投げ方を**水平投射**という。

これはどういうことなのだろうか？　このときの両者の運動をビデオに録画して，等時間間隔でコマ送りするとすぐわかるので，ぜひ自分で撮影してみよう。ここでは，実験してもらった結果を図3-9に模式的にかいたので参考にしてほしい。

左のボールの軌跡が自由落下させたものだ。1秒間ごとのボールの位置がかかれていると思ってほしい。3秒間で床に着いたと考えよう。右のボールの軌跡が初速度v_0で水平投射させた場合だ。自由落下させたボールと同時に落ちるということは，3秒後に床に落ちるわけだ。つまり，**鉛直下向き方向だけで見た場合のボールの落ち方が，どちらの落とし方でも同じになっている**はずなのだ。

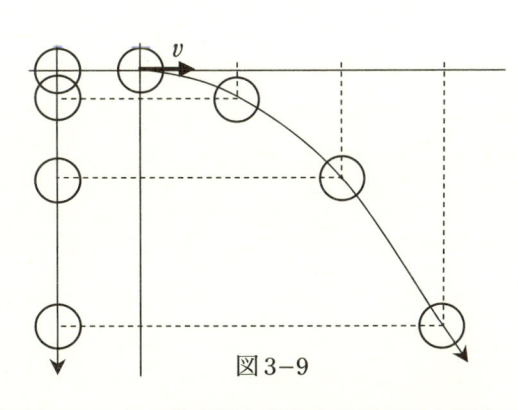

図3-9

そこで，図3-9をよく見ていただきたい。**鉛直下向き方向への落ち方は，自由落下と水平投射ではまったく同じになっているではないか！**

もうお気づきかもしれないが，水平投射によるボールの運動は，**一次元運動（直線運動）ではない**。1本の軸の上で全てのボールの運動が記述できないのだ。そこで，もう1本軸を増やさないとこのボールの運動が記述できない。そう，**二次元運動（平面運動）として扱う必要がある**ということだ。では，どのように軸をとればいいのか？ 軸のとり方は一次元運動の場合と同じで，**はじめに物体が動く向きを正とすればよい。**

ここでは，自由落下と比較したいので，**鉛直下向きにy軸の正をとる**ことにする。また，水平方向に初速度v_0を与えるので，**x軸を水平方向にとる**ことにしよう。それぞれはじめに動く向きに正をとると，図3-10のように軸がきまるはずだ。

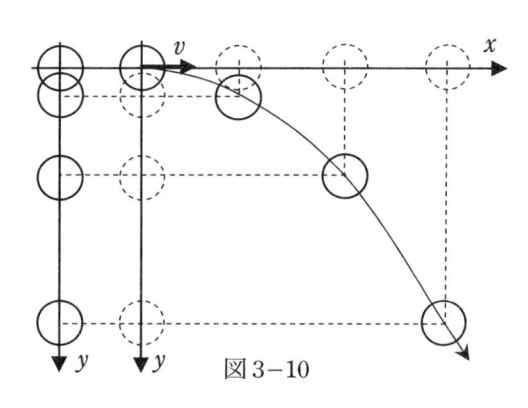

図3-10

次に，水平投射におけるボールの位置について考えてみよう。x軸とy軸をとったので，それぞれの軸上での位置として，バラバラに考えることができるようになる。たとえば，x軸方向のみの位置の変化は，図3-10のx軸上の点線のボールの軌跡として考えることができるという意味だ。図の地面の向きから平行光線があたってx軸上にできたボールの影と考えてもよい。このようにしてつくったx軸方向のみのボールの位置を，x軸への**正射影**（orthogonal projection）という。x軸方向のボールは，初速度v_0一定の**等速直線運動**をしていることがわかる。同様に，図の向かって右側から平行光線をあてたら，ボールのy軸への正射影も，y軸上へかくことができる。図3-10でわかるように，y軸方向のボールの正射影の軌跡は，**自由落下のものとまったく同じになっている。**

このようにx軸とy軸でバラバラに扱うと，これまで学んだ運動と同じになる。

3. 身近な等加速度直線運動

> **水平投射**
> 二次元運動（平面運動）
> ・x 軸方向（水平方向）→ **等速直線運動**
> ・y 軸方向（鉛直方向）→ **自由落下**

　当然，バラバラに考えてはいるが，必要があれば，それらの情報をあわせることで，平面上での位置を求めることが容易にできる。なぜこんなことができるのかといえば，**位置が（制限つき）ベクトルだから**である。**ベクトルだから，分解や合成をうまく使って，計算がしやすいように考えることができる**のだ。

　また，**速度もベクトルであるから分解や合成ができる**。x 軸方向に速度を分解すると"**速度の x 成分**"，y 軸方向に分解すると"**速度の y 成分**"という。

　ベクトルの分解と合成をうまく使って，次の**問題**に挑戦してみよう。

> **問題**
> 図 3–11 のように，初速度 v_0 で水平方向にボールを投げた。重力加速度の大きさを g として，次の問いに答えよ。
> （1）投げた t 秒後のボールの速度 v の大きさを求めよ。
> （2）図のように x と y の座標軸をとって，投げた t 秒後のボールの位置を座標 (x, y) で求めよ。
>
> 図 3–11

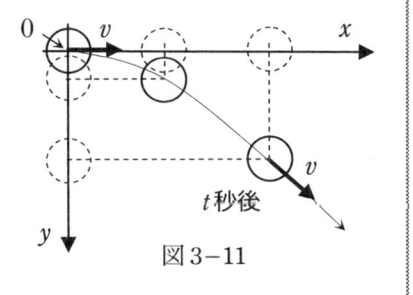

　問題には図がかいてあるが，いつものように，**自分で絵をかいてから**取り組もう。

　（1）投げた t 秒後のボールの速度 v は，図 3–11 を見てもわかるように，斜めを向いているので，このまま直接求めるのは非常に困難だ。しかし，x 成分 "v_x" と y 成分 "v_y" に分解してやると，x 軸方向には "**等速直線運動**" であることと，y 軸方向には "**自由落下**" であることを利用できる。

41

速度 v の分解とは，図3-12 を見ていただければわかるように，x 軸への正射影と y 軸への正射影をとっているわけだ。

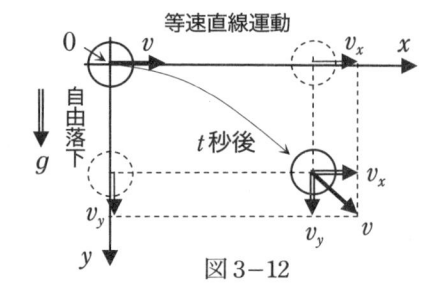

　x 軸方向は，**等速直線運動**なので，
$$v_x = +v_0 \quad \cdots\cdots ②$$

　y 軸方向は，**自由落下**なので，**等加速度直線運動の三公式の２．速度の公式**より，
$$v_y = 0 + (+g) \times t = +gt \quad \cdots\cdots ③$$

求めたい t 秒後の速度 v は，②式の x 成分と，③式の y 成分を合成すればよい。図3-13に t 秒後のボールだけを抜きがきしたが，合成される速度 v は，**三平方の定理**（ピタゴラス（Pythagoras）の定理）により，
$$v^2 = v_x^2 + v_y^2 \quad \therefore v = \sqrt{v_x^2 + v_y^2}$$

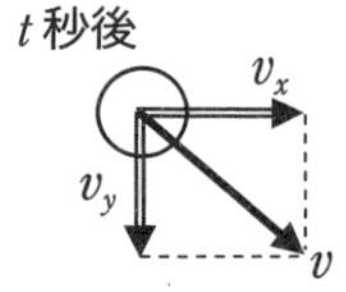

となる。②式および③式を代入すると，求める速度 v の大きさは，
$$v = \sqrt{v_x^2 + v_y^2} = \sqrt{(+v_0)^2 + (+gt)^2} = \underline{\sqrt{v_0^2 + g^2t^2}}$$

　（２）座標を考える場合も，x 軸方向と y 軸方向にバラバラに求めればよい。図3-14のように，t 秒後のボールの x 座標を x，y 座標を y とすると，

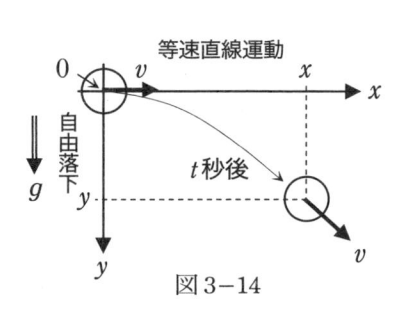

　x 軸方向は，**等速直線運動**なので，**１．位置の公式**より，
$$x = 0 + (+v_0) \times t + \frac{1}{2} \times 0 \times t^2 = +v_0 t$$

　y 軸方向は，**自由落下**なので，**１．位置の公式**より，
$$y = 0 + 0 \times t + \frac{1}{2} \times (+g) \times t^2 = +\frac{1}{2}gt^2$$

図 3-12

図 3-13

図 3-14

よって，投げた t 秒後のボールの位置を座標 (x, y) は，

$$(x, y) = \left(+v_0 t,\ +\frac{1}{2}gt^2 \right)$$

となる。

このように，軸をうまくとることで，二次元運動（平面運動）を一次元運動（直線運動）の組み合わせとして扱うことができるのだ。**平面での複雑な運動が，直線運動と同じ方法を使えば解明できるという点が，物理学の面白いところである。**言い換えると，物理学的には，**一見複雑そうに見える運動**（←平面運動）**でも，実際は簡単な運動**（←直線運動）**の組み合わせに過ぎない**ということに他ならない。物理学がまさに簡単な運動の組み合わせで複雑な運動を解明できるという"**積み重ね学問**"であることが，実感できただろうか？　それでは，次は，任意の角度で投げ上げる一般的な場合の放物運動を扱おう。

斜方投射

鉛直方向への投げ上げの後，水平方向に投げたのだが，やはり，ボールを投げるといえば，斜め上方に投げたくなる。ここからは，斜め上方に投げる場合をみていこう。ちなみに，斜め上方へ投げるような投げ方を**斜方投射**という。

問題

仰角 θ で斜め上方に初速度 v_0 で，図 3-15 のように投げ上げたボールの運動を考えよう。

（1）ボールが一番高く上がったときの高さはいくらか。

（2）再びボールが地面にぶつかる瞬間の速さはいくらか。

（3）再びボールが地面にぶつかるまでにかかる時間はいくらか。

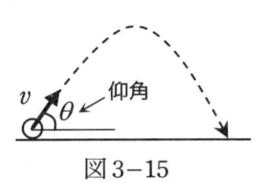

図 3-15

まずは，用語の説明からしよう。問題文中にある"**仰角（ぎょうかく）**"とはどこの角度かというと，図 3–15 の中にかいてある角度のことだ。**仰角とは，地面を基準にして投げ上げる角度のこと**である。"仰ぎ見る角度"である。

では，**問題**に取り組もう。はじめにすることは，・・・そう，**絵をかくこと**だった。自分で図 3–15 のような絵をかいてほしい。次にすることは**軸をとる**ことだ。**軸は，はじめに動く向きを正としてとる**んだった。この運動は，一次元運動（直線運動）ではないので，**二次元運動（平面運動）として扱う**ことになる。よって，x 軸と y 軸をとることになる。原点はボールを投げ始める位置とし，**軸の向きはそれぞれの軸へのボールの正射影がはじめに動く向きを正とする**。すると図 3–16 のようになるはずだ。

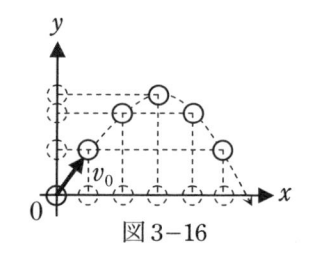

図 3–16

（1）ボールが一番高く上がるときの高さを考えると，これは，y 軸への正射影の**直線運動を考えるだけで求まる**ことがわかると思う。なぜなら，x 軸方向は，高さとはまったく関係ないからだ。よって，y 軸方向のみの運動を考えることにしよう。まずは，斜め方向を向いている初速度 v_0 の分解からしなければならない。つまり，初速度 v_0 の x 成分 v_{0x} と y 成分 v_{0y} を求めるということだ（図 3–17 参照）。仰角 θ を用いて，

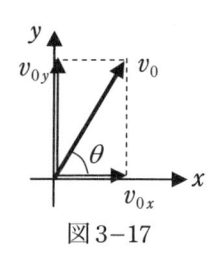

図 3–17

$$\begin{cases} x成分\ v_{0x} = +v_0 \cos\theta \\ y成分\ v_{0y} = +v_0 \sin\theta \end{cases}$$

と，三角関数でそれぞれの成分が求められる。

さて，（1）で用いるのは，初速度の y 成分 v_{0y} のみということになる。y 軸方向のみの運動として，"**初速度が v_{0y} の鉛直投げ上げ運動**"と考えようというわけだ。

鉛直投げ上げ運動であれば，その加速度 a は，**加速度の向きは軸の正の向きにあわせる**のだったので，図 3–18 のように二重矢印で加速度を上向きにかくことになる。しかし，鉛直方向には重力加速度がはたらいているだけなので，$\vec{a} = -g$ となり，**実際にはたらく加速度と矢印の向きが逆になる点に注意**するんだった。何

3．身近な等加速度直線運動

度も言っているように，加速度がたとえ下向きとわかっていても，加速度の矢印の向きは軸の正の向きにあわせるため，勝手に矢印の向きを変えてはならない。

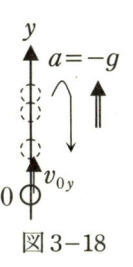

ボールが一番高く上がる瞬間は，一体どうなっているのか。鉛直投げ上げ運動のところで確認したように，**一瞬だけ静止しているところが最高点**なのだ。つまり，（1）で聞かれているのは，ちょうど速度が0になっているところなのだ。よって，等加速度直線運動の三公式の **3．位置と速度の関係式**を用いて，求めたい最高点までの高さを h とすると，

$$0^2 - (+v_{0y})^2 = 2 \times (-g) \times [h - (0)]$$

v_{0y} を代入して，　　$-(+v_0 \sin\theta)^2 = -2gh$　　∴ $h = \dfrac{v_0^2 \sin^2\theta}{2g}$

（2）再び地面に戻る，つまり y 軸上の原点に戻るのは，図3-19の矢印で示した場所だ。その瞬間の速さ v を求めたいのだが，図に示したように，これも斜め方向を向いているので，このままでは求めることが難しい。そこで，求めたい速度 v を x 成分 v_x と，y 成分 v_y とに分解して，x 軸方向と y 軸方向で別々に求め，最後に合成して v を出すという方針で求めることにしよう。

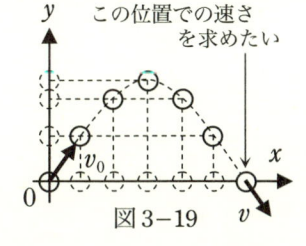

では，まずは**自分で絵をかいて**，求める速度 v を分解するところまでやってから，次を読み進めてほしい。

さて，（1）では，y 軸方向についてはすでに述べているのだが，斜方投射とは，x 軸方向と y 軸方向では，次のような運動になっているのでここでまとめておこう。

斜方投射
二次元運動（平面運動）
　・x 軸方向（水平方向）→ **等速直線運動**
　・y 軸方向（鉛直方向）→ **鉛直投げ上げ運動**

　各軸の成分に分解した後は，該当する一次元運動（直線運動）としてバラバラに求めてやればよいのである。

　それでは，（2）に戻ろう。図3-19の，求めたい速度 v に関連する部分だけを抜きがきしたものが図3-20だ。

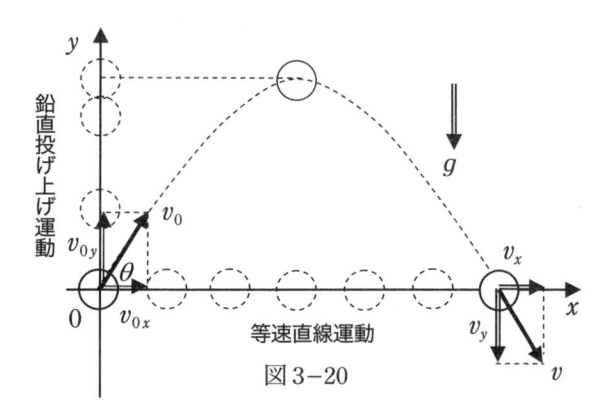

図3-20

　x 軸方向は**等速直線運動**なので，どの位置でも，v_{0x} で一定なので，

$$v_x = +v_{0x} = +v_0 \cos\theta \quad \cdots\cdots ④$$

である。

　y 軸方向は**鉛直投げ上げ運動**なので，再び地面に戻る瞬間の速度 v_y は，はじめの位置も後の位置も $y=0$ として，**等加速度直線運動の三公式の3．位置と速度の関係式**より，

$$v_y{}^2 - (+v_{0y})^2 = 2 \times (-g) \times [0-0]$$
$$v_y{}^2 = (+v_{0y})^2 \quad \therefore v_y = \pm v_{0y} = \pm v_0 \sin\theta$$

図3-20を見ればわかるのだが，再び原点に戻ってきたときの y 軸方向の速度 v_y は鉛直下向きなので，

$$v_y = -v_{0y} = -v_0 \sin\theta \quad \cdots\cdots ⑤$$

である。つまり，$v_y = +v_{0y} = +v_0 \sin\theta$ が**不適**（←数学的には間違っていないが，物理学的にはありえないという意味）となる。

3．身近な等加速度直線運動

　もっとも，y 軸方向が "**鉛直投げ上げ運動なので**"，"**運動の対称性**" を使って，即座に⑤式を求めても，もちろんかまわない。

　さて，④式と⑤式の結果をさらに拡大してかいたものが図 3-21 だ。求めたい速さ v は，今求めた**バラバラに考えた結果を合成しなければならない**。ベクトルの合成なので，図 3-21 の**ベクトルの図から考えよう**。合成して出てくる速度ベクトルが，地面にぶつかる瞬間の速度 v である。

　三平方の定理により，

$$v^2 = |+v_0 \cos\theta|^2 + |-v_0 \sin\theta|^2$$
$$= v_0^2 \cos^2\theta + v_0^2 \sin^2\theta$$
$$= v_0^2(\cos^2\theta + \sin^2\theta) = v_0^2 \quad \therefore \quad v = \underline{v_0}$$

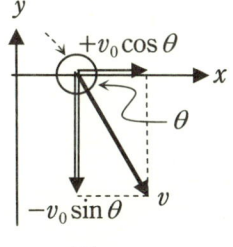

図 3-21

　なんと，向きは異なるものの大きさが v_0 で，**初速度 v_0 の大きさと同じ大きさのベクトルになっている**。よって，地面に再びぶつかる瞬間の**速さ** v は $v = \underline{v_0}$ だ。ちなみにその向きは図 3-21 の合成ベクトルである $\vec{v}$ の向きだ。角度 θ は，斜めに投げ上げるときの仰角の大きさと同じになる。図 3-17 と見比べるとその関係がはっきりすると思う。

　このように，x 軸と y 軸への正射影をとって，バラバラに運動を考えて，結果を合成すれば，**任意の位置での速度もたやすく導ける**のだ。

　（3）再びボールが地面にぶつかるまでにかかる時間を t とすると，これまた，y 軸方向の**鉛直投げ上げ運動**で求めることになるのは，わかると思う。

　よって，**等加速度直線運動の三公式の 2．速度の公式**より，

$$v_y = v_{0y} + (-g) \times t \quad \therefore \quad t = \frac{v_y - (+v_{0y})}{(-g)} = \frac{(-v_0 \sin\theta) - (+v_0 \sin\theta)}{(-g)} = \underline{\frac{2v_0 \sin\theta}{g}}$$

となる。

　では，**結果の物理的意味**を考えていこう。
　特に注目したいのは，（2）の結果だ。投げ上げるときの初速度の大きさと，同じ高さである地面に再びぶつかるときの速さは同じになっている。**問題**では文字

で計算したので，どんな場合でもこれがあてはまることになる。

つまり，計算途中でy軸方向のみで計算していることからもわかるように，**鉛直投げ上げ運動と同様に，投げ上げる速さと，同じ位置に戻ってきたときの速さが同じになる**という，"運動の対称性"が，斜方投射にもあてはまるのだ。

問題にはなかったが，最高点までボールが上がるのにかかる時間を求めてみよう。y軸方向の**鉛直投げ上げ運動**として，**2．速度の公式**を用いる。求める時間をt_1とすると，最高点ではy軸方向の速度成分が0であることから，

$$0 = (+v_0 \cos\theta) + (-g) \cdot t_1 \quad \therefore \quad t_1 = \frac{v_0 \cos\theta}{g}$$

となる。（3）の結果と比べると，$t = 2t_1$ になっていることがわかる。これが意味するところは，**ボールが最高点まで上がる時間と，最高点からもとの高さまで落ちる時間が同じである**ということだ。しかも，文字で計算しているので，**どんな場合でもこれがあてはまる**。鉛直投げ上げ運動と同様の，"運動の対称性"が時間に関してもいえるのである。

まとめておこう。

斜方投射の特徴

- **物体が最高点に達する瞬間**

    速度のx成分　$v_x = +v_{0x}$　（最高点でも等速直線運動）

    速度のy成分　$v_y = 0$　（鉛直投げ上げ運動の最高点）

- **所要時間について**（同位置間での比較）

    上昇時間 $\dfrac{v_0 \cos\theta}{g}$ ＝下降時間 $\dfrac{v_0 \cos\theta}{g}$

- **同じ位置での速さについて**

    上昇する時の速さv_0＝下降する時の速さv_0

    速度のx成分　$v_x = +v_{0x}$　（等速直線運動）

    速度のy成分　$v_y = -v_{0y}$　（鉛直投げ上げ運動）
    　　　　　　　　　↔　　大きさが同じで向きが逆

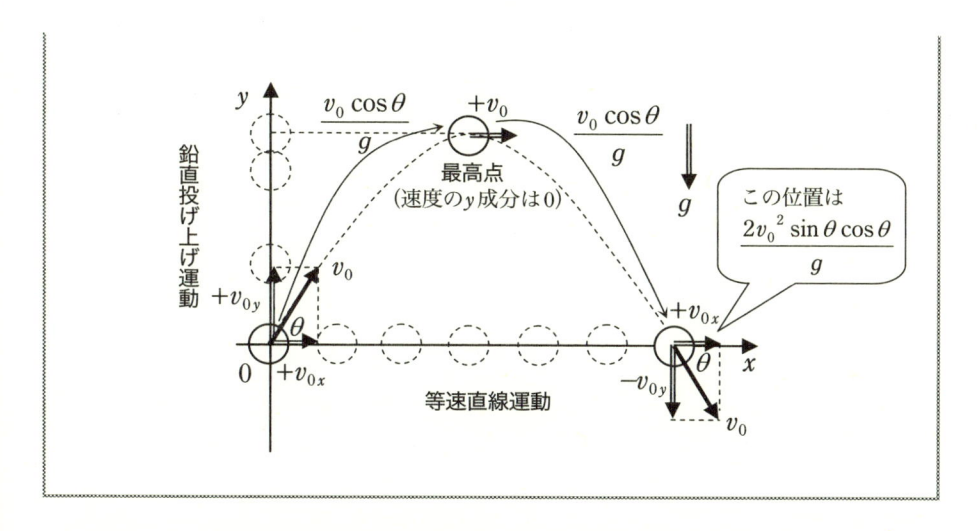

3．身近な等加速度直線運動

（図：鉛直投げ上げ運動と等速直線運動の合成による放物運動。最高点では速度の y 成分は 0。着地位置は $\dfrac{2v_0^2 \sin\theta \cos\theta}{g}$）

最後に，x の位置と，y の位置の関係を考えてみよう。それぞれの任意の時間 t での位置は，**等加速度直線運動の三公式**の**１．位置の公式**により，

$$
\begin{cases}
x = x_0 + v_0 t + \dfrac{1}{2} a t^2 = 0 + (+v_0 \cos\theta)\cdot t + \dfrac{1}{2}\times 0 \times t^2 = v_0 t \cos\theta & \cdots\cdots ⑥ \\
y = y_0 + v_0 t + \dfrac{1}{2} a t^2 = 0 + (+v_0 \sin\theta)\cdot t + \dfrac{1}{2}\cdot(-g)\cdot t^2 = v_0 t \sin\theta - \dfrac{1}{2} g t^2 & \cdots\cdots ⑦
\end{cases}
$$

次に，⑥式と⑦式から時間 t を消去し，x と y の関係式を導いてみよう。⑥式より，$t = \dfrac{x}{v_0 \cos\theta}$。これを⑦式に代入すると，

$$
y = v_0 \left(\dfrac{x}{v_0 \cos\theta}\right)\sin\theta - \dfrac{1}{2} g \left(\dfrac{x}{v_0 \cos\theta}\right)^2 = \dfrac{x \sin\theta}{\cos\theta} - \dfrac{1}{2} g \dfrac{x^2}{v_0^2 \cos^2\theta}
$$

$$
= \left(-\dfrac{g}{2v_0^2 \cos^2\theta}\right) x^2 + (\tan\theta) x \quad \cdots\cdots ⑧
$$

⑧式は，数学でいうところの $y=ax^2+bx+c$ の**二次関数の形になっている**ことがわかると思う。つまり，ボールを投げ上げたときの x と y の関係（グラフ上での道筋にあたる）は，二次関数であるということだ。つまり，**この放物運動の軌跡は二次関数の形になる**ということだ。**だから数学では，二次関数のグラフを"放物線"と呼んでいる**わけだ。

さらに，斜方投射について考察を深めるために，地面とぶつかる瞬間の x 座標上の位置 x を求めてみよう。
　⑧式で，$y=0$ のときの x の値を求めればよいから，

$$y = \left(-\frac{g}{2v_0^2 \cos^2\theta}\right)x^2 + (\tan\theta)x = x\left(-\frac{g}{2v_0^2 \cos^2\theta}x + \tan\theta\right) = 0$$

$$\therefore x = 0, \quad \frac{2v_0^2 \sin\theta \cos\theta}{g} \left(\Leftarrow \frac{2v_0^2 \cos^2\theta}{g} \cdot \tan\theta\right)$$

となるが，$x=0$ は投げ上げた位置（原点）そのものなので**不適**。よって，地面にぶつかる位置は，

$$x = \frac{2v_0^2 \sin\theta \cos\theta}{g}$$

となる。
　無論，1．位置の公式からも求まるので，求めてみてほしい。

4. はたらく力の見つけ方

運動を考える上で、今まで扱ったように、初めから初速度を持っている場合のほかに、力を加えることで運動を始めるような場合も多い。そこで、ここからは、力について扱っていこう。

力

まず、**力**とはどんなものをいうのか。そこから見ていこう。力を与えるというのはどんな状態かといえば、たとえば、図4-1のように、指で机を思いっきり押し付けるような場合がそれにあたるだろう。では、具体的に**指で机を押す力**とはどんなものか。まず、指と机という2つのモノが登場しなくてはならない。**力とは、2つ以上のモノがないと、与えたり与えられたりできない**のだ。

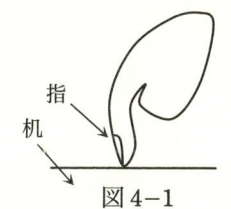

さて、指で机を押す力を図4-1中にかいてみよう。かくために必要な情報は、**押す力の向きとその大きさ、および押す位置**の3つである（**力の三要素**という）。これらの3つの情報をかくのにふさわしい表記方法は**矢印**だ。図4-2をみてほしい。**矢印の向きが力の向き**で、**その大きさ（長さ）が力の大きさ**を示す。**力を加える点（作用点）は矢印の始点**で示すこともできる。

矢印ということは、ベクトルだ。つまり、力はベクトルの性質を持っているわけだ。ただし、速度や加速度と少々異なるので、次にまとめておこう。

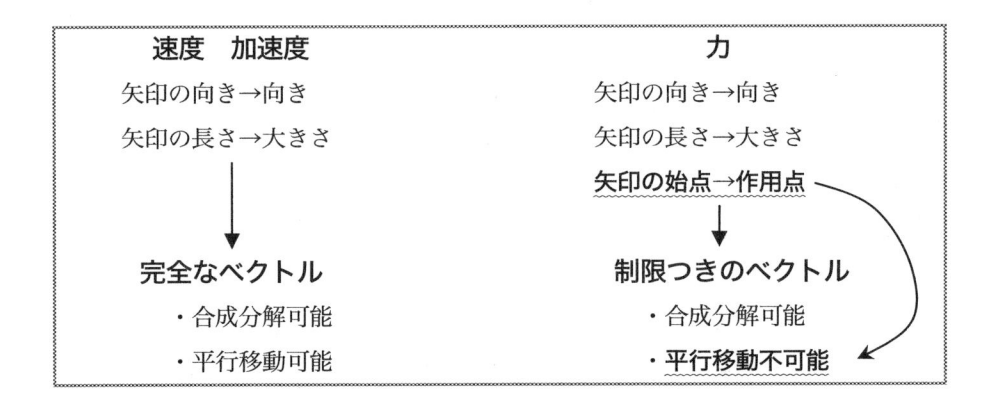

速度　加速度

矢印の向き→向き
矢印の長さ→大きさ

↓

完全なベクトル

・合成分解可能
・平行移動可能

力

矢印の向き→向き
矢印の長さ→大きさ
矢印の始点→作用点

↓

制限つきのベクトル

・合成分解可能
・**平行移動不可能**

速度や加速度と大きく異なっている点は、**力は制限つきのベクトルである**という点だ。平行移動ができず、**力の合成分解はいつも始点（作用点）をそろえてしか行えない**のである。

以上を踏まえて、さっそく、指で机を押す力をかき込むことにしよう。ではここで、**力をかき込む場合の約束**だ。**図中にかき込む力はいつも、着目する物体を決めたら、その着目物体が主語になるように受ける力としてかき込む**。つまり、AとBの2つのモノの間での力をかくときは、Aに着目したら、"AがBから受ける力"を図中にかくというわけだ。また、図中で何に着目してかいた力かがすぐわかるように、"**AがBから受ける力**（force）"を"$\vec{F}_{A \leftarrow B}$"と表記するようにしよう。右下の添え字を見れば、何が何から受ける力で、着目物体は何かが一目瞭然にわかるからだ。

すると、図中にかき込む力は、指で机を押す力、すなわち、机が指から受ける力 $\vec{F}_{机 \leftarrow 指}$ となる。力の作用点は、指と机の接触している点であるから、真下に力を加えたのであれば、図4-3のようにかけることになる。**必ず作用点の黒丸は目立つようにかいておくこと**。力はベクトルで

作用点

$\vec{F}_{机 \leftarrow 指}$

図4-3

4．はたらく力の見つけ方

も，制限つきのベクトルである点を，黒丸の作用点で明示しなくてはならないのだ。

さて，はたらく力について，そのかき方などを見てきたが，**実際の現象を考える上では，物体にはたらいている力をすべてもれなく知らないと，その運動を議論できないことは言うまでもないだろう**。そこで，物体にはたらく力の見つけ方を伝授しよう。

その前に，ひとつだけ重要なことに触れておこう。

力の矢印
1. 着目物体が受ける力のみを，着目物体内の作用点から矢印であらわす。
2. 着目物体の受ける力の本数は，着目している物体に接触している物体の数と同じだけある。
3. 着目物体が受ける力は，起源が同じ場合，1本にまとめる。

"着目物体"とは，着目する物体のことで，主語になる物体のことだ。

力の矢印をかく上で，もうひとつ注意しなくてはいけないことがあり，それは，上に挙げた3．である。実際に問題を解きながらその重要さを確認していこう。

問題
図4-4のように，地面の上に立っている人がいる。この人が地面から受ける力を図中にかいてみよう。ただし，力の大きさは適当な長さで表現するものとし，力は$\vec{F}_{A \leftarrow B}$の形で何が何から受ける力かを明記せよ。

図4-4

順に考えてゆくことにしよう。まず，**着目物体は何か？** である。この問題では，"人が地面から受ける力"をかき込めというわけなので，**着目物体は人だ**。つまり，$\vec{F}_{人 \leftarrow 地面}$をかくことになる。なるほど，では・・・。人の足が地面と接触している点が作用点になるので・・・。図4-5のように，力の矢印がかけただろう

か？

図を見ればわかるが，しっかりと両足が地面に接触しているので，当然2本の力の矢印になる・・・**わけではない！**

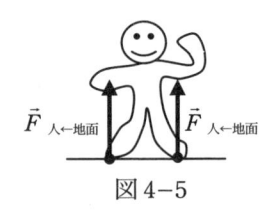

力の矢印の3.を再度見てほしい。"着目物体が受ける力は，起源が同じ場合，1本にまとめる"とある。ここでは，$\vec{F}_{人←地面}$の2本の力の矢印は，ともに起源は同じ"地面から"であるから，**1本の矢印にまとめなくてはならないのだ！**

これはどういうことかというと，**物理学では，着目物体が人であると考えた瞬間に人が点であるかのように扱うということである。**どんなに大きさがあっても同じ物体であれば一つの点だと考えるのだ。こういう扱い方を"**物体を質点（しつてん：material particle）として扱う**"という。

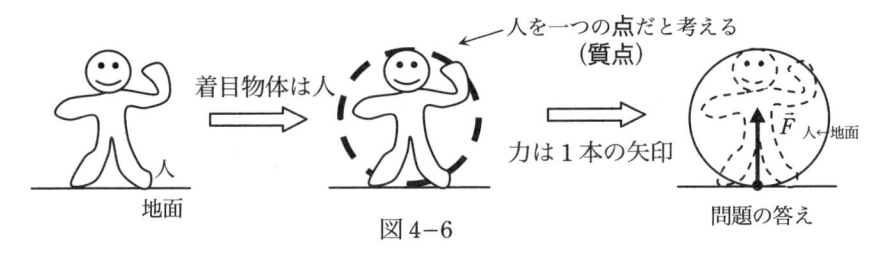

図4-6で図解したように，**頭の中で着目物体である人を質点と考えて，受ける力をかけばよい**ということだ。作用点は，片足の地面との接触点にしておいても，図4-6のように，ちょうど真ん中にしておいてもどちらでもかまわない。

ちなみに，図4-5のように，2本矢印をどうしてもかきたければ，着目物体を，左足，右足，と2つ別々に考える必要があるわけだ。

物体にはたらく力

物体にはたらく力の矢印を，誰の助けを借りることなく，すべてもれなく自分で見つけることができなければ，物体の運動を解明できない。

4．はたらく力の見つけ方

> **問題**
> 図4-7のように，あらい斜面に静止している物体にはたらく力をすべてもれなくかけ。また，それぞれの力を"$\vec{F}_{A \leftarrow B}$"とかいて，何が何から受ける力かを明記せよ。
>
> 図4-7

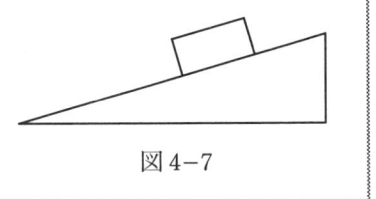

今度は，斜面に静止している物体で練習してみることにしよう。まずは，**自分で絵をかくことから始めよう**。

力の矢印の本数を決めるために，**力の矢印の"2．着目物体の受ける力の本数は，着目している物体に接触している物体の数と同じだけある"**ことを思い出して，あらい斜面に静止している物体に接触している物体を探してみよう。

着目している物体は，まずは，"斜面"に接触している。これは問題ないだろう。次に，"空気"だ。最後に，"地球上という空間"だ。つまり，**力の矢印は3本かく必要がある**ということである。

順に，
① $\vec{F}_{物体 \leftarrow 斜面}$（**抗力**：reaction）
② $\vec{F}_{物体 \leftarrow 空気}$（**浮力**：buoyancy）
③ $\vec{F}_{物体 \leftarrow 地球}$（**重力**：gravity）

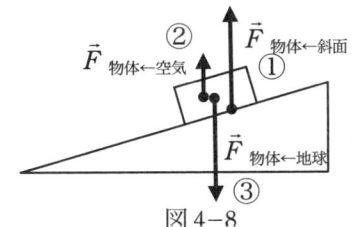

と，3本の力の矢印が図4-8のようにかける。これが，この**問題**の正解である。ちなみに，"$\vec{F}_{物体 \leftarrow 斜面}$"は，斜面に垂直でないので"**抗力**"という名前で呼ぶ。もし，面に垂直であれば，"**垂直抗力**"という名前になる。

図4-8

例えば，あなたが，あらい斜面，そうだな，急な坂道に立っている場合を思い出してみてほしい。状況としては図4-7に近く，自分が受ける力が図4-8のようになるわけだ。さて，なぜこんな話に持っていくのかというと，図中の②の力である**"浮力って受けているのがわかるのか？"**ということがいいたいのだ。もちろん，**力の矢印**では，浮力がはたらいているのは間違いないのだが，あなた自身の経験上で，浮力を受けているのを実感しているのかということだ。すると，あ

55

なたは即座に，「浮力は実感したことはない！」と答えると思う。

すなわち，**浮力ははたらいているのだがあまりにその大きさが小さく感じられないような力**であるわけだ。ならば，物体の運動の解明をする場合に，浮力の存在を無視してもいいのではないだろうか？　という話になってくる。つまり，"実戦的"には，浮力が無視できるほど小さい場合に限り，**はじめから無視してもかまわない**というわけだ。

また，"抗力"であるが，図4–9のように，斜面に沿って水平方向と，垂直方向に力の分解をしてみよう。

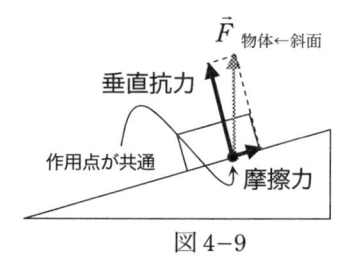

すると，もとは1本の抗力だった力が，**"垂直抗力"**と**"摩擦力"**とそれぞれ名前のついた力に分解できることがわかる。これらは，共に"$\vec{F}_{物体←斜面}$"であるため，**作用点が同じ点である**ことが，もとが1本の力であったことを示している。

図4–9

なぜ，わざわざ分解したのかというと，**分解した後の力に名前がついていること**を確認したかったからだ。わざわざ名前がついている力ということは，**名前をつけるだけの価値のある力**だと考えるのが妥当ではないだろうか？　つまり，物体の運動を解明する上で，**はじめから垂直抗力と摩擦力に分けてはたらく力をかいておいたほうが，より"実戦的"である**といいたいわけだ。

よって，本来の**力の矢印**とは若干異なるが，図4–10のような3本の力の矢印をはじめからかいて，着目物体にはたらく力とし，着目物体の運動を解明していくようにするのが"実戦的"であるわけだ。

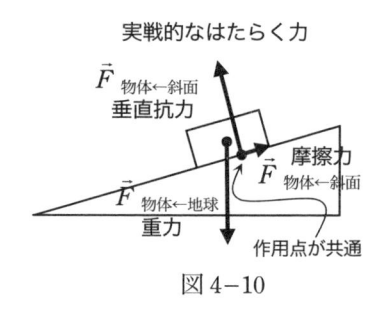

以降，物体にはたらく力というと，物理学ではこの**"実戦的なはたらく力**(←聖史造語)**"**を求められる場合が多い。

図4–10

56

4．はたらく力の見つけ方

実戦的なはたらく力の見つけ方

いよいよ，聖史式 "**実戦的なはたらく力の見つけ方**" の伝授だ。次の手順で力の矢印をかいていこう。この方法ではたらく力を見つけることで，すべてもれなく見つかるため，今後はいつでもこの方法ではたらく力を見つけていくことになる。

実戦的なはたらく力の見つけ方（←聖史式）
1．**重力**
　　遠隔力としてはたらく力
2．**接垂力**（せっすいりょく）（←聖史造語）
　　接触している物体の面から**垂直方向に受ける力**の略
3．**慣性力**
　　動いているモノに乗ったときのみ感じる力

図 4-11 を見ながら，あらい斜面に静止している物体にはたらく力を例にとって，**実戦的なはたらく力**を図中にかいてゆこう。

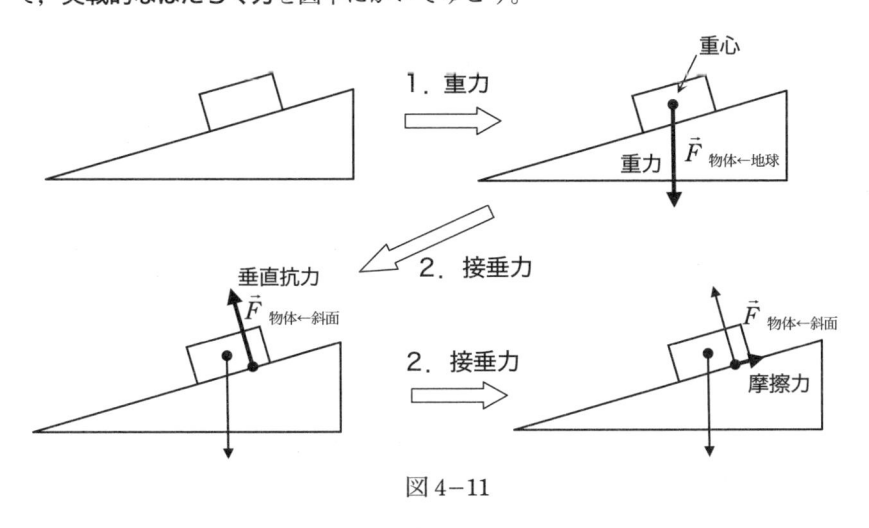

図 4-11

とにかく，まずはたらく力は**1．重力**だ。地球上であれば，どんなところでもはたらく。鉛直下向きに矢印をかこう。矢印の始点は，**重心**（center of gravity）と呼ばれる，着目物体内の1つの点にとる。たいてい，着目物体の中心あたりから矢印をかく。しかし，本質的には質点とみなすので，着目物体内であれば実はどこでもよいのは説明済みだ。ちなみに，重力は，"物体が地球上という空間から受ける力"であり，"$\vec{F}_{物体←地球}$"となる。また，**この重力というのは不思議な力で，直接地球と触れていなくてもはたらく"遠隔力"である**。遠隔力には，重力のほかに**電気力**と**磁気力**がある。その場合も，一番はじめにかき込むことになる。

次にかき込むことになるのが**2．接垂力**だ。**着目物体が接触している物体の面すべてから垂直方向に力を受ける**。この例では，接触しているのは斜面のみだ。だから，斜面から垂直方向に力を受ける。図 4–11 の上から 2 番目の**垂直抗力**"$\vec{F}_{物体←斜面}$"という力がそれにあたる。作用点は，接触している面のなかの1点。**力の矢印の3．**にある"起源の同じ矢印は1本にまとめる"ためである。

ここで実戦的なはたらく力を見つける場合の**約束**があるので，まとめておこう。

実戦的なはたらく力を見つけるにあたっての約束
1．通常は，**浮力と空気抵抗力は無視できるくらい小さいとする**
2．**摩擦力**は垂直抗力と起源が同じ場合が多いが，1本の抗力にまとめない

実戦的なはたらく力をかき込む場合，1．の約束にあるように，空気から受ける浮力や，空気抵抗力はかき込まないのが普通だ。なぜなら，既に述べたように，**浮力に関しては，本当ははたらいているのだがあまりにその力の大きさが小さいため無視できるからである**。空気抵抗力は物体が動いている場合に考えるべき力であるが，**物理学では，空気抵抗力が無視できるくらい小さい場合を扱うためその力を無視する**。むろん，浮力が無視できないような場合や，空気抵抗力がはたらくような特別な場合はかき込むことになる。

つぎは，2．の約束である。摩擦のある場合であるが，摩擦力と垂直抗力は，起源が同じ場合でも矢印を分けてかき込む。つまり，図 4–11 の上から 3 番目の

摩擦力"$\vec{F}_{物体\leftarrow斜面}$"のように，**斜面から受ける力が，垂直抗力と摩擦力の2本になる**というわけだ。これは，前にも述べたように**力の矢印の"3．着目物体が受ける力は，起源が同じ場合，1本にまとめる"に矛盾している**。よって，**実戦的なはたらく力の見つけ方に沿ってかき込んだ力の矢印は，実際に着目物体にはたらく力をかいているわけではない点に注意が必要だ**。だから，"実戦的な"という言葉を入れてある。物理学の話を進める上で，便利なようにはじめから力を作為的にかき込んでいるからだ。

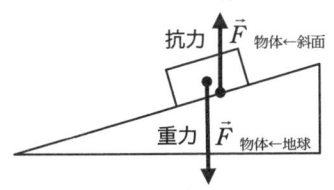

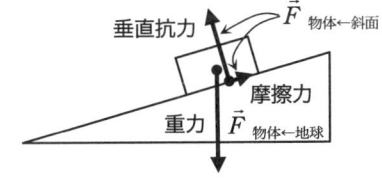

図 4-12

図 4-12 で最終確認をしておこう。左側が，本来の着目物体にはたらく力を矢印でかいたものである。そして，右側が実戦的なはたらく力をかいたものだ。"垂直抗力"と"摩擦力"が本来のはたらく力の"抗力"を分解した力であるため，**作用点が同じになっている**ことが特徴である。

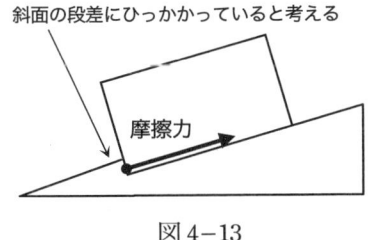

ところで，摩擦力が2．接垂力であるのはなぜか？ **摩擦力とは，物体同士がひっかかって生まれるような力である**ことを考えると，着目物体が落っこちないで斜面の上に静止している原因が摩擦力であるわけだから，図 4-13 のように，**斜面に段差があると考え，その斜面の段差面に物体が接触していることになるから，段差面から垂直方向に力を受けることになる**。この力こそが摩擦力である。**2．接垂力**として摩擦力がかけることがわかっていただけただろう。

図 4-13

摩擦力は，このように段差から受ける力であると考えると，向きがどちらになるかで間違えることが大変少なくなる。ただ，かき忘れが多いので，摩擦力には注意が必要だ。また，摩擦力はいつもあるわけではないので，次のように見極めよう。

摩擦力の見極め方

　　"あらい"という表現　→　**摩擦がある**という意味
　　"なめらか"という表現　→　**摩擦がない**という意味

最後に**3．慣性力**。動いているモノに乗っているわけではないので今回はなし。
それでは，"**実戦的なはたらく力の見つけ方**"を練習してみよう。

問題

　指定された物体に着目し，実戦的なはたらく力を矢印でかき込め。また，力は，$\vec{F}_{A \leftarrow B}$であらわし，その名称もかけ。

（1）空中を飛んでいるボール　　　　（2）斜めにひもで引っ張られる荷物

（3）あらい床となめらかな壁に立てかけられて静止している棒

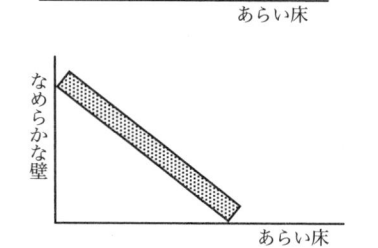

いつもどおり，**まず自分で絵をかこう**。話はそこからだ。
　（1）まずはじめに，着目物体を確認しよう。ボールだ。では，順に，**1．重力**"$\vec{F}_{ボール \leftarrow 地球}$"，鉛直方向下向きに重心から矢印をかこう。つぎに，**2．接垂力**

4．はたらく力の見つけ方

だ。いま，ボールに接触しているのは"空気"のみ。空気抵抗力は無視できるほど小さいとするのだったから，なし。**3．慣性力**も，ボールに乗っていないのでなし。結局，図4-14の（1）のように，**重力のみ**が実戦的なはたらく力となる。なんとなく，ボールが飛んでいく方向に何らかの力がはたらいていそうなのだが，それは，誤りである。もし間違って，ボールの飛んでいく方向に力の矢印をかいてしまっていたら，再度，**実戦的なはたらく力の見つけ方**を確認してほしい。

（2）着目物体は荷物だ。**1．重力**"$\vec{F}_{荷物←地球}$"。つぎは，**2．接垂力**。接触しているのは"ひも"。荷物がひもから受ける力（**張力**という）"$\vec{F}_{荷物←ひも}$"がかける。他に接触しているものとして"あらい床"があるので，**垂直抗力**"$\vec{F}_{荷物←床}$"と**摩擦力**"$\vec{F}_{荷物←床}$"がかける。摩擦力は段差を考えて向きを決めると左向きになるのはわかるだろう。**3．慣性力**は，動いているモノに乗っていないのでなし。結局，図4-14の（2）のように4本となる。

（3）着目物体は棒だ。**1．重力**"$\vec{F}_{棒←地球}$"。棒の真ん中くらいに重心をとろう。**2．接垂力**。棒と接触しているのは，"なめらかな壁"と"あらい床"である。"なめらかな壁"からは摩擦力を受けないので，**垂直抗力**"$\vec{F}_{棒←壁}$"のみを受ける。これは，**壁の面に対して垂直の力なので垂直抗力**である。"あらい床"からは，**垂直抗力**"$\vec{F}_{棒←床}$"と**摩擦力**"$\vec{F}_{棒←床}$"。**3．慣性力**はなし。よって，図4-14の（3）のように4本となる。

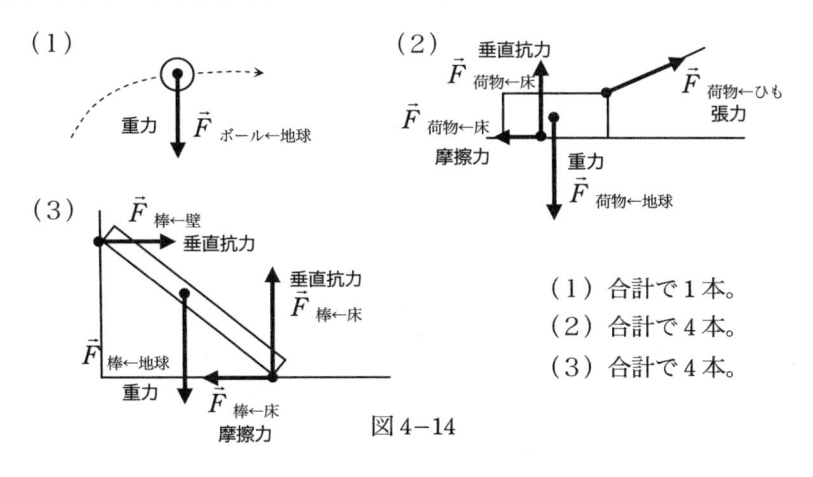

（1）合計で1本。
（2）合計で4本。
（3）合計で4本。

図4-14

5．運動の法則

これまで，速度，加速度，力という，物理学で運動を扱うための準備をしてきた。いよいよ，実際にそれらを用いて，目の前で起こる現象を考えていこう。

力の原理

図 5-1 のように，物体に 2 本の軽い糸をつけ，それぞれを $\vec{F}_1$ と $\vec{F}_2$ の力で引っ張ったとしよう。ここで，物体が静止しているためには，どのような力の関係があるかわかるだろうか？　そう，$\vec{F}_1$ と $\vec{F}_2$ の力が同じ大きさであればよい。**大きさが同じで向きが逆の力を同時に加えても，物体は静止したままである**からだ。このような力の関係を物理学では"**力がつりあっている**"という。また，その力の状態を式で表したものを"**力のつりあいの式**"といい，図 5-1 の場合は，次のようになる。

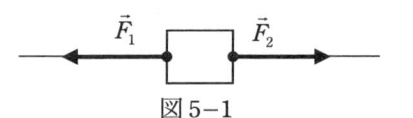

$$\vec{F}_1 = -\vec{F}_2$$

では，次に，力がつりあっている状態（物体は静止）で，急に $\vec{F}_2$ の力が小さくなったとしよう。するとどうなるかわかるだろうか？　もちろんやってみればすぐ結果はわかるのだが，力が大きい $\vec{F}_1$ 側に物体は動き出す。

まとめておこう。

5. 運動の法則

> **力の原理**
> 1. 静止している物体が力を受けるとその力の向きに動き出す
> 2. 静止している物体が反対向きの2つの力を同時に受けたときは，
>   ア）大きさが同じで反対向きの力である場合，物体は静止し続ける
>   イ）力の大きさが異なる場合，大きな力の向きに動き出す

1．は，あたりまえであろう。2．ア）は，**2力がつりあっている**場合である。2．イ）は，**2力がつりあっていない**場合である。

> **問題**
> 図5-2のように，目の前を一定の速さで左に横切るようにスケートですべっている人がいる。氷面とスケート靴（を履いた人）との摩擦はないものとして，この人にはたらく力を用いて，この人の運動を説明せよ。
>
> 図5-2

今度は，水平方向に動いている場合は力を用いてどのように説明できるのかを見ていくことにしよう。スケートですべった経験がある人も多いと思うで，自分の経験から考えてみてもよい。まずは，**自分で絵をかいて，実戦的なはたらく力の見つけ方**にしたがって人にはたらく力をすべてもれなくかいてみよう。

まずは，1. **重力** "$\vec{F}_{人←地球}$" だ。人の中心くらいに重心をとって，鉛直下向きに。次は，2. **接垂力**。人に接触しているのは氷面だけ。しかも，摩擦がないので，氷面からは**垂直抗力** "$\vec{F}_{人←氷面}$" しか受けない。3. **慣性力**はない。よって，図5-3のようになるはずだ。

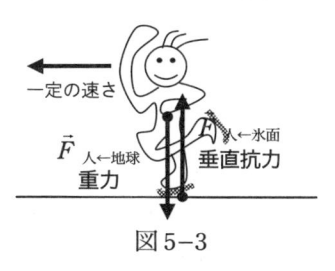

図5-3

さて，この人の運動を説明しよう。まずは，この人は，氷面に水平にすべっていることに着目しよう。どういうことかというと，**飛んだり跳ねたりという氷面**

に垂直な向きへは移動していないということに気づくはずだ。つまり，氷面に垂直な向きへは静止しているわけだ。よって，氷面に垂直な向きの力はつりあっている。力のつりあいの式を立てよう。一方，氷面に水平な向きには一定の速さで動いている。氷面に水平な向きにはたらく力はない。つまり，氷面に水平な向きには等速直線運動（等速度運動）をしている。

答 $\begin{cases} \text{氷面に垂直方向}\quad \text{人は静止している}\quad \rightarrow\quad \textbf{力がつりあっている} \\ \qquad\qquad\qquad \vec{F}_{人\leftarrow 地球}=-\vec{F}_{人\leftarrow 氷面}\quad \text{または}\quad \vec{F}_{人\leftarrow 地球}+\vec{F}_{人\leftarrow 氷面}=\vec{0} \\ \text{氷面に水平方向}\quad \text{人は等速直線運動}\quad \rightarrow\quad \textbf{力がはたらいていない} \end{cases}$

ここで気づくことは，力がつりあっていることと，力がはたらいていない（合力が$\vec{0}$）とは同じことであったわけなので，次のような関係があることになる。

着目物体の運動と力の関係

　　　静止　　　　　　　　　　　　　　　　　はたらく力はつりあっている
　　　等速直線運動（等速度運動）　⟺　　合力が$\vec{0}$（はたらいていない）

ニュートンの運動の三法則

さて，目の前で起こるすべての現象の基礎となるのが，**ニュートンの運動の三法則**である。しかも，なんとたった3つの法則だけで，ほとんどの現象を物理学的に説明できてしまうのである！　つまり，それほどまでに**ニュートンの功績は大きい**というわけだ。それと同時に複雑そうに見えるが実は，**自然界はとても単純である**ということもわかると思う。

ニュートンの運動の三法則（Issac Newton　英）1687年
　　第一法則　　慣性（かんせい）の法則
　　第二法則　　運動の法則
　　第三法則　　作用・反作用の法則

5. 運動の法則

　これらは，すべて**法則**である。**法則というのは，どんな場合でもそうなるといった類のもので，数学的に証明したものではない点に注意だ**。これらの三つの法則は，ニュートンが見つけ出したので，発見した法則に名前が入っているのだ。
　では，それぞれの法則を順番に紹介しよう。

ニュートンの運動の第三法則

　第三法則は通称で"**作用・反作用の法則（law of action and reaction）**"と呼ばれることが多い。これは，力に関する法則であり，実に身近で体験している法則である。
　図5-4を見てほしい。何らかの理由があるのだろうが，とにかく，A君がB君を平手でパシーンとたたいた場合を考えよう。たたかれた側のB君が痛いのはわかるのだが，なんと，たたいた側のA君も痛いのである。ただ単にB君から力を受けるわけではなく，A君がB君に与えた力と同じ大きさの力が返ってくるのだ。いわば，"瞬間カウンター攻撃"である。試しに友達同士でやってみよう。あまり強くたたくと友情に深い傷が入るのでご注意を。
　では，この作用・反作用の法則を**力の矢印**を使って，物理的に理解することにしよう。
　AとBを質点と考え，図5-5のように，それぞれに着目して別々に受ける力をかいてみた。図からもわかるように，**力の作用点は同じ点で**，AがBから受ける力$F_{A \leftarrow B}$と，BがAから受ける力$F_{B \leftarrow A}$は，**大きさが同じで向きが逆の関係になっている**。叩かれたB君だけが痛い思いをするのではなく，B君を叩いたA君もまた叩いた分だけの痛みを味わっているわけだ。しかも，B君が自分から何もしていなくてもだ。**神様は実に平等に世界を作っているなぁ**と感心（？）してしまう。
　だから，ドラマやアニメでよくある喧嘩のシーンは，強い者がほとんど無傷で勝って弱い者がボコボコにされる場合が多いのだが，物理学的には**作用・反作用の法則があるため**，仮に強い者がゲンコツだけで殴ったとしても，弱い者がボコ

図5-4

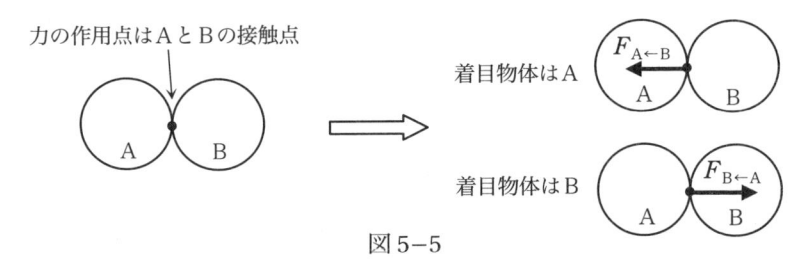

力の作用点はAとBの接触点

図5-5

ボコになっているのと同じだけの力が，強い者のゲンコツに加わるので，勝者でありながら，指の骨が折れていたり，ゲンコツがパンパンに腫れているくらいでないと，リアリティに欠けると僕は思うのだが，いかがだろうか？

また，簡単に自分で体験できる方法もある。手を平手同士で拍手するようにたたけばよい。片方のたとえば左手を体の前で止めておき，右手で思いっきりその左手をひっぱたいてみよう。左手が痛いのはわかると思うが，**右手も左手と同じくらいの痛さがある**はずだ。作用・反作用の法則をだれでも実感できると思うのでぜひお試しあれ。

力はベクトルであったので，数式をつかってこの法則をまとめておこう。

作用・反作用の法則

$$\vec{F}_{A \leftarrow B} = -\vec{F}_{B \leftarrow A}$$

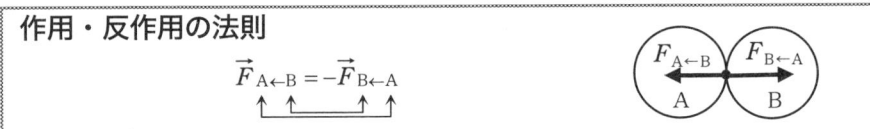

AがBに力を与えると，BもかならずAに力を与える。このように，**必ず2つの力はセットではたらきあう。**

セットの力は，**大きさが同じで向きが逆になっていて，作用点は同じ点。**

大事なことは，A←B側の力"$F_{A \leftarrow B}$"は，着目物体が"A"であるのに対して，B←A側の力"$F_{B \leftarrow A}$"は，着目物体が"B"である点だ。図の中に同時にかき込んでしまうと何が何から受けている力かが見えにくくなる。着目物体ごとに図5-5のように分けてかくことをオススメしたい。

なぜこれが大事なのかというと，"**大きさが同じで向きが逆**"の力というと，2

5．運動の法則

力のつりあいと同じ関係になっているからだ。よって，力のつりあいなのか，作用・反作用の関係なのかを正しく見分けるために，**着目物体が何であるかをはっきりさせておく必要がある。**

力のつりあい と 作用・反作用の関係

1．力がつりあっている → 着目物体は静止している

（例）物体を左右の糸で引っ張った場合

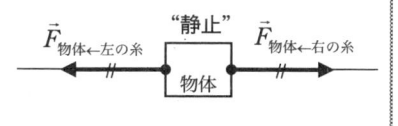

力のつりあいの式

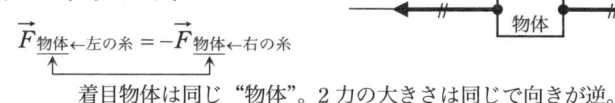

$$\vec{F}_{物体←左の糸} = -\vec{F}_{物体←右の糸}$$

着目物体は同じ "物体"。2力の大きさは同じで向きが逆。

2．作用・反作用の関係

（例）AがBに力を加えた場合

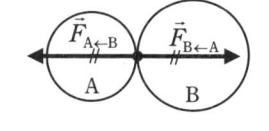

作用・反作用の2力の関係

$$\vec{F}_{A←B} = -\vec{F}_{B←A}$$

着目物体が異なる。2力の大きさは同じで向きが逆。同じ作用点。

ニュートンの運動の第二法則

つぎは，**第二法則**だ。通称，"**運動の法則**"。物体にはたらく力と加速度の関係の法則である。図5-6を見ながら法則の意味するところを考えていこう。

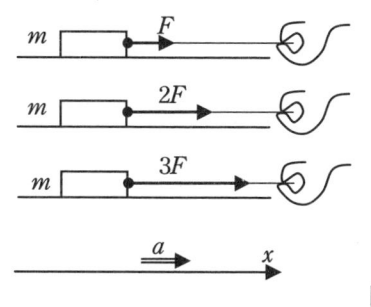

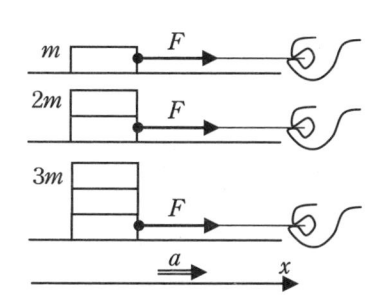

図5-6

図5-6の左側は，物体の質量m（mass）を変えずに，ひもを引っ張る力F（引っ張っている間は一定の大きさを維持する）を2倍，3倍にしたときの，加速度aの様子を調べる実験だ。右側は，今度はひもを引っ張る力Fを変えないようにして，物体の質量mを2倍，3倍にしたときの，加速度aの様子を調べる実験だ。

それぞれ，加速度aと変化させる物理量Fやmとの関係をグラフにしてみたのが図5-7である。左側は**物体の質量mが一定の場合**のa–Fグラフで，**aはFに比例する**ことがわかる。数学の記号でかくと，$a \propto F$となる。右側は**物体を引っ張る力Fが一定の場合**のa–mグラフで，**aはmに反比例している**。言い換えると，aは$\frac{1}{m}$に比例している。これを数学の記号でかくと，$a \propto \frac{1}{m}$となる。"$\propto$"の記号が"比例している"という意味だ。この2つの関係が，**運動の法則**である。

m一定で引っ張る力Fを変えた場合　　　F一定で物体の質量mを変えた場合

$\boxed{a \propto F}$　　　　$\boxed{a \propto \dfrac{1}{m}}$

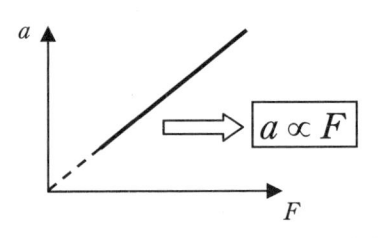

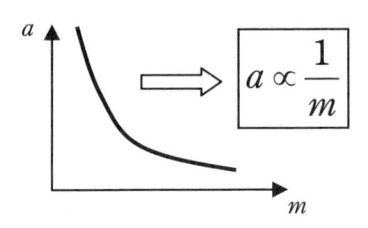

図5-7

運動の法則

物体に力がはたらくと，力と同じ向きに加速度が生じ，その大きさaは，はたらく力の大きさFに比例し，物体の質量mに反比例する。

$$\vec{a} = k\frac{\vec{F}}{m} \quad (k \text{は比例定数}) \quad \cdots\cdots ①$$

これが，正式名称では，"ニュートンの運動の第二法則"だ。

さて，①式であるが，いつも比例定数kがついていたのでは非常に厄介だ。だ

5．運動の法則

いたい，a と F と m の関係がわかっても，ビシッと値が定まらない。ならば，加速度 a の単位は $[m/s^2]$ で，質量 m の単位は $[kg]$ と決まっているので，**$k=1$ になるように力 F の単位を決めてしまえばよい**。そのようにして，決めた力 F の単位を，法則の発見者の名前をとって"**ニュートン**"と定めたわけだ。記号では $[N]$ とかく。つまりこれが，**力の単位 [ニュートン] の定義**になるわけだ。力の単位 $[N]$ はブツーリ戦隊 MASK マンの 4 つの中にはない。なぜなら，運動の法則の比例定数が $k=1$ になるように人工的に定義された単位だからだ。そのようにして単位を決められた形の運動の法則の式が，有名な**ニュートンの運動方程式**（Newton's equation of motion）なのである。

ニュートンの運動方程式

ニュートンの運動の法則の比例定数 $k=1$ となるように力の単位を定義したもの

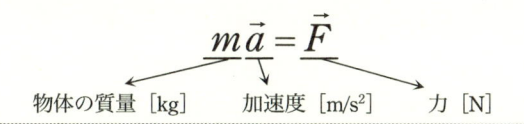

$$m\vec{a} = \vec{F}$$

物体の質量 $[kg]$ 　　加速度 $[m/s^2]$ 　　力 $[N]$

繰り返すが，m と a の単位が決まっているのを受けて力 F の単位 $[N]$ が決められたので，$ma=F$ とかくのが本来あるべき姿だろう。$F=ma$ ではないということである。

　この運動方程式の意味するところは，左辺から読むと，**質量 m の物体に加速度 a が生じているならば，必ず力 F がはたらいている**ということだ。また，右辺から読むと，**力 F がはたらくと必ず，質量 m の物体は加速度 a を生じる**ということだ。つまり，**力だけがはたらくということはできないし，力がはたらいていない状態で加速度だけが生じることもない**という意味だ。

　ところで，この**ニュートンの運動方程式**であるが，物理学の一番の根本をなす運動の法則から定義された式であるが，**実は方程式のクセに解けないのである！**通常，数学では方程式というと，一次方程式や，連立方程式という感じで，必ず解ける（解が求まる）のであるが，運動方程式は解けない方程式（解が求まらな

い）なのだ。この事実はなかなか知られていないのだが実に興味深いだろう？

運動方程式 $ma=F$ が解けない方程式なのはなぜかというと，実は，**未知数の数より式の本数が少ないからである**。式は $ma=F$ の1つだけ。未知数はというと，m と F の2つなのだ。力の単位 [N] の定義から考えて，F がこの方程式の解として求まるような印象をもつだろうから，F が未知数なのはお分かりだろう。ところが，**物体の質量 m も未知数なのだ！**

ところで，加速度 a は，実際に物体が動いているのを観測して測定可能である。よって，測定値を用いることが可能なので，未知数ではない。じゃあ，同じように物体の質量 m だって，はかりで測定可能じゃないかと思うかもしれない。しかし，よく考えてみてほしい。

たとえば，台はかりを使って図5-8のように，物体の質量を測定してみたとしよう。台はかりが測定している値の正体は，いったいなんだろうか？

問題

台はかりが測定しているのは一体なんだろうか？

着目物体を荷物と台はかりの両方をそれぞれ別々に考えて，力の矢印をかいてみよう。

力の矢印は $F_{A \leftarrow B}$ で明記すること。

図5-8

では，はたらく力の見つけ方の復習をかねて挑戦してほしい。**まずは，自分で絵をかくこと**からだ。今回は着目物体を別々に考える必要があるので，図5-9のように，分けてかこう。

図5-9

着目物体を荷物とすると，はたらく力の見つけ方の順に，**1．重力** $F_{荷物 \leftarrow 地球}$，**2．接垂力**だ。図5-10を見ながら確認していこう。今，荷物に接触しているのは台はかりのみなので，台はかりからの垂直抗力 $F_{荷物 \leftarrow 台はかり}$ が該当する。よって，はたらく力は合計で2本の矢印

5．運動の法則

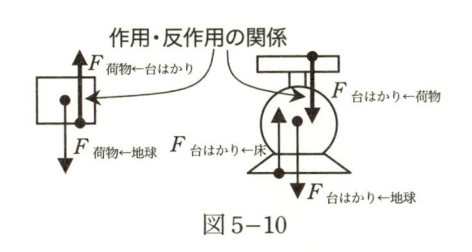

ですべてになる。着目物体を台はかりにすると，**1．重力** $F_{台はかり←地球}$，**2．接垂力**は，接触しているのが床と，荷物なので2つある。力の矢印では，床から受ける垂直抗力 $F_{台はかり←床}$ と，荷物から受ける力 $F_{台はかり←荷物}$ だ。ところで，この**台はかりが荷物から受ける力** $F_{台はかり←荷物}$ と，荷物が台はかりからの垂直抗力 $F_{荷物←台はかり}$ を比べてみると，作用・反作用の関係になっていることがわかると思う。

図 5-10

$$F_{台はかり←荷物} = F_{荷物←台はかり} \quad \cdots\cdots ②$$

では，順番に考えていこう。まずは，台はかりの上に乗っている荷物について。**荷物は台はかりの上で静止している**。静止しているということは，動き出さないわけなので，当然加速度はない。運動の法則でみたように，加速度が生じていないならば，力がはたらいていないはずだ。ところが，図 5-10 の左図をみればわかるが2本の力の矢印がかいてある。・・・おや？

ここで，力について再度思い出してみよう。力は制限つきのベクトルであった。ベクトルであるならば，合成や分解ができる。図 5-10 の左図を見ると，2本の矢印があたかも別の作用点から矢印がかいてあるように見えるが，着目物体が荷物であるから，つまり，同一質点内の作用点に相当し，同一作用点であるということなのだ。よって，かかれている2本の力の矢印は合成できる。**合成して，力がはたらいていないのと同じ状態が作り出せれば，荷物が台はかりの上で静止している状態を説明できる**。そう，$F_{荷物←地球} = F_{荷物←台はかり}$ になればよいわけだ。このように，**合成して力の合力が 0 になるような状態を"力がつりあっている"**というのだった。よって，**力のつりあい**の式は，

$$F_{荷物←地球} = F_{荷物←台はかり} \quad \cdots\cdots ③$$

となる。つまり，荷物が台はかりの上で静止しているので，荷物にはたらく力はつりあっているわけだ。

さて，次は，台はかりに着目しよう。**荷物が台はかりの上に乗せられることで**

台はかりが受ける力は，$F_{台はかり \leftarrow 荷物}$である。つまり，台はかりが測定しているのはこの"台はかりが荷物から受ける力"ということになる。

よって，台はかりが荷物から受ける力$F_{台はかり \leftarrow 荷物}$は，②式および③式より，
$$F_{台はかり \leftarrow 荷物} = F_{荷物 \leftarrow 台はかり} = F_{荷物 \leftarrow 地球}$$
ということがわかる。つまり，**台はかりが測定しているものの正体は**，"**荷物の重力**"である！　ここでわかってほしいことは，"荷物の質量"を測定しているわけでは断じてないということだ！

長々と説明してきたが，このように，**質量は測定できそうなのに，実際は測定できない**ものなのだ。よって，質量は運動方程式においては未知数ということになってしまう。解けない式を方程式と呼ぶのはいささか納得しがたいので，僕は，むしろ，"**ニュートンの運動関係式**"と名称を改めるべきだと思うのだが，いかがだろうか？

では，実際に質量が未知数のままなのかというと，それでは不便なので，現在では人工的に質量が定義されている。**運動関係式を人類は無理矢理に運動方程式にしている**というわけである。質量は，フランスにある**国際キログラム原器**とよばれる，白金90％，イリジウム10％の合金でできた，円筒形のカタマリがちょうど1［kg］の質量と定められている（1880年作成）。

ニュートンの運動の第一法則

さて，最後は**慣性の法則**だ。これは，**力がはたらいていなくても動いているような運動を説明するのに必要**となる。"ニュートンの運動の第一法則"だ。

慣性の法則

物体には，直前のそのままの速度を保ち続ける性質（**慣性**：inertia）がある

慣性の例としてよく紹介されるのは，図5-11のような簡単な実験だろう。コップの上に紙をのせ，その上に10円玉をのせる。思いっきり紙だけを指ではじくと，あら不思議，紙だけが真横にスライドし，10円玉は真下に落下する！　とこ

5．運動の法則

ろで，どこらへんが慣性なのかわかるだろうか。紙だけが真横にスライドすること？ 10円玉が真下に落下すること？ いやいや，そうではない。

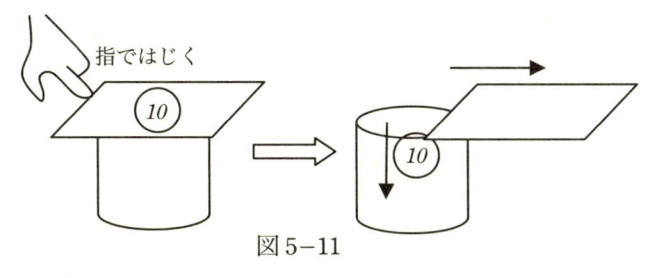

図5-11

慣性とは，物体が直前のそのままの速度を保ち続ける性質のことなので，これを10円玉について考えてみるとわかる。指ではじく直前，10円玉はどうなっているか。・・・そう，紙の上で静止している。つまり，その速度は0である。紙のみが真横にスライドした時でも，10円玉は速度が0のその速度を保ち続ける。つまり，静止し続ける。よって，下に何もなくなるわけなので，真下に落下するわけだ。**この実験のどこらへんが慣性なのかといえば，指で紙がはじかれても10円玉が静止し続けているところが慣性なのだ。**そして，こういう現象が起きるということが**慣性の法則**というわけだ。

もうひとつ，例を挙げておこう。図5-12のように，等速直線運動をしている電車の中で，ボールを落としたときのボールの運動である。

まず，**実際に等速直線運動をしている電車の中でボールを落としてみると，ボールは自分の足元に落ちる**ことはわかると思う。機会があればぜひ挑戦してほしい。簡単に実験可能だ。さて，これのどこが慣性の法則の例なんだと思うかもしれない。では，その電車を，踏み切りで待っている人から見てみよう。その人から見たボールはどのような運動をしているだろうか。

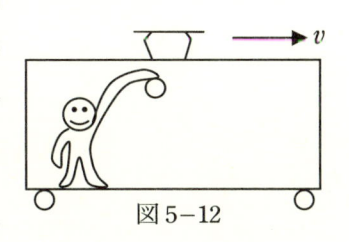

図5-12

ボールは落ちる瞬間まで，電車と同じ速度 v で等速直線運動をしているわけである。**手から離れたあとは，慣性により，ボールはその速度を保ち続ける**。つまり，地面と水平の向きに等速直線運動をし続ける。地面と垂直の向きには，ボー

ルが自由落下していくので，図 5-13 のような水平投射の軌跡をえがいて，踏み切りで待っている人には見えるのだ。

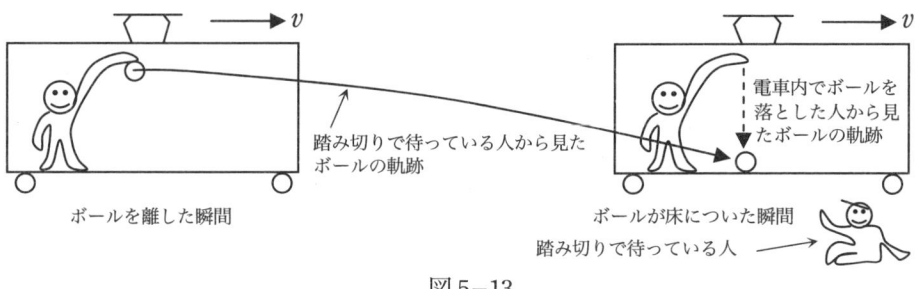

図 5-13

ボールを離した瞬間　　　踏み切りで待っている人から見た　　ボールが床についた瞬間　　電車内でボールを落とした人から見たボールの軌跡
　　　　　　　　　　　ボールの軌跡　　　　　　　　　　　　踏み切りで待っている人

ここで注意しておくことは，**どこから見るかによって，同じボールの運動なのに異なった運動のように見える**ということだ。・・・そう，"相対速度"に非常に似ている。

ちなみに，**どこらへんが慣性かというと，ボールが手から離れた瞬間に地面と水平な向きに等速度運動し続けるというところ**だ。なので，もし，ボールを離した瞬間に電車が急停車したとしても，ボールだけは何事もなかったかのように図 5-13 とおなじ軌跡をえがくことになる。

さて，以上で，ニュートンの運動の三法則の紹介が終わった。これらが，**力学の基本法則**になる。特に，第二法則から作り上げた，"**ニュートンの運動方程式**"は，力と運動を結びつける要（かなめ）の式となる。しかし，**その運動方程式が解けない方程式で，法則であるから証明もできていないというのもまた面白い話**だ。その運動方程式が基本となって，力学は形作られているというのだから，これも不可思議な話だ。**運動方程式が実は間違っていたということが判明すると，力学が全部崩壊する可能性もあるのである！**

最後に，ひとつだけ。加速度の説明のところで，"世の中の大半の現象が，等加速度運動だから，以降，運動はすべて等加速度運動として扱うことにする"と述べてあった理由をここで確認したい。なぜかというと，その根拠は"**ニュートン**

の運動方程式" にある。どんな現象でも力 F がはたらけば，必ず加速度 a が生じるわけだ。次の瞬間に，その力 F が変わっても，新しい力 F' に対応する加速度 a' が生じるから，どんな運動においても，小刻みに分ける必要があるかもしれないが，等加速度運動になるわけだ。だから，運動はすべて等加速度運動となるのだ。

6. いろいろな力

　運動を理解するための基本法則を実際の現象に適用する前に，よく登場するいろいろな力について，具体的にみていこう。もちろん，これから挙げる力は，**はたらく力の見つけ方**で見つかるものである。それぞれの力は一癖も二癖もあるぞ。

張力

　簡単に言えば，ひもや糸で物体を引っ張るときの，引っ**張る力**のことである。なぁんだ，簡単なもんだと思うかもしれないが，これが実に奥深い。次の問題を考えながら，張力について理解を深めていこう。

問題

　質量 M の台車を，図6–1の（A）および（B）のように質量の無視できる軽い糸で引っ張って運動させた。それぞれの加速度の大きさ a_A，a_B を求めよ。
　（A）一定の大きさの力 mg で引っ張った　　（B）質量 m のおもりをつけた

図6–1

　まずは，a_A，a_B のどちらが大きいかを考えてみよう。（A）の a_A は，質量 M の

6. いろいろな力

台車を力 mg で引っ張ったときの加速度だ。

(B) の a_B は，台車を今度は質量 m のおもりで引っ張っているときだ。ところで，図 6-2 を見ながら，このおもりにはたらく力を考えてみよう。おもりには当然，重力 $F_{重力}$ がはたらく。**重力というのは，重力加速度 g で等加速度運動する物体にはたらく力**なので，質量 m のおもりだから，ここでは，重力 $F_{重力}$ は，運動方程式により $mg=F_{重力}$ となる。つまり (B) は，質量 M の台車を，質量 m のおもりの重力 mg で引っ張っていることになる。

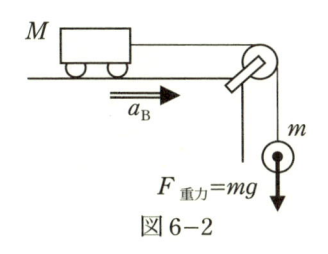

図 6-2

さて，a_A，a_B のどちらが大きいか？

では，(A) から実際に加速度 a_A を求めていこう。**いつものように，自分で絵をかいてからだ。**

いま，一定の力が加えられたまま運動しているので，運動方程式を立てる。**運動を考える前に準備として軸をとろう**。はじめに台車が動く向きが正の向きだ。だから，図 6-3 のように**右向きが正**となる。準備終了。では，運動方程式を立てよう。台車の質量は M で，台車にはたらく力は，引っ張られている mg の大きさの力。右向きが正なので，台車に着目した運動方程式は，

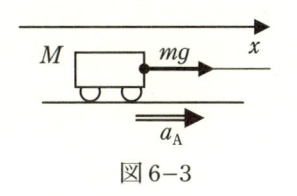

$$Ma_A = mg \quad [\leftarrow \quad M\cdot(+a_A)=(+mg) \quad]$$

よって，求める加速度 a_A は，$\underline{a_A = \dfrac{m}{M}g}$ である。

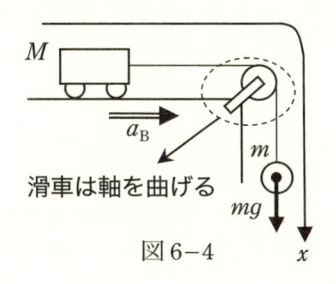

図 6-3

滑車は軸を曲げる

図 6-4

次は (B) だ。さぁ，**自分で絵をかこう**。運動しているので，運動方程式を立てたい。その前に**準備として軸をとろう**。・・・さて，どう軸をとればいいのか？

(B) には，定滑車がある。この滑車という装置は，**軸を曲げることができる装置**

なのだ！！

　つまり，(B) の運動を考える場合の軸は，図 6–4 のように滑車部分で曲がることになるのだ。また，**台車がはじめに動く向きを正とする点は変わらない**ことを確認してほしい。

　軸が曲がった一次元運動である。そんなんイヤだというのであれば，軸をまっすぐになるように滑車で曲がった部分を伸ばして図をかきなおしてみればよい。それが，図 6–5 だ。では，運動方程式を立てよう。(A) と異なるのは，**力 mg の作用点が台車にない**という点。(B) では，その作用点はおもりにある。すると，運動方程式を考える場合の着目物体を，図 6–5 に示したように**質量 M の台車と質量 m のおもりを一体とみなして，運動方程式を立てることになる**。このように，糸でつながって動いているので共に加速度は a_B で変わらないから，一体物体と考えることもできるのだ。

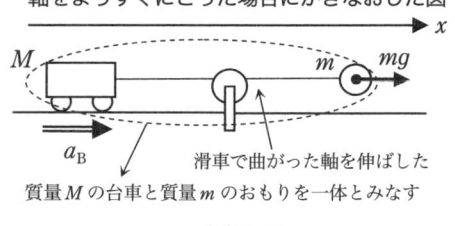

　着目物体は，台車とおもりの一体物体なので，その質量は $M+m$ となる。一体物体にはたらく力は，質量 m のおもりにはたらく重力 mg だ。右向きが正なので，運動方程式を立てると，

$$(M+m)\cdot a_B = mg \qquad [\leftarrow \ (M+m)\cdot(+a_B) = m\cdot(+g)\ ]$$

よって，求める加速度 a_B は，$a_B = \dfrac{m}{M+m}g$ となる。

　a_A，a_B を比較すると，$a_A > a_B$ となり，**(A) のほうが加速度が大きくなる**のだ。**(A) も (B) も，質量 M の台車が同じ大きさの力で引っ張られているように感じるのだが，運動方程式を立てて加速度を求めてみると結果は異なっていることがわかったわけだ**。

　では，(A) と (B) では何が違うのか？　そこで，(B) の質量 M の台車がどれだけの力で引っ張られているか，それを求めてみることにしよう。

　図 6–6 のように，台車とおもりを分けて着目してみる。部分だけ抜き出してか

6. いろいろな力

きだしたわけだ。

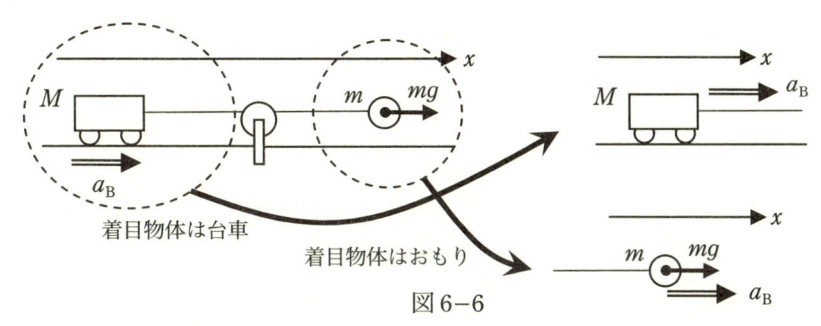

図 6-6

では、まず着目物体を質量 M の台車にして、台車の運動を考えよう。台車にはたらく力は、**1. 重力**，**2. 接垂力**の順でかきこんでいこう。図 6-7 のように、かきこめているだろうか。重力は、大きさ Mg で台車の重心から。接触しているものは、台と糸の 2 つある。台から受ける垂直抗力を N とし、糸に引っ張られる張力 (tension) を $T_{台車←糸}$ とした。台車はこのまま x 軸の正の向きに進んでいくので上下方向には静止したまま運動をする。つまり、垂直抗力 N と重力 Mg は、つりあっていることがわかる。力のつりあいの式は、$N=Mg$ である。一方、x 軸方向には、運動している。質量とはたらく力を確認して、運動方程式を立てよう。

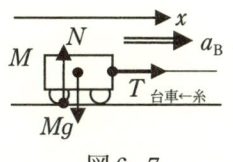

$$Ma_B = T_{台車←糸} \quad [\leftarrow \quad M\cdot(+a_B)=(+T_{台車←糸})\ ] \quad \cdots\cdots ①$$

次に、着目物体を質量 m のおもりにして、その運動を考えよう。おもりにはたらく力は、**1. 重力**，**2. 接垂力**の順で見つける。図 6-8 を見ると、あたかも、右向きに動いているようだが実際はおもりが落下している軸を伸ばしたんだった。すると、重力は、mg がそれにあたる。接触しているのは糸だけなので、おもりが糸に引っ張られる張力を $T_{おもり←糸}$ としてかきこんだ。力の矢印は間違いなくかきこめただろうか。おもりも台車と同じ加速度 a_B で運動している。おもりの質量とはたらく力を確認して、運動方程式を立てよう。

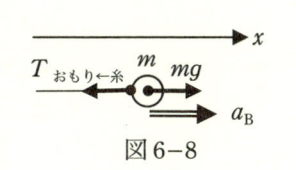

$$ma_B = mg - T_{おもり←糸} \quad [\; ← \quad m\cdot(+a_B) = m\cdot(+g) + (-T_{おもり←糸}) \;] \quad \cdots\cdots ②$$

最後に，$T_{台車←糸}$と$T_{おもり←糸}$の関係を考えよう。ともに糸の張力ではあるものの，その力に関係があるのかを考えていく。

糸に着目して，糸と関係する力をかいてみよう。図6-9の上は，糸が受ける力である。糸は両端を台車とおもりで引っ張られている。糸が引っ張られている力だ。また，図6-9の下は，図6-7および図6-8で糸によって引っ張られている力を両端にかいたものである。

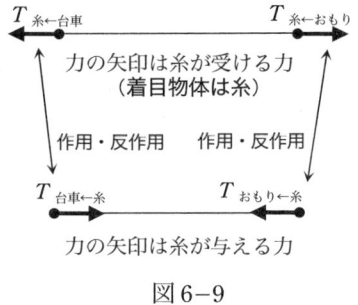

図6-9

よ〜く添え字を見ると，そう，$T_{糸←台車}$と$T_{台車←糸}$，および$T_{糸←おもり}$と$T_{おもり←糸}$は，**作用・反作用の関係になっている**のだ。つまり，図6-7および図6-8で糸によって引っ張られている力である$T_{台車←糸}$と$T_{おもり←糸}$には関係がないように見えて，実は，糸が受ける力である$T_{糸←台車}$と$T_{糸←おもり}$と，それぞれ，作用・反作用の関係であるわけだ。

ところで，この糸自身も運動している。そこで，糸に着目して運動方程式を立ててみよう。**問題**に"質量が無視できる"とあるが，実際の糸には当然質量があるので，ここでは，**微小質量の意味でΔmとおく**。"Δ"の記号は，前に"**変化分**"の意味の記号として紹介したが，"**微小量**"の意味でも物理学ではよく用いられる。ここでは，後者の意味で用いているわけだ。

糸の質量も決まったので，運動方程式を立てよう。その前に，例によって**自分で軸をとって，糸にはたらく力や加速度を絵にかいてみてほしい**。今，図6-10のように，軸は糸は右向きが正で，加速度も，質量Mの台車やおもりと同じa_Bである（一体となって動いているので当たり前だ）。

図6-10

糸に着目して運動方程式を立てると，

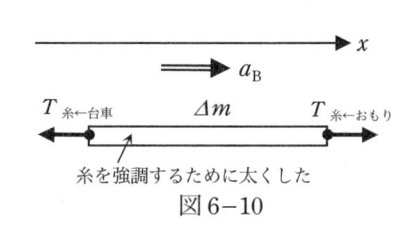

$$\Delta m \cdot a_B = T_{糸 \leftarrow おもり} - T_{糸 \leftarrow 台車}$$
$$= T_{おもり \leftarrow 糸} - T_{台車 \leftarrow 糸} \quad \cdots\cdots ③$$

軸の向きに注意すると，$T_{糸 \leftarrow おもり}$ の力は正となり，$T_{糸 \leftarrow 台車}$ の力は負となる。①式，②式，および③式を連立して解くと，

$$a_B = \frac{m}{M+m+\Delta m}g \ , \ T_{台車 \leftarrow 糸} = \frac{(M+\Delta m)\cdot m}{M+m+\Delta m}g \ , \ T_{おもり \leftarrow 糸} = \frac{Mm}{M+m+\Delta m}g$$

では，$T_{台車 \leftarrow 糸}$ と $T_{おもり \leftarrow 糸}$ の関係を考えよう。再度，**問題**に戻って，糸の質量を実際に"無視"してみたらどうなるだろう。つまり，$\Delta m \cong 0$ と近似するわけだ。すると，$T_{台車 \leftarrow 糸}$，$T_{おもり \leftarrow 糸}$ は，

$$T_{台車 \leftarrow 糸} = \frac{(M+\Delta m)\cdot m}{M+m+\Delta m}g \cong \frac{Mm}{M+m}g$$

$$T_{おもり \leftarrow 糸} = \frac{Mm}{M+m+\Delta m}g \cong \frac{Mm}{M+m}g$$

と近似できる。なんと，$T_{台車 \leftarrow 糸} \cong T_{おもり \leftarrow 糸}$ の関係があることがわかる！ つまり **張力は，等加速度運動して動いているにもかかわらず，大きさが同じになっているのだ**（作用・反作用の関係でも力のつりあいの関係でもない）！

張力（T とかくことが多い）

ひもや糸によって引っ張られている**力**のことであり，**ひもや糸の質量が無視できるくらい小さいという条件がみたされたときのみ，**

$$T_{左の物体 \leftarrow 糸} = T_{右の物体 \leftarrow 糸}$$

これは，ひもや糸がピンと張っていれば，たとえ運動していても成り立つ。

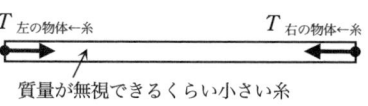

$T_{左の物体 \leftarrow 糸} \longrightarrow \qquad \longleftarrow T_{右の物体 \leftarrow 糸}$

質量が無視できるくらい小さい糸

よって今後は，張力 T は，特に断ることなく，同じ糸が引っ張る力であれば同じ大きさとなるため，はじめから使ってよいとする。具体的には，区別することなく，T 一文字であらわすことにするという意味だ。

ちなみに，加速度 a_B は，

$$a_\mathrm{B} = \frac{m}{M+m+\varDelta m}g \cong \frac{m}{M+m}g$$

となる。台車とおもりを一体物体として考えたときの a_B と同じになる。

　では，結果の吟味に入ろう。もう一度，張力を T として，図をかきなおしてみよう。次の図 6-11 のようにかけるわけだ。

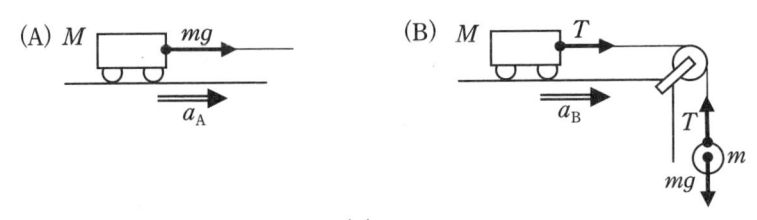

図 6-11

　(A) と (B) の違いは，台車を引っ張っている力そのものである。(A) は，台車を直接 mg の力で引っ張っている。(B) では，台車を直接引っ張っている力は，糸の張力 T である。そして，その張力の大きさは，パッと見た感じでは，糸を介して，おもりの重力 mg とおなじ大きさになっているように思えてしまうかもしれないが，実際は，

$$T = \frac{Mm}{M+m}g = \left(\frac{M}{M+m}\right)mg < mg$$

の大きさであることが導かれた。つまり，(B) の台車が引っ張られる力の大きさは，(A) よりも小さいということだ。

　ここで，気づいてほしいことは，もし，パッと見た感じ通りに $T=mg$ だったらどういう運動になるかということだ。$T=mg$ とは，**おもりにはたらく力がつりあっていることになるので，静止したままの状態になってしまうのだ！**

摩擦力

　テレビの力持ち自慢系の番組などで，"1トンのダンプカーを歯だけで引っ張ります！"とかいう宣伝文句やテロップを見たことはないだろうか。筋肉隆々の人が現れて，うなりながらその"1トンのダンプカー"に結んであるロープを歯で

噛んで引っ張るのである。すると、ダンプカーが動き出すのだが・・・。

問題

　机の上に、質量 100 [g] の本がある。これを真横に引っ張るのに必要な力の大きさはどれだけだろうか。

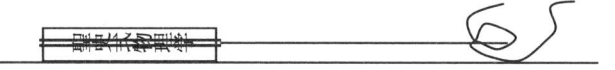

　この**問題**は、その実験室バージョンだと思えばいい。力の大きさを問われているのだから、いつものように**絵を自分でかいてから**、本にはたらく力をかきこんでみよう。本の質量を m とおくと、図 6-12 のような力がかけるはずだ。ただし、図中の N は本が机から受ける垂直抗力で、本を引っ張る力を F、本にはたらく摩擦力を $F_{マサツ}$ とした。

　これは簡単な実験なので、自分ですぐできるはずだ。さあ、本に糸を結んで実際に引っ張ってみよう。・・・どうだろうか。

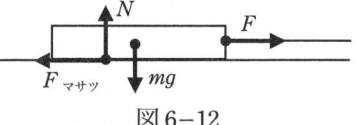

図 6-12

そのまま持ち上げた場合と比べて、真横に引っ張るのに必要な力はどんな関係になっているだろうか。

　ちなみに、そのまま持ち上げた場合は、直接本の重力が引っ張る力の大きさとなる。100 [g] の本であれば、$F_{本の重力} = mg = 0.100$ [kg] $\times 9.8$ [m/s^2] $\cong 0.98$ [N] の力が必要というわけだ。これに比べて、**真横に引っ張る場合は、かなり少ない力で引っ張ることができるだろう？　手で引っ張るだけで十分それが体験できるくらいに大きく力の大きさが異なっている**わけだ。

　では、真横に引っ張るときの力の大きさはどの力によって決まるのだろうか。図 6-12 を見ながら考えていこう。まず、机に垂直な方向の運動を考えよう。今、真横に引っ張っているから、垂直方向には静止している。つまり、**垂直方向には力がつりあっている**。よって、力のつりあいの式が立てられる。

$$N = mg \quad \cdots\cdots ④$$

83

机に水平な方向に本は運動するので、今度はその運動を考えよう。**軸は、はじめに動く向きが正なので、右向きを正と**とる。図6-13のように、机と水平方向になっている力だけを抜きがきしてみたほうがわかりやすいだろう。引っ張る力Fも摩擦力$F_{マサツ}$も作用点が異なるように見えるが、着目物体は同じ本という質点なので、同一作用点である点に注意が必要だ。

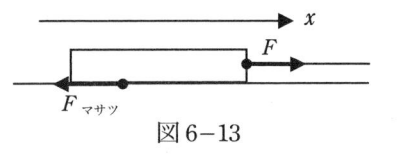

よって、本が動き出すのにかかわる力は、Fと$F_{マサツ}$の2力であり、これらの力の大きさの関係で、静止したままだったり、動き出したりすることになる。

ところで、もう一度、本を真横に引っ張ってみてほしい。この際、動き出す瞬間に何が起こっているかよく観察してみよう。まず、いくらかの大きさの力でそおっと引っ張ってみよう。本は、動き出さないのではないか？ **いくらかの大きさの力で引っ張っても静止したままの状態【状態1】**が続くのである。だんだん力の大きさを大きくしていくと、ある瞬間に本が動き出す。**動き出す瞬間の状態【状態2】**がやってくる。その瞬間、引っ張る力に何か変化を感じるはずである。具体的には、**動き出す瞬間に急に本が軽くなったかのような感じになる**のだ。その後は、**動き出す瞬間よりも小さい力で引っ張っても、十分に本を引っ張れる状態【状態3】**になる。このように、本を真横に引っ張るという行為が、状態にして、実に3つの状態に分けられるわけだ。それぞれの状態を詳しくみていこう。

【状態1】

動き出すまでは、力の大きさFが大きくなっても静止したままである。つまり、**力のつりあいの式**が立てられる。

$$F_{マサツ} = F$$

摩擦力は、引っ張る力の大きさFと同じ大きさになるように、そのつど**摩擦力の大きさ自身が変化する**わけだ。

【状態2】

動き出す瞬間,引っ張る力の大きさ F は最大値 F_0 である。また,"動き出す瞬間"とは,見方を変えれば,"動かないギリギリの限界状態"である。つまり,**動き出す瞬間は,本はまだ静止している**わけである。なので,この摩擦力の最大値 F_0 を**最大静止摩擦力**または**最大摩擦力**という。静止しているので**力のつりあい**の式を立てると,

$$F_{マサツ} = F_0$$

【状態3】

動き出した後は,【状態2】の動き出す瞬間に必要だった大きさの力の最大値 F_0 より小さい力 F_1 で,本を真横に引っ張ることができる。一度動き出すと,力の大きさ F_1 を変えずとも引っ張り続けられる。また,より大きな力で引っ張るとだんだん加速していくことから,一度動き出した後は,摩擦力 $F_{マサツ}$ が一定の大きさになっていることがわかる。動いているときの摩擦力なので**動摩擦力**という。

$$F_{マサツ} = F_1 \,(一定) < F_0$$

これらの3つの状態を,$F_{マサツ}$-F グラフにかいてみると,図6-14のようになる。引っ張る力 F の大きさが大きくなるのにともなう,摩擦力 $F_{マサツ}$ の大きさの変化がよくわかると思う。

【状態1】では,その瞬間,瞬間の引っ張る力 F と同じ大きさの摩擦力 $F_{マサツ}$ になっている。そして,引っ張る力が F_0 になった瞬間,本は静止できる限界を向かえ,動き出す。それが【状態2】だ。グラフ上では,黒丸"●"であらわされているたった一瞬である。その後,さらに引っ張る力を大きくしていっても摩擦力の大きさは一定で変わらない。【状態3】がその状態にあたる。グラフ

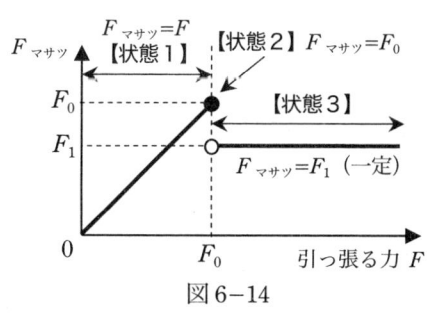

図6-14

上の白丸"〇"は，その値は含まないという意味だ。

ところで，摩擦力の大きさ $F_{マサツ}$ は，引っ張る力 F との関係で求まるのだが，垂直抗力 N と関係があることがわかっている。その他の摩擦力に関する法則もあるので，ここでまとめて紹介しよう。

摩擦の法則（アモントン［Amontons］1699・クーロン［Coulomb］1781の法則）
1．摩擦力は，摩擦面からはたらく垂直抗力に比例し，接触面積によらない。
2．動摩擦力は，移動速度によらない。
3．最大静止摩擦力は，動摩擦力より大きい。

2．および3．については，図6-14のグラフを見てもわかると思うので，ここで，確認しておくだけにとどめたい。以下，1．について説明しよう。

1．の文面をみると"摩擦力は"とある。つまり，**最大静止摩擦力も動摩擦力もどちらも摩擦力であるから，両方に当てはまる法則なのだ**。それぞれの摩擦力が垂直抗力 N に比例するとある。比例定数を" μ "とすると，

$$F_{マサツ} = \mu N$$

とかけることになるわけだ。そして，この比例定数 μ のことを特に**摩擦係数**（coefficient of friction）という。最大静止摩擦力の大きさと，動摩擦力の大きさは異なるので，摩擦係数 μ の値がそれぞれに存在することがわかると思う。それぞれの μ のことを，**静止摩擦係数**および**動摩擦係数**という。

静止摩擦係数と動摩擦係数
　　　最大静止摩擦力　　$F_{最大静止摩擦力} = \mu_0 N$　→　μ_0：静止摩擦係数
　　　動摩擦力　　$F_{動摩擦力} = \mu N$　→　μ：動摩擦係数

これらの摩擦係数は，**摩擦の法則**の3．により，$\mu < \mu_0$ の関係がある。また，普通，摩擦係数は，1より小さい値である。

さて，ようやく，**問題**の答えが導けるようになった。100［g］の本を真横に引

っ張るのに，必要な力の大きさは，静止摩擦係数 $\mu_0 = 0.50$ で，動摩擦係数 $\mu = 0.40$ だったとし，④式の関係をつかうと，

$$F_{\text{最大静止摩擦力}} = \mu_0 N = \mu_0 mg = 0.50 \times 0.100 \times 9.8 \cong 0.49 \, [\text{N}]$$
$$F_{\text{動摩擦力}} = \mu N = \mu mg = 0.40 \times 0.100 \times 9.8 \cong 0.39 \, [\text{N}]$$

となり，真横に動き出す瞬間に必要力の大きさは $F_{\text{最大静止摩擦力}} \cong \underline{0.49 \, [\text{N}]}$ で，動き出した後に，最低限必要な力の大きさは $F_{\text{動摩擦力}} \cong \underline{0.39 \, [\text{N}]}$ であるといえる。

いずれの場合も $100 \, [\text{g}]$ の本の重力の大きさ $F_{\text{本の重力}} = mg = 0.100 \times 9.8 \cong 0.98 \, [\text{N}]$ より小さい大きさの力で真横に引っ張っている。何が言いたいかというと，**テレビ番組の"1 トンのトラック"を歯で引っ張るという文句にごまかされてはいけないんだぞということ**だ。たとえば，摩擦係数が $\mu = 0.10$ くらいの面であれば，わずか $100 \, [\text{kg}]$ の質量のものを引っ張っているのと同じになるからだ。・・・それなら，さすがに歯ではつらくとも，手でならだれでも引っ張れそうだろう？

また，この摩擦係数はどのようにして決まるかというと，摩擦面の状態で異なり，ザラザラの面の方が一般的に摩擦係数が大きい。逆に，ツルツルの面は摩擦係数は小さい。

摩擦力について

摩擦力の大きさは，摩擦面からはたらく垂直抗力の大きさ N に比例する。

摩擦力の向きは，進行方向に対してそれを妨げる向きにはたらく。

進行方向を正とすると，摩擦力 $F_{\text{マサツ}}$ は，$F_{\text{マサツ}} = -\mu N$ となる。

比例定数の μ は摩擦係数と呼ばれ，摩擦面による性質で異なり，単位はない。

摩擦力の大きさばかりをずっとみてきたが，実際に摩擦力のはたらく向きは，上にまとめたように，進行方向に対して逆向きになる。はじめに動く向き（進行方向）に軸の正をとれば，**摩擦力は負**になる。摩擦力とは，動いている向きに対して，常に邪魔する向きにはたらく力なのだ。しかも、その大きさにいたっては、接触面積によらないのだ。

ばねの弾性力

　物理学でよく登場する小道具に"ばね"がある。ここでは，そのばねに関する力を扱っていこう。ばねときいておそらく頭に思い浮かぶのは，理科の実験でよく使われている**つるまきばね**だと思うので，そのばねを使って説明していくことにする。

　図6–15のように，上端を固定して，鉛直方向にばねをつるしてみよう。すると，ばねは少しのびて静止する。この状態の長さを**自然長**という。そこから，たとえば質量 m のおもりをばねにぶら下げると，いくらかのびる。これが，**ばねののび**である。

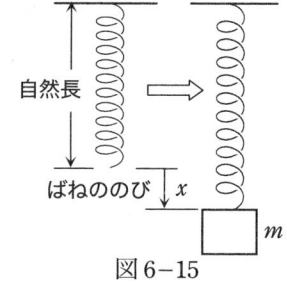

　ところで，おもりをつるすと，**ばねはいくらかののびた状態で静止する**。静止するということは，**おもりにはたらいている力がつりあっている**ということだ。では，おもりに着目して，はたらく力をかきこんでみよう。いつものように，**自分で絵をかいてから取り組もう**。

1．重力，2．接垂力の順だ。

　今，おもりに着目しているので，**1．重力**は，おもりにはたらく重力 mg だ。**2．接垂力**になるのは，接触している面の数だけある。接触しているのはばねだけだ。よって，おもりがばねの接触面から受ける力 F がかきこめる。結果は，図6–16のようになるはずだ。

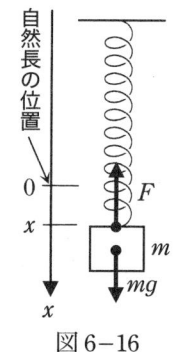

　さて，この図6–16の状態でおもりは静止しているので，力のつりあいの式がかける。

$$mg = F \quad \cdots\cdots ⑤$$

　つまり，ばねは引っ張られるとちぢもうとする力がはたらくが，その力の大きさはこの⑤式によって，求まるというわけだ。ちなみに，このように元の状態に戻ろうとはたらく力を**復元力**（restoring force）といい，ばねの場合の復元力を特に**ばねの弾性力**と呼んでいる。

このばねの弾性力 F と，自然長からのばねののび x との関係をみつけた人がいるので紹介しよう。それが**フック**だ。具体的には，おもりの質量 m を順々に変えながら，ばねののび x をそのつど記録していく作業を繰り返すわけである。

フックの法則（Robert Hooke）1678 年
　ばねの弾性力 F の大きさ［N］は，ばねののび x［m］に比例する

$$\vec{F} = -k\vec{x}$$

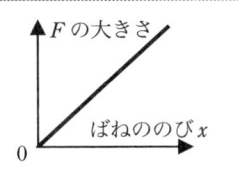

ここで用いた比例定数 k［N/m］を**ばね定数**という。そのばねを 1［m］のばすのに必要な力の大きさ［N］のことで，ばねごとに異なる値であり，"**ばねのカタサ（硬さ）**"のようなものだと思えばよい。

　また，負の符号がついているのは，向きをあらわしている。力はベクトルなので，当然向きがあるのだが，**ばねの弾性力の向きは，負の向き**になる。図 6-16 に戻ってみよう。自然長のばねにおもりをつるすと，おもりは下へ動き出すので，**はじめに動く向きに軸の正をとるといういつもの方法を適用すると，鉛直下向きに x 軸の正をとる**ことになる。原点（$x=0$）を自然長のばねの長さにすれば，ばねののびが x だったとすると，$x=+x$ となるわけだ。そのときのばねの弾性力は，

$$F = -k \cdot (+x) = -kx$$

となり，**自然長に戻ろうとする向きに大きさ kx** となるわけだ。

　ちなみに，図 6-17 のように，今度は，自然長からばねを x だけちぢめた場合を考えてみると，やはり，自然長の状態へ戻ろうとする力がはたらくのだが，これも，フックの法則の式に代入すればおのずと求まるのだ。自然長からちぢめたのが x だとすれば，$x=-x$ をばねののびと考えることになる。よって，ばねの弾性力は，

$$F = -k \cdot (-x) = +kx$$

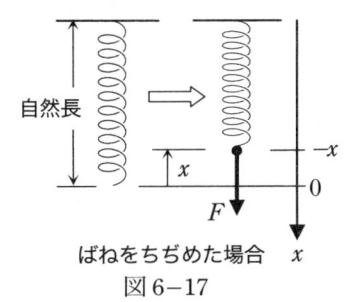

ばねをちぢめた場合
図 6-17

となって，正の値となる。つまり，**ばねの弾性力が鉛直下向きにはたらくことが導かれ，その大きさが kx であることも**わかるわけだ。

　ばねは実に興味深い小道具だ。のばしてもちぢめても元の自然長の状態に戻ろうとする力がはたらき，さらに面白いのは，**のばした長さとちぢめた長さが同じとき，元に戻ろうとする力の大きさも同じになる**点だ。

7．運動方程式の使い方

　これまで，等加速度直線運動の三公式や，運動の法則，物体にはたらく力と順番に見てきたが，それらを組み合わせると，目の前で起こる現象の大半は説明ができるのである。**物理学（力学）の基本的な考え方は**，**すでに説明済み**というわけだ。

　ここでは，例を通して，目の前で起こる現象を物理学的に見ていくことにしよう。**世の中の現象の大半が等加速度運動なので，運動の状態をみて，運動方程式が立てられればその現象が説明できる**ということを実感してほしい。

問題

　図7-1のように，水平面と θ の角度をなす粗い斜面上に，質量 m の物体を置いたら，物体は斜面に沿ってすべりはじめた。ただし，物体と斜面との間の動摩擦係数を μ とし，重力加速度の大きさは g とする。

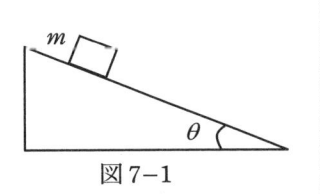

図7-1

（1）物体がすべり落ちる加速度の大きさを求めよ。
（2）物体が距離 x だけ進んだときの速さを求めよ。

　坂の上から何かがすべり落ちるような現象は，日常生活でも結構あると思う。坂道でブレーキをかけた自転車の運動や，転がり落ちるボールなどがそれにあたるだろう。そのような現象をシンプルにしたのがこの**問題**だ。

さて，まず問題を解く前に，何をすべきなのかわかるだろうか？ そう，**いつものように自分で絵をかくことだ。そして，絵をかきながら，このあと，物体はどんな運動をするのかを考えてみてから，順番に問題を解いていこう。**

（1）では，自分でかいた絵に，運動を考える準備として，**軸をとろう。軸は，はじめに動く向きを正とするので，**この場合は，斜面に沿って物体がすべり落ちるため，斜面に沿って下向きにx軸の正をとることになる。また，斜面に垂直方向をy軸とする。図7-2のように軸がとれるわけだ。

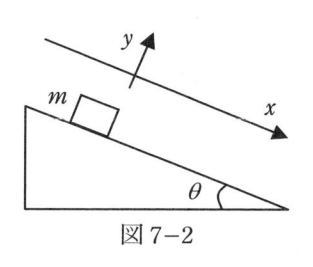

図7-2

このあと，物体は，斜面に沿ってすべり落ちるという運動をすることになる。運動をすれば，運動方程式を立てることになる。

運動方程式を立てるには，着目物体の質量と力がわからなくてはならない。質量はmなので，物体にはたらく力を図にかき込もう。**1．重力**mg，**2．接垂力**の順だ。物体と接触しているのは，斜面だけであるが，問題にあるように，**摩擦力**がはたらくので，斜面から受ける力は，垂直抗力Nと，摩擦力$F_{マサツ}$の2つとなる。これらをかき込んだものが図7-3だ。このように，物理学では，**指定されていない文字を勝手に自分でおくことが非常に多い。文字をおくのは自由だが，求める解答に自分でおいた文字が含まれていないように注意しなければならない。**自分がおいた文字は，基本的には未知数と考えられるので，解答にそれが含まれていては，現象が説明できたことにならないからである。また，**解答を導くまでの導出過程に，自分でおいた文字が含まれるときは，他人が見てもわかるように，必ずおいた文字を説明する必要がある。**つまり，ここでは，"斜面から受ける垂直抗力をNとし，摩擦力を$F_{マサツ}$とした。"と明記しなくてはならないということだ。

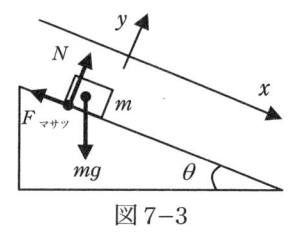

図7-3

いまかき込んだ力の矢印を見ると，おいた軸と向きが合っていないものがある。そこで，**軸と同じ向きに合うように，その力を分解しよう。**力は作用点という始

7．運動方程式の使い方

点固定の制限つきのベクトルであったから**分解や合成は可能**なのだ。ここでいう向きがあっていない力とは，物体の重力のことである。

では，重力を分解しよう。まず，図7-4の左のように，作用点（重力なので重心）から重力方向，軸の方向の計3本の補助線（点線でかいたもの）を引こう。

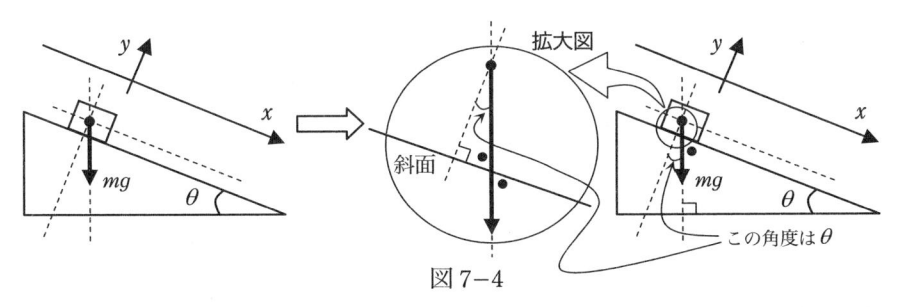

図7-4

次に，右のように，**三角形の相似を使って**，重力と斜面に垂直な補助線との角度が，θになることを確認しよう。ゆっくり図を見て考えていただければわかると思うが，拡大図にあるように"●"の角度が錯角の関係になっていることから，相似を判別できるわけだ。角度がわかれば，重力の力の矢印を分解できる。分解したものが図7-5だ。軸の向きに力が分解できたので，いよいよ運動を考えよう。

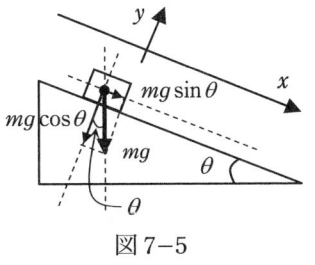

図7-5

まずは，y軸方向の運動だ。**斜面に沿って垂直の向きには，すべり落ちている間静止している**。よって，力のつりあいの式を立てる。見やすいようにはたらく力のみにした図7-6を見て式を立てよう。

$$N = mg\cos\theta \quad \cdots\cdots ①$$

次はx軸方向だ。すべり落ちる運動をするので，運動方程式を立てよう。加速度を図7-6のようにaとおく。前にも述べたように，**加速度の向きは軸の正の向きと同じにおこう**。物体の質量はmなので，運動方程式は，

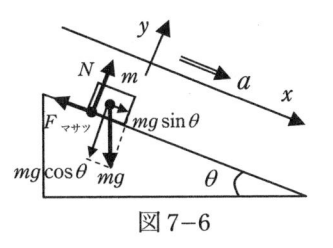

図7-6

$$ma = mg\sin\theta - F_{マサツ} \quad \cdots\cdots ②$$

となる。摩擦力の符号に注意だ。

さて，動き出した後，摩擦力の大きさ $F_{マサツ}$ は，動摩擦力の一定値になり，アモントン・クーロンの法則によって，斜面からの垂直抗力 N を用いて，

$$F_{マサツ} = \mu N = \mu mg\cos\theta \quad (←①式を代入) \quad \cdots\cdots ③$$

とかけるから，②式に，③式を代入して，

$$ma = mg\sin\theta - \mu N = mg\sin\theta - \mu mg\cos\theta$$

両辺を m で割ると，$a = g\sin\theta - \mu g\cos\theta = \underline{g(\sin\theta - \mu\cos\theta)}$

これが求める加速度の大きさである。確認してほしいが，**自分で勝手においた摩擦力 $F_{マサツ}$ や垂直抗力 N は含まれていない。**

結果の分析をすると，斜面をすべり落ちる加速度 a の中に，物体の質量 m が含まれていないことがわかる。つまり，**物体の質量によらず，いつも同じ加速度で斜面をすべり落ちる**ことがわかる。また，**この加速度 a の大きさは一定値である**こともわかるだろう。つまり，**等加速度運動になる**というわけだ。

（2）等加速度運動で動き出してから距離 x だけ進んだときの速度が知りたい・・・というわけなので，**等加速度直線運動の三公式**の登場だ。

はじめの物体の位置を x 軸の原点 $x=0$ とする。$x=x$ まですべり落ちたときの速度を v としよう。図7-7がその様子を絵にかき込んだものだ。

等加速度直線運動の三公式の3．位置と速度の関係式により，はじめの位置 $x_0=0$，初速度 $v_0=0$（すべり出しは静止している）なので，

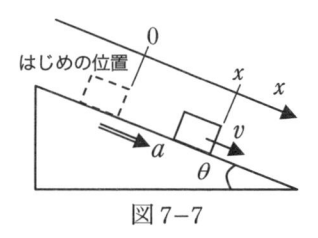

図7-7

$$v^2 - 0^2 = 2a\left[(+x) - 0\right]$$

$$v^2 = 2ax \quad \therefore v = \sqrt{2ax} = \underline{\sqrt{2gx(\sin\theta - \mu\cos\theta)}}$$

このように，加速度が求まれば，等加速度直線運動の三公式に代入することができ，求めたい情報を計算にて求めることが可能になるわけだ。

以上のようなステップを踏めば，目の前の現象の大半は物理的に解明できることになる。以下に，その手順をまとめよう。

7．運動方程式の使い方

運動を物理的に解明する手順

1. その状況や現象を**自分で絵にかく**
2. **はじめに着目物体の動く向きを正として軸をとる**（二次元運動の場合は軸は２本必要）
3. 着目物体にはたらく力を**実戦的なはたらく力の見つけ方**により見つけて矢印で図にかき込む
4. **軸の向きを向いていない力を軸の向きに分解**する
5. 運動していなければ（静止していれば）**力のつりあいの式**を立てる
   運動していれば加速度を軸と同じ向きに a とおいて**運動方程式**を立てる
6. 運動している場合は５．で求まった加速度 a を用いて**等加速度直線運動の三公式**により運動を解明する
   1. 位置の公式
   2. 速度の公式
   3. 位置と速度の関係式

では，この手順に従って，次の**問題**に取り組んでみよう。

問題

図7-8のように，なめらかな床の上に質量 M の台車と質量 m の小物体を置いた。今，小物体に向かって右向きに初速度 v_0 を与えたところ，台車も同時に異なる速度で動き始めた。小物体と台車との間の動摩擦係数は μ であることがわかっており，重力加速度の大きさは g とせよ。

（1）小物体の加速度はいくらか。
（2）台車の加速度はいくらか。
（3）小物体が台車に対して静止するまでの時間を求めよ。

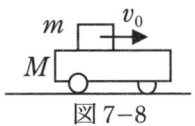

図7-8

では，**問題**に取り組もう。手順どおり，いつものように，**自分で絵をかいて**からだ。注意すべき点は，"なめらかな床"とあるので，**台車と床の間には摩擦力が**

はたらかないという点と，**台車と小物体の間には摩擦力がはたらく**という点だ。絵をかきながら図 7-9 のようにかき込むのもいいだろう。

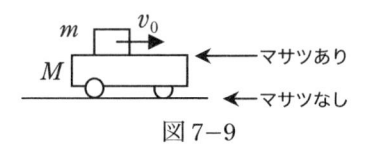

図 7-9

（1）小物体の加速度を求めるために，**着目物体を小物体**として，該当部分を図にかき出すことにする。全体図のままでもよいが，小物体のみに図を直したほうが間違えにくいだろう。

次に，**軸をとる**。はじめに小物体が動き出す向きを正とする。今は，初速度を与えた向き，つまり**右向きが正**だ。軸をとったら，着目物体である**小物体にはたらく力を全てかき込もう**。1．**重力** mg，2．**接垂力**は摩擦力があるので，台車から受ける垂直抗力 N_m と，台車から受ける動摩擦力 F_m の2つがある。ここまでで，手順の3．までが終了というわけだ。それらをかき込むと図 7-10 のようになるはずだ。

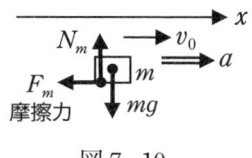

図 7-10

ところで，軸の向きを向いていない力は，ちょうど軸に垂直方向である。小物体は台車（床）に水平に動いており，垂直方向には静止しているので，**力のつりあいの式**がかけることになる。（←手順5．に該当）

$$N_m = mg \quad \cdots\cdots ④$$

加速度運動をするのは，x 軸の正の向き（床に水平な向き）なので，**運動方程式**を立てよう。小物体の加速度を a_m とすると，軸の正の向きと同じ向きで図にかき入れる。小物体の質量は m で，x 軸方向ではたらいている力は，摩擦力 F_m のみなので，運動方程式は，

$$ma_m = -F_m \quad \text{よって，求める小物体の加速度は，} \quad a_m = -\frac{F_m}{m} \quad \cdots\cdots ⑤$$

また，摩擦力 F_m の大きさは，アモントン・クーロンの法則（摩擦の法則）により，動摩擦係数 μ を用いて，

$$F_m = \mu N_m = \mu mg \quad (\leftarrow ④式を代入) \cdots\cdots ⑥$$

すると，求める小物体の加速度は，⑤式に⑥式を代入して，

7. 運動方程式の使い方

$$a_m = -\frac{\mu mg}{m} = -\mu g \qquad \cdots\cdots ⑦$$

となる。**左向きに大きさ μg の加速度**である。つまり，進行方向に対して逆向きに加速するので，**小物体は減速していく**ことになる。

（2）次は，台車の加速度だ。こちらも，**着目物体を台車として絵をかき直し**てから考えることにしよう。

次に**軸をとる**。軸はすでに（1）でとってあるので，同じ**右向きが正**となる。軸の後は，着目物体である**台車にはたらく力**をかき込もう。図7-11のように，合計4本の矢印になるはずだ。**1．重力** Mg はいいとして，**2．接垂力**がやっかいだ。まず，接触しているものは何か？　**床と小物体の2つ**だ。床は"なめらかな床"なので，摩擦力はない。床から受ける力は垂直抗力 N_M のみだ。小物体から受ける力は，摩擦があるので，垂直抗力と摩擦力の2つになる。ところで，図7-11を見てほしい。あえて，小物体も同じ図にかいて，小物体にはたらく力も一部かいたのだが，よく見比べてほしい。図7-12に詳しくかいたように，**摩擦力は作用・反作用の関係になっている**し，**垂直抗力も作用・反作用の関係になっている**のだ。よって，小物体から受ける摩擦力の大きさは F_m とかけ，垂直抗力の大きさは N_m とかけることになる。

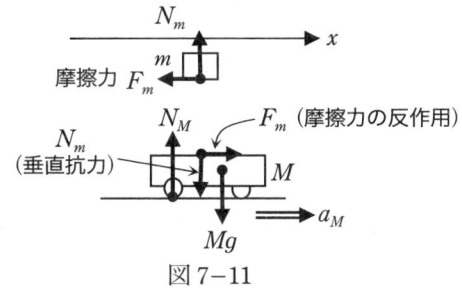

図7-11

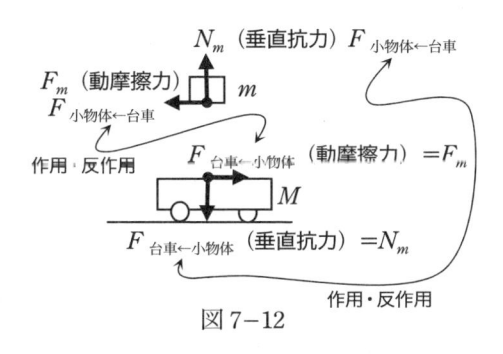

図7-12

力がかけたので，手順5．にすすもう。（1）と同様に，床と垂直な向きには静止しているので，**力のつりあいの式**を立てる。

$$N_M = Mg + N_m \qquad \cdots\cdots ⑧$$

床に水平な x 軸の向きには**運動方程式**を立てる。台車の加速度を a_M とおくと，軸の正の向きに図7-11のようにかき込めて，

$$Ma_M = F_m \quad \cdots\cdots ⑨$$

⑨式に⑥式を代入して，

$$Ma_M = \mu mg \qquad \therefore a_M = \mu \frac{m}{M} g \quad \cdots\cdots ⑩$$

（3）（1）および（2）により，小物体の加速度 a_m と，台車の加速度 a_M がそれぞれ求まった。どちらも，x **軸方向に等加速度直線運動している**わけだ。よって，この後の現象の解明は手順6．のように，**等加速度直線運動の三公式を用いよう**。

ところで，"小物体が台車に対して静止する" とは，どういう現象をいっているのかがわからないと，その状態になるまでの時間を求めることはできない。これは，"**小物体と台車が同じ速さになって一体物体として動いている**" という現象をいっているのだ。つまり，初速度 v_0 を右に加えると，小物体はその後減速し，加速を始めた台車とやがて同じ速さになるときが来るわけで，その瞬間までにかかる時間を求めなさいという問題なのだ。

では，一体物体となって動いているときの速度を v とし，その瞬間までにかかる時間を t として，小物体の場合と台車の場合のそれぞれを，**等加速度直線運動の三公式の2．速度の公式**に代入してみよう。

小物体の場合（⑦式を代入）

$$v = v_0 + a_m t = v_0 - \mu g t \quad \cdots\cdots ⑪$$

台車の場合（⑩式を代入）

$$v = 0 + a_M t = \mu \frac{m}{M} g t \quad \cdots\cdots ⑫$$

⑪式，⑫式より，

$$v_0 - \mu g t = \mu \frac{m}{M} g t \qquad \therefore t = \frac{1}{\mu g} \frac{M}{(m+M)} v_0$$

7．運動方程式の使い方

> **問題**
>
> 図 7-13 のように，滑らかにまわる軽い滑車に質量の無視できる糸をかけて，質量 m のおもり A と，質量 M のおもり B を吊るした。おもり B は床からの高さ h にあった。ただし，重力加速度の大きさを g とし，おもりの質量には，$m<M$ の関係があるとする。
> (1) 静かに手を離した後のおもりの加速度の大きさを求めよ。
> (2) 糸の張力の大きさを求めよ。
> (3) 静かに手を離した後，B が床につくまでにかかる時間はいくらか。ただし，糸は十分長いとする。
>
> 図 7-13

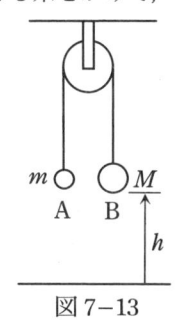

今度は，張力が登場する問題を一つ考えてみよう。さあ，手順どおりに考えて現象を解明しよう。まずは，**自分で絵をかこう**。問題に絵がかいてあっても自分で必ずかくことから始めよう。そして絵をかきながら現象を理解しよう。

おもりの質量は B のほうが大きいので，静かに手を離すと，おもり B が下に落ちる向きに動き出すことがわかると思う。なので，軸をとるときは，その向きに正をとることになる。

ところで，ここでは，滑車が登場している。前にも述べたように，**滑車という装置は軸を曲げることができる装置**なので，今回の軸は，図 7-14 のようにとれることになる。軸は曲がってはいるものの，**一次元運動なのだ！**

よって，手を離した後は，おもり A，B ともに x 軸の正の向きに運動することになる。しかも，質量の無視できる糸がピンと張られたまま一体物体として運動するので，加速度も同じになることがわかる。加速度を a とおくと，図 7-14 のように x 軸の正の向きにかき込める。

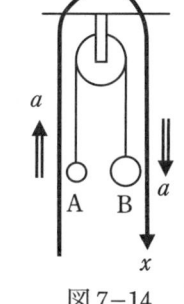

図 7-14

次に，**はたらく力を見つけよう**。A および，B それぞれにはたらく力を図にかき込もう。A にはたらく力は，**1．重力 mg，2．接垂力**として，糸の張力 T の 2 つだ。B にはたらく力は，**1．重力 Mg，2．接垂力**として，糸の張力 T の 2 つ

だ。**糸の張力は，"軽くて質量が無視できる"場合は，同じ大きさとなる**んだったから，**はじめから両方とも同じ大きさの T とおくことができる**のだ。力をかき込んだものが図7-15である。これで，準備は終了だ。

（1）速度 a の大きさを求めるために，**運動方程式**を立てよう。

着目物体をAとして運動方程式を立てると，
$$ma = T - mg \quad \cdots\cdots ⑬$$

着目物体をBとして運動方程式を立てると，
$$Ma = Mg - T \quad \cdots\cdots ⑭$$

⑬式および⑭式を連立して，T を消去すると，
$$ma = (Mg - Ma) - mg$$
$$(M + m)a = (M - m)g$$
$$\therefore a = \frac{M-m}{M+m} g \quad \cdots\cdots ⑮$$

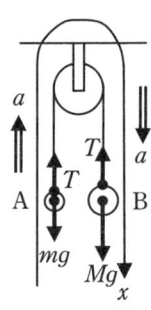

図7-15

（2）⑮式を⑬式（または⑭式）に代入して，
$$m\left(\frac{M-m}{M+m}g\right) = T - mg$$
$$\therefore T = \left(\frac{M-m}{M+m}\right)mg + mg = \left(\frac{M-m}{M+m} + 1\right)mg = \left(\frac{M-m}{M+m} + \frac{M+m}{M+m}\right)mg = \frac{2Mm}{M+m}g$$

（3）（1）で，手を離した後の運動が等加速度運動であることがわかり，その加速度 a の大きさも求まったので，あとは，おもりBのみの運動を考えればよいことになる。はじめの手で支えている位置を x 軸の原点$(x=0)$とすれば，そこから，h だけ落ちるのにかかる時間を求めることになる。図7-16のように，加速度 a の等加速度運動なので，**等加速度直線運動の三公式**を用いよう。求める時間を t として，**1. 位置の公式**に代入し，さらに⑮式を用いると，
$$h = 0 + 0 \cdot t + \frac{1}{2}at^2$$
$$\therefore t = \sqrt{\frac{2h}{a}} = \sqrt{\frac{2h}{\left(\frac{M-m}{M+m}\right)g}} = \sqrt{\frac{2h}{g}\left(\frac{M+m}{M-m}\right)}$$

図7-16

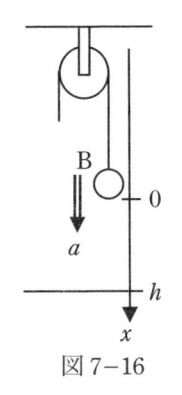

7. 運動方程式の使い方

どうだろうか，運動の解明手順は，おわかりいただけただろうか。このようにすれば，世の中の現象のほとんどが物理的に解明できるわけだ。

はたらく力の見つけ方で無視できるほど小さいとした力について

ほとんどの場合は，無視できるのだが，無視できないような場合もあるので，ここで簡単に触れておくことにしよう。

空気抵抗力

まずは，空気の抵抗力 F_r だ。進行方向に対して，抵抗力であるがゆえに力のはたらく向きは反対向き。軸の正の向きは物体の動く向きなので，抵抗力は負となる。

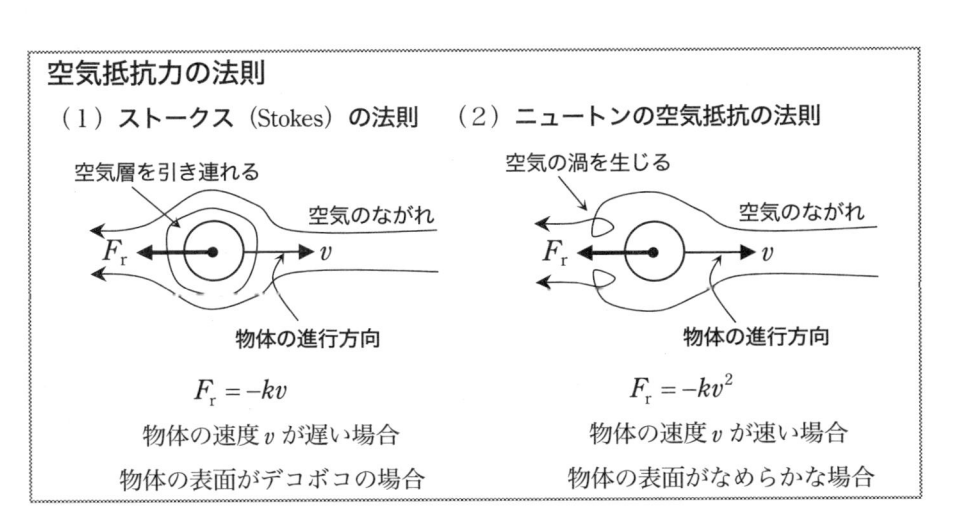

空気抵抗力の法則

（1）**ストークス（Stokes）の法則**　　（2）**ニュートンの空気抵抗の法則**

$$F_r = -kv$$

物体の速度 v が遅い場合

物体の表面がデコボコの場合

$$F_r = -kv^2$$

物体の速度 v が速い場合

物体の表面がなめらかな場合

通常の空気抵抗力は，抵抗を受けやすい物体（表面がデコボコ）の場合が多いので，（1）の**ストークスの法則**に従う場合が多い。

浮力

液体の中に物体を入れた場合などは，浮力がはたらき，空気中のように無視できない。浮力の大きさは，**アルキメデス**（Archimedes）**の原理**（B.C.220頃）で決まる。

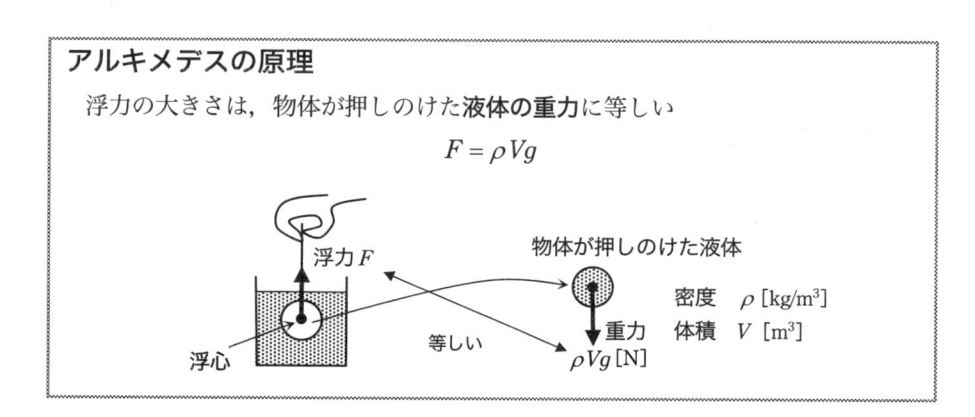

アルキメデスの原理

浮力の大きさは，物体が押しのけた**液体の重力**に等しい

$$F = \rho V g$$

浮力 F　浮心　物体が押しのけた液体　等しい　重力 $\rho V g$ [N]
密度　ρ [kg/m³]
体積　V [m³]

アルキメデスは，当時の王の命令で，黄金の王冠を壊すことなく，金でできていることを確かめようとしていた。なんでも，この原理は，お風呂に入っているときに思いついたらしく，素っ裸のまま王にこの原理の報告に行ったということだ。そう，フルチンで。

8. 仕事

　さて，前章までで，世の中で起こる現象がたいてい説明できるようになっているのに，なぜまだ続きがあるのか？　と思うかもしれない。そうなのだ。物理学（力学）の基本的な部分はすでに終了しているのだ。ここからは，**より現象を簡単に解明するための道具と方法の提供**と考えてほしい。逆に言うと，知らなくてもすでに運動の大半は解明できる。知っているともっと楽に解明できる場合もあるというような気楽な気持ちで読み進めてほしい。

仕事

　タイトルにもあるが，ここでは，**仕事**という概念を導入する。ところで，"仕事"と聞くとどんなことを思い浮かべるだろうか。肉体労働にはじまり，デスクワークの会社員まで，額に汗して働くというようなイメージが思い浮かぶのではなかろうか。**物理学でいう"仕事"は，そういった額に汗して働く仕事と少し異なる。**

物理学における"仕事"
仕事の定義
　　[仕事 (work)] ≡ [力] × [物体が力の向きに移動した距離]
　　W [N·m]　≡　F [N]　×　x [m]

　目の前の現象をより簡単に扱えるように新たに導入する**"仕事 W "** は，上のよ

うに物理学においては定義される。定義なので，[力]×[力の向きに移動した距離] を**"仕事"**と呼ぶんだと受け入れるのがよかろう。単位は，力の単位と距離の単位が掛け合わされた [N·m]（←**"ニュートンメートル"**とよむ）となる。Nとmの間に"·"が必ず必要だ。

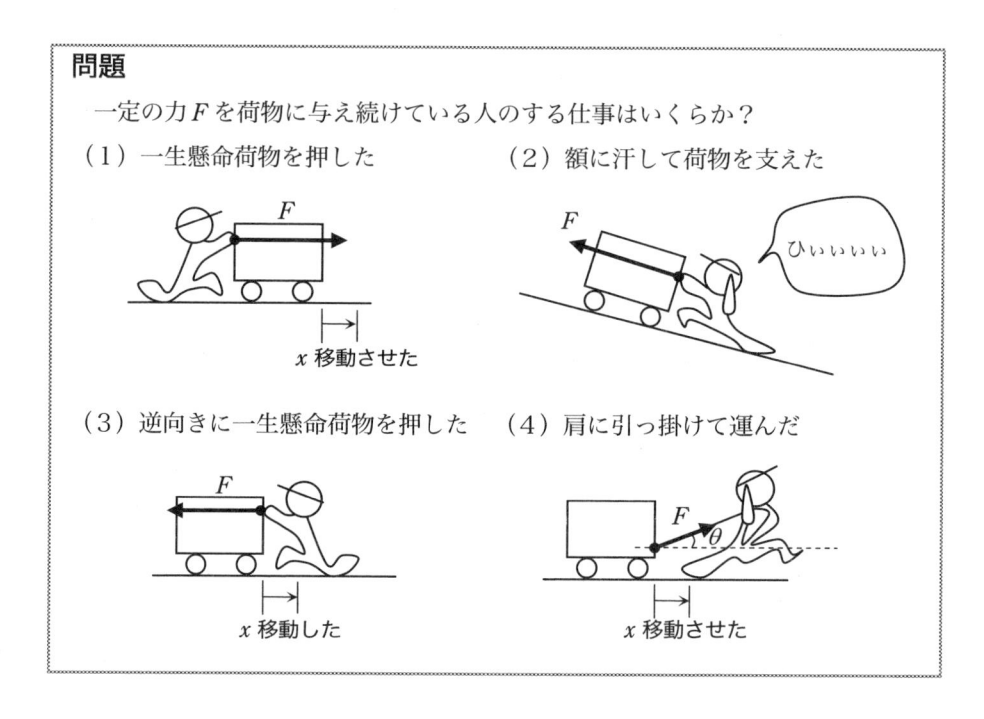

問題

一定の力 F を荷物に与え続けている人のする仕事はいくらか？

（1）一生懸命荷物を押した　　　（2）額に汗して荷物を支えた

（3）逆向きに一生懸命荷物を押した　（4）肩に引っ掛けて運んだ

（1）仕事の定義に基づいて，$W=F·x=\underline{Fx}$ 分の仕事をしたことになる。

（2）この人は，実に大変な仕事をしているような感じがする。転がって落ちてそうな荷物を支えて，しかも額に汗している様子もわかる。しかし，どんなに汗だくで，どんなに懸命に支えていても，物理学における仕事だと，定義に基づいて，$W=F·0=\underline{0}$ となる！　つまり，**仕事をしていない**ということになる！　力をいくら与えても，その向きに移動させなければ，物理学においては，仕事をしていないのである。

（3）物体の移動した向きと，人の与えた力の向きが反対の場合である。定義

どおりに仕事を求めることにしよう。［力の向きに移動した距離］は，この場合，$-x$ となる。よって，求める仕事は $W=F\cdot(-x)=\underline{-Fx}$ となる。"**負の仕事をした**" というわけだ。

（4）物体の動いた向きと，人の与えた力の向きが異なる場合だ。定義どおりに，［力の向きに移動した距離］を求めると，図8-1のように，距離のベクトルを分解して，成分を求める。$W=F\cdot x\cos\theta=\underline{Fx\cos\theta}$ となる。ところで，この仕事 W は，$W=Fx\cos\theta=F\cos\theta\cdot x$ ともかき直せる。つまり，［$F\cos\theta$］×［移動した距離 x］と同じだということになる。では，この $F\cos\theta$ とは何か？ 図8-2を見ていただけばわかるが，$F\cos\theta$ は力 F の台車が移動する向きの成分なのだ。つまり，仕事の定義は，

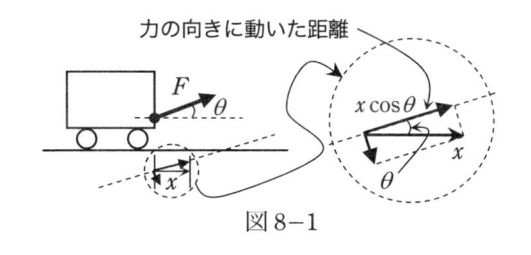

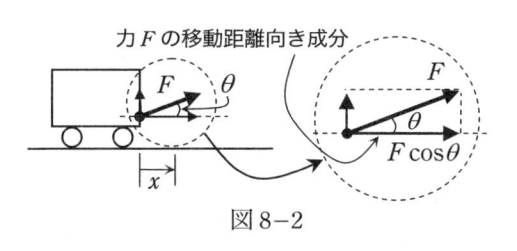

図8-1

図8-2

［仕事］＝［**物体が移動する向きの力の成分**］×［**物体の移動距離**］

でもよいということになる。ちなみに，（3）を再度考えてみると，今までどおり**物体がはじめに動く向きに軸の正をとる**と，図8-3のようになり，物体が移動する距離が正になったほうが自然な感じがすると思う。当然，結果は同じ

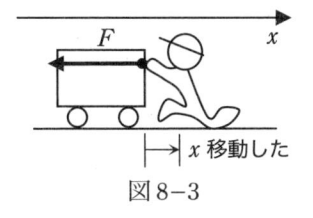

図8-3

$W=(-F)\cdot(+x)=-Fx$ になる。つまり，物体の進行方向に対して，**邪魔するような仕事**をこの人はしているのであり，その**仕事は負**になっていることがわかる。軸をおくと，この現象が捕らえやすくなったと思う。これらを踏まえると，力や距離がベクトルであるような仕事の定義があれば，いっそう便利だと思われるわけ

だが，なんと，そういう定義ができるのである。**数学のベクトル演算の一つである内積（ないせき）がぴったり当てはまる**のだ。

というわけで，物理学における仕事を，次のように定義しよう。

内積を用いた物理学における"仕事"の定義

$$W \equiv \vec{F} \cdot \vec{x} = F \cdot x \cos\theta$$

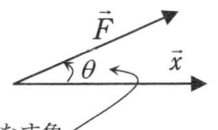

Fやxはそれぞれのベクトルの大きさで，θは$\vec{F}$と$\vec{x}$のなす角
（$\vec{x}$の向きが軸の正の向きなので，θは$\vec{F}$の軸の正の向きからの角度と考えよう）

では，内積を用いた仕事の定義で，**問題を再び解いてみることにしよう**。それぞれの図より$\vec{F}$と$\vec{x}$を抜き出した図8-4を見ながら確認していこう。

（1）$\vec{F}$と$\vec{x}$は同じ向きだ。よって，$\theta=0$となる。定義に入れると $W \equiv F \cdot x \cos 0 = \underline{F \cdot x}$ だ。$\cos 0 = 1$ であることは，いうまでもない。

（2）こちらは，$\vec{x}=0$なので，$W \equiv F \cdot 0 = \underline{0}$ 。

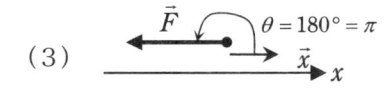

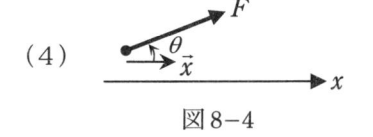

図8-4

（3）$\vec{F}$と$\vec{x}$が逆向きだ。軸の正の向きからの$\vec{F}$の角度は，$\theta = 180° = \pi$ [rad]であるから，$W \equiv F \cdot x \cos 180° = F \cdot x \cos \pi = \underline{-F \cdot x}$ 。

（4）$\vec{F}$と$\vec{x}$のなす角はθなので，定義により，$W \equiv \underline{F \cdot x \cos\theta}$ 。

と，当たり前だが，先に求めた仕事とまったく同じになる。はじめに紹介した仕事の定義は，実は，数学をまだ知らない高校生用の定義であり，**"仕事"の本来の定義は内積を用いた定義**なのである。内積というベクトル演算を難しく考えないでこういった計算ルールの記号なんだとでも考えて受け入れられるようならば，

この本来の**内積**を用いた定義による"仕事"を，物理学の"仕事"としてほしい。無論，数学で学んで知っている場合は，内積による定義を今後活用していこう。

少々，**内積**について補足しておこう。よく定義の式を見ていただくとわかるが，**ベクトルの掛け算**のことだ。ただし，掛けた結果は，W の上に矢印がついていないことからもわかるのだがベクトルではなくなる（ベクトルに対して**スカラー**という）。ベクトルの掛け算には，外積（がいせき）という演算方法もある。それと区別するため，**内積**は，$W \equiv \vec{F} \cdot \vec{x}$ のように，**ベクトルとベクトルの間に"・"を明記しなくてはならない**ことになっている。掛けた結果のスカラーでは特に"・"をかく理由はないのだが，僕は，"仕事"が内積で定義されていることを明確に示したいので，くどいようだが毎回"・"をかくように心掛けている。よければ真似してほしい。つまり，問題の（1）であれば，$W \equiv Fx\cos0 = Fx$ とかけばいいのだが，僕は，$W \equiv F \cdot x\cos0 = F \cdot x$ と"・"を明記しますよ，という意味だ。

仕事率

さて，仕事といえば，「あいつは仕事が速い」とか，「いつまでも仕事をやっているなぁ」と，時間との関係があわせて用いられることが多い。物理学における"仕事"も同様で，**仕事の効率**というものを考える場合がある。

仕事率 (power)

$$P\ [\mathrm{W}] \equiv \frac{W}{\Delta t} \left(\Leftarrow \frac{\text{仕事量}}{\text{時間変化}} \right) \left[= \frac{\vec{F} \cdot \Delta \vec{x}}{\Delta t} = \vec{F} \cdot \frac{\Delta \vec{x}}{\Delta t} = \vec{F} \cdot \vec{v} \right]$$

"仕事率"とは1秒間あたりにする仕事量のことをいう。仕事の効率のことである。単位は [W]（**ワット**）である。蒸気機関を発明した**ワット**（James Watt）の名前から取られている。ここで注意してほしいのは，単位の [W] はワットとよみ仕事率のことであり，物理量としての W は仕事のことだ，という点だ。**ダブリュという同じ文字なのに異なっているので注意が必要**なのだ。ただ，**単位はい**

つでも［四角括弧］で囲うクセがついていたり，**物理量を斜体でかくように心が**けているならば特に混乱することはないだろう。僕は，前者（［四角括弧］で単位を囲うようなクセ）が身についているので，こういう場合に混乱したことはない。斜体でかいても，ダブリュだといまいちわからないので，これからクセをつけようという場合は，**単位はいつでも［四角括弧］で囲うように徹底しよう。**

問題

　3年生の教室は，3階（地面から 6.0 [m] の高さ）にある。朝の SHR に遅刻しそうになった山田君が，たった 10 秒で階段をかけ上がった。山田君の体重が 70 [kg] のとき，階段をかけ上がった仕事率を求めよ。ただし，重力加速度の大きさを 9.8 [m/s²] とせよ。

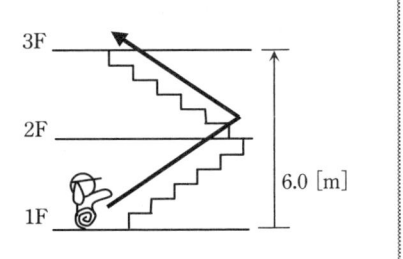

　とりあえず，いつものように**自分で絵をかこう**。次にすることは，**問題の数値を文字でおくこと**だ。**数値の代入は文字で計算した最後におこなう**。これが，**物理学の鉄則**だ。

　では，3階までの高さを h，山田君の体重を m とおき，かかった時間を t として，絵にかいてみよう。ここでは"かけ上がる"仕事率を考えるので，**地面と垂直方向の運動のみを考えることになる**のは言うまでもない。

　山田君は質点なので，自分で絵にかくときは図8-5のように丸くすると見やすいだろう。また，はじめに動く向きを軸の正にするので，鉛直上向きが x 軸の正となる。

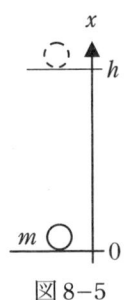

　では，仕事率を求めるために，**まず山田君のする仕事**を求めよう。ところで，山田君は自分自身をかけ上がらせるためにどれだけの力を加えているのだろうか。図8-5のままの状態であれば，山田君にはたらいている力は，**1．重力** mg のみ。でも，このままではかけ上がれない。そ

図 8-5

こで，足の脚力でそれに打ち勝つ力 F を自分自身に加えること
になる。その大きさは，最低でも mg が必要。向きは鉛直上向
きだ。図8-6にかき込んだように，重力と F はつりあう。つり
あえば，等速直線運動になるので，そのときの速さで3階まで
かけ上がれることとなるわけだ。力のつりあいの式 $F=mg$ だ。
　よって，山田君のする仕事は，
$$W = F \cdot h \cos 0 = mg \cdot h \cos 0 = mg \cdot h$$
となる。質量 m の自分自身を h だけ持ち上げるのに必要な仕事
量だ。

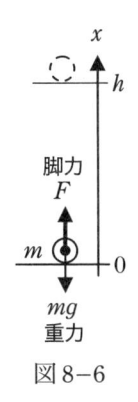

図8-6

　これだけの仕事をするのに，t だけ時間がかかるわけだ。よって，
$$P = \frac{W}{\varDelta t} = \frac{mg \cdot h}{t}$$
最後の最後に値を代入すると，求めたい山田君の仕事率が求まる。
$$W = \frac{mg \cdot h}{t} = \frac{70 \times 9.8 \times 6.0}{10} = 411.6 \fallingdotseq \underline{4.1 \times 10^2 \ [\text{W}]}$$

仕事の原理

最後に，"仕事"に関して忘れてはならない重要な**仕事の原理**を紹介しておこう。

仕事の原理
どのような装置を使っても仕事量で得をすることはできない。

どういう意味なのかを，よくある"てこ"を用いた例で説明しよう。次ページ
の図8-7を見ながら考えることにしよう。
　（1）のように，質量 m のボールを直接持ち上げると，h だけ上昇させるのに
必要な仕事量は，
$$W_{直接} = mg \cdot h \cos 0 = mg \cdot h$$
である。

同じように，h だけボールを持ち上げるのに"てこ"をつかったのが（2）だ。

（2）は，支点で 1:2 にされた"てこ"で，ボールを持ち上げる場合だ。支点を頂点とする左右の三角形の相似によって，ボールを h 持ち上げるのに，"てこ"を手で $2h$ 下げる必要があることがわかる。しかしながら，必要な力の大きさは，直接持ち上げた場合の半分の $\frac{1}{2}mg$ で済む。よって，手がする仕事量を考えると，

$$W_{手} = \frac{1}{2}mg \cdot 2h\cos 0 = \frac{1}{2}mg \cdot 2h = mg \cdot h$$

となり，**直接持ち上げた場合の仕事量と，"てこ"を用いて持ち上げた場合の手がした仕事量が同じになる**ことがわかる。

$$W_{直接} = W_{手}$$

これが，**仕事の原理**であり，たとえ，**力の大きさで得をしても移動距離で損をし，結局同じ仕事量になる**というわけだ。

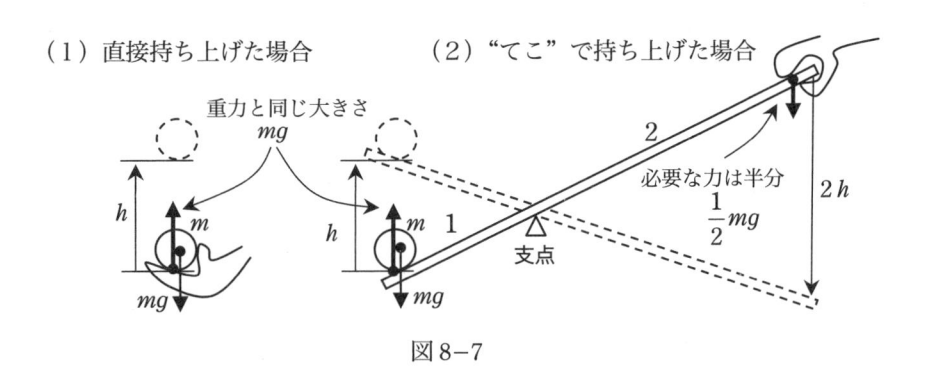

（1）直接持ち上げた場合　　　（2）"てこ"で持ち上げた場合

図 8-7

9. エネルギー

　よく聞くことばに、"エネルギー"がある。最近は、環境問題が深刻になってきているので、「エネルギーと環境問題」などというような使われ方で耳にしたことがあるかもしれない。ここでは、このエネルギーというものについて理解を深めていこう。

　僕の世代は、ちょうど小学校のころに、任天堂が家庭用ゲーム機のファミコンを出した時代である。ものめずらしいゲームが出るたびに小遣いをはたいて購入し、飛びついたものだ。・・・で、この話と"エネルギー"と何の関係があるのか？といえば、・・・そう、格闘ゲームが大いに関係しているのだ。図9-1のような、格闘ゲームのエネルギーゲージ（パワーゲージとか体力ゲージとかともいう場合がある）を用いて、**物理学における"エネルギー（energy）"**とはどんなものかを説明しよう。

　さて、図9-1のようにキャラクターAがBを殴ったとしよう。格闘ゲームではBのエネルギーがダメージを受けてその分減るのだが、物理学ではちょっとちがう。**AがBを殴るということは、AがBに力を与えることに相当する**。しかも、図9-1

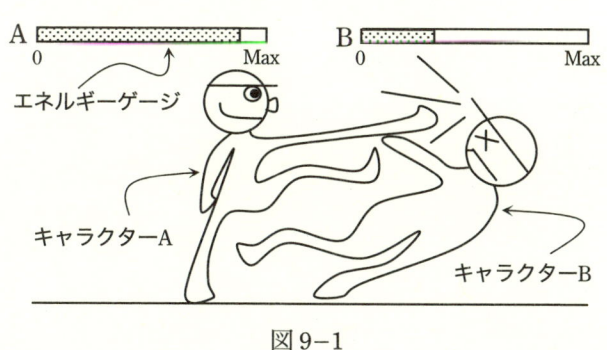

図9-1

のように吹っ飛ばそうとすれば，力をいくらかの距離だけ加えることになる。そう，**AがBに仕事をしている**のだ！

つまり，物理学で，この格闘ゲームのキャラクター達をみると，AがBにダメージを与えているとは，仕事をしているわけなのだ。Bがされた仕事を $W_{B \leftarrow A}$ とすれば，図9-2に図示したように，仕事が移動することになる。もともとのAのエネルギーを E_A, Bのエネルギーを E_B とすると，AがBにダメージを与えた結果，図9-2の下のエネルギーゲージのように，Aは自分のエネルギーをBにした仕事 $W_{B \leftarrow A}$ 分失い（$E_A' = E_A - W_{B \leftarrow A}$），BはAにされた仕事 $W_{B \leftarrow A}$ 分エネルギーが増える（$E_B' = E_B + W_{B \leftarrow A}$）ことになる。だから，相手を殴れば殴るほど自分のエネルギーがなくなっていくのだ。・・・物理学で考えると格闘ゲームにならない！

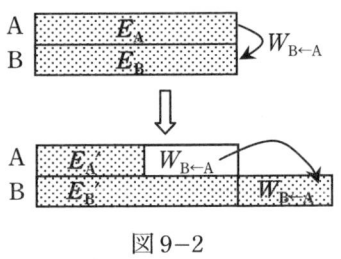

図9-2

またここでわかるように，Aのエネルギーの一部が仕事という形に変わって，Bへ移動しており，全体の量は不変 $E_A + E_B = E_A' + E_B'$ である。このように，**物理学における"エネルギー"とは，全体の量としては変化しないようなものであるが，姿や形はいろいろと変化するようなものなのだ。仕事はエネルギーの一つの形**であり，そのほかにも，光や音，熱というようにいろいろな姿や形がある。このようにエネルギーが変化することを**エネルギーの変換**という。いろいろな形にエネルギーが変わってしまっては扱いにくいので，聖史式物理学（力学編）では，エネルギーは仕事にだけ変わるものとしよう。

ところで，エネルギーをもっている状態とは，どのような状態なのか。図9-1のエネルギーゲージとキャラクターのする仕事の関係を思い出せばよい。もともとそのキャラクターのもっていたエネルギーの一部が仕事に変わって，相手に仕事ができる（攻撃できる）。つまり，**エネルギーをもっている状態とは相手に仕事ができる状態**ということである。そして，"エネルギーとは何か"といわれれば，**それは"蓄えられた仕事量"のことにほかならない。**

しかも，エネルギーの単位は，仕事に変換できるので，仕事の単位 [N・m] と

同等の単位にならなければならない点にも注意が必要だ。では、実際に仕事が蓄えられているのはどんな状態なのかを順に考えていくことにしよう。

運動エネルギー

たとえば、図 9-3 のようにボールがあったとする。このボールがエネルギーをもっている状態とはどんな状態かを考えてみよう。言い換えると、相手に仕事のできる状態である。どのような状態であればいいだろうか？

図 9-3

相手に仕事ができるとは、相手に力をいくらかの距離分与え続けられなくてはならない。このままボールが静止していればそれは無理だ。・・・ならば、そう、相手に向かって動いている状態であれば、ぶつかった際に、相手を格闘ゲームのように吹っ飛ばせるわけだ！　つまり、このボールがエネルギーをもっている状態とは、相手にぶつかるまでの動いている状態をいうのだ。そして、動いている、言い換えれば、運動している状態そのものがエネルギーをもっている状態であり、そのようなエネルギーのことを**運動エネルギー**という。動いているということは、ボールが速さ v をもっている。また、より重いボールがぶつかったほうが大きな力を与えられるということも分かると思うので、ボールの質量 m もエネルギーの大きさに関係する。さらに、単位が仕事の [N·m] と同等になるようにしたところ、運動エネルギーは次のようにかけることが分かった。

運動エネルギー (kinetic energy)

$$K = \frac{1}{2}mv^2 \quad [\text{J}]$$

運動エネルギーとは、質量 m の物体が、速さ v で動いている状態がエネルギーをもった状態である。単位は [J]（**ジュール**）で、仕事の単位 [N·m] と同等である。ちなみに、[J] という単位は、イギリスの物理学者である**ジュール** (James

Prescott Joule) の名前から来ている。仕事もエネルギーの一つの変化形の一種なので，わざわざ [N・m] の単位を使わなくても [J] でいいのではないか？ と思うかもしれないが，仕事の定義から考えると分かるように，[力] × [距離] の単位にせねばならない。同様に，エネルギーを [N・m] という単位ではかかない。繰り返すが，単位の見かけは異なるが同等なので，1 [J] =1 [N・m] であることはいうまでもない。

ひとつ疑問が残ると思う。**なぜ運動エネルギーが** $\frac{1}{2}mv^2$ **という量になるのか**だ。これは，仕事と同等な単位になるようにした結果，このような量でなくてはならないことがわかった，・・・とまあ，いわゆるひとつの**定義のようなもの**だと思ってほしい。

この式の意味するところは，質量のある物体に速さがあれば，必ず相手に仕事ができますよということだ。ちなみに，質量が無視できる物体だと，$K=0$ になって，相手に仕事ができないことになる。

このように，エネルギーとは，蓄えておくこともできるし，仕事という形でその一部を変換させることもできる。物体が動いている以外に，相手に仕事ができる状態にはどんなものがあるだろうか。

ばねの弾性エネルギー

他の物体に仕事ができる，エネルギーをもった状態を作る装置で身近なものといえば，**ばね**であろう。ちぢんでいる状態のばねの上に図9-4のようにボールを置くと，手を離した瞬間にばねが一気にのびはじめ，のびている間，弾性

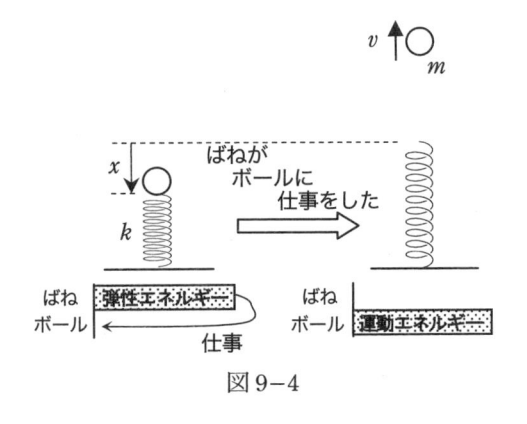

図9-4

力をボールに与えるので，ボールは仕事をされることになる。結果としてボールは飛び上がる。図中の下方にあるエネルギーゲージのように，エネルギーの形が仕事により変換されたわけだ。ばねがちぢんでいる状態が，他の物体に仕事ができる状態に他ならないので，エネルギーをもった状態である。このように，ばねはエネルギーを蓄えることができ，そのエネルギーを**ばねの弾性エネルギー**という。

次は，運動エネルギーと同じく，そのエネルギーの量をあらわそう。やはり，仕事の単位と同等になる [J] となるようにした結果を示そう。

ばねの弾性エネルギー

$$U = \frac{1}{2}kx^2 \quad [\text{J}]$$

k はフックの法則のばね定数 [N/m] で，x は自然長からの位置の変化 [m]。

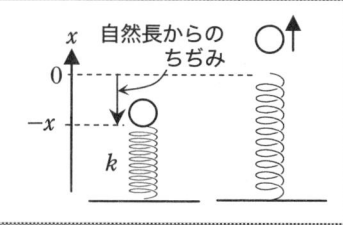

運動エネルギーは K とかいたのだが，ばねの弾性エネルギーは U とかく場合が多い。図9-4の場合は，はじめに物体（ボール）が動く向きは上向きなので上向きに x 軸の正をとることになる。すると，自然長からのはじめのばねの位置は $x = -x$ であり，そのときにたまっているばねの弾性エネルギーの大きさ U は，$U = \frac{1}{2}k(-x)^2 = \frac{1}{2}kx^2$ となる。前にも述べたように，**ばねの場合は，のばした場合もちぢめた場合も復元力（ばねの弾性力）がはたらくので，どちらの状態でもばねの弾性エネルギーをもつことになる。**

なぜこのような量になるかというのは，運動エネルギーと同じで，仕事と同等な量にするための，いわゆるひとつの**定義**のようなものだと思ってほしい。

重力場の位置エネルギー

他にエネルギーをもった状態といえば，高いところにある状態が思いつくだろう。たとえば，図9-5のように，スキーのジャンプ競技を考える。

はじめのスタート地点は，とても高いところにある。選手はそこから滑り降りて，

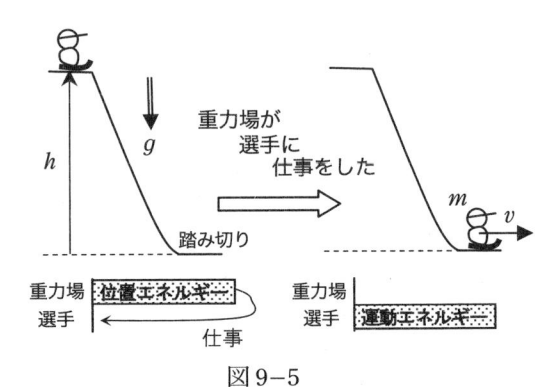

図9-5

踏み切りでジャンプするわけだ。踏み切りでジャンプできるとは，その時点で運動エネルギーを選手がもっていることにほかならない。どこからその運動エネルギーが出てきたのか？　そう考えていくと，スタート地点で運動エネルギー分の仕事量を蓄えているということになる。では何がエネルギーを蓄えているのかというと，**重力場とよばれる"バネのようなもの"** が蓄えているのだ。このように高いところにあるだけでたまっているエネルギーを**重力場の位置エネルギー**（gravitational potential energy）という。英語の発音を使って，重力場のポテンシャルエネルギーとか，重力ポテンシャルという場合もある。

この重力場の位置エネルギーは，**重力場というバネのようなものがもっているエネルギー**で，高いところから滑り降りる選手に仕事をする。選手は重力場に仕事をされ，運動エネルギーを得るわけだ。図9-5の下方のエネルギーゲージのようにエネルギーは変換されるわけだ。

さて，この**重力場**についてしっかりと説明しておこう。"バネのようなもの"と繰り返しているように，目に見えない一種のバネのようなものである。この**目に見えないバネのようなもので引っ張られて，重力がはたらいているのだと考えてみると，うまく説明ができる**のだ。

模式的な図9-6を見ながら考えていこう。地球上の物体は，どんな場合でも重

9．エネルギー

力を受ける。そこで，物体が地面から目に見えないバネのようなものでつながっていると考えたものが，図9-6のバネだ。**このバネのようなものは，自然長が地面の地表であり，地球上に物体があるとは，バネがのばされた状態で存在している**と考えよう。**バネなので，復元力がはたらき，地面に戻ろうとする。これが重力であり，地面に引っ張られるような力となる**わけだ。フックの法則のばねと異なる点は，**いつでも復元力の大きさが mg で一定である**という点だ。よって，物体が高いところにあるだけで，このバネのようなもの（**重力場**）による弾性エネルギー（これが**位置エネルギー**という名前で呼ばれる）が多くたまっていることになるわけだ。

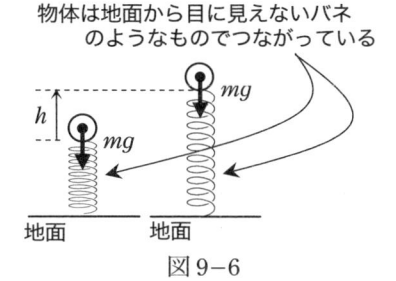

では，その大きさはどのように表されるのだろうか。エネルギーとは蓄えられた仕事量であるということを再確認して，そこから求めてみよう。地面から h の高さにある質量 m のボールがもつ重力場の位置エネルギーを考えよう。ボールをこのままそっと落とすと，図9-7のように重力が仕事をして，ボールが地面に落ちる。重力 $F=mg$ がボールにする仕事量 W を h 高いところにあるボールが蓄えているということなので，仕事の定義によって，W を求めよう。ボールがはじめに動く向きは鉛直下向きなので，その向きに x 軸をとる。すると，重力場がボールにする仕事は，
$W = \vec{F} \cdot \vec{h} = m\vec{g} \cdot \vec{h} = mg \cdot h \cos 0 = mg \cdot h$
となる。よって蓄えられている重力場の位置エネルギーの大きさ U は，$U = W = mgh$ と求められたわけだ。

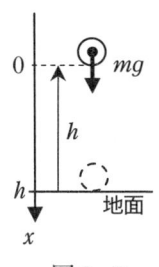

ところで，重力の大きさは，フックの法則に従うばねと異なって，いつでも同じ mg であることより，物体の高低

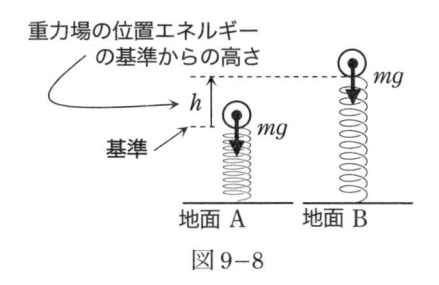

図9-6

図9-7

図9-8

差を h とした場合にも，同じような計算ができることになる。つまり，図9-8のように，重力場の位置エネルギーの基準を，仮にどの場所においても，そこからの高さ h について，同様に重力のする仕事を求めることができ，A の状態に比べて，B の状態のほうが $U=mgh$ だけ多くのエネルギーを蓄えていることがわかる。ばねの弾性エネルギーと同じく，重力場の位置エネルギーも U を用いる場合が多い。

このように，**重力場の位置エネルギーを考えるときは，基準を自分の好きな場所にとり，そこからの高低差によって，蓄えられているエネルギー量が多くなったり少なくなったりするんだと考えるほうが実戦的だ。また，重力場の位置エネルギーを考える場合は，毎回基準をどこにとったのか明記しなくてはならない。** そう，どこに基準をとったかによってまったく異なるからだ。たとえば，図9-9のように，3つの状態A，B，Cを考えると，その意味が分かってもらえると思う。

基準を状態Aにとった場合，状態B は状態Aよりも $U_B=mgh_1$ だけ重力場による位置エネルギーが大きい。状態Cは状態Aよりも $U_C=mgh_2$ だけ重力場による位置エネルギーが大きい。基準をBにとった場合は，状態Aは状態Bよりも $U_A=mg\cdot(-h_1)=-mgh_1$ だけ重力場による位置エネルギーが大きい，つまり，mgh_1 だけ状態Bよりも蓄えられているエネルギーが少ないということだ。

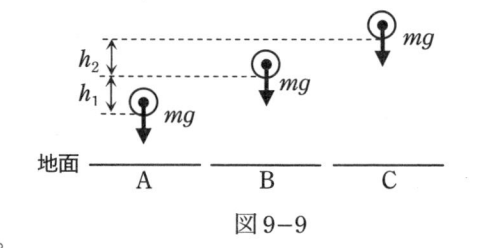

図9-9

言い換えれば，**重力場の位置エネルギーには絶対的な値は存在しない。いつも，基準に対する相対的な量の多い少ないでしか表現できない**ということになる。この点が，運動エネルギーやばねの弾性エネルギーと大きく異なる点である。

9. エネルギー

> **重力場の位置エネルギー**
>
> 　重力場の位置エネルギーの基準からの高低差によって蓄えられている仕事量。必ずどこを**基準にとったのかを明記しなくてはならない点に注意**が必要。
>
> 　図9-10のように質量 m の物体を基準から h だけ高い位置に置いた場合の重力場の位置エネルギー U は，重力加速度の大きさを g とすると，基準より次の量だけ大きい。
>
> $$U = mgh \quad [\text{J}]$$

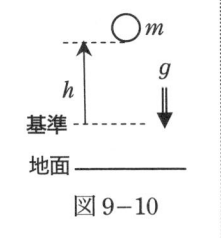

図9-10

　また，この重力場というバネのようなものを考えたことからも分かると思うが，これまで，遠隔力という，離れていてもはたらく力として重力を扱ってきたのだが，それは誤りであり，このバネのようなものである重力場から受ける力が重力なのである。**はたらく力の見つけ方**で，1．**重力**と，別扱いにしていたのだが，本当は，接垂力に該当する力なのだ。しかし，**重力場は目に見えないものなので理解が難しいから，通常，遠隔力として別扱いして考える**のである。また，ニュートンの時代はこの重力場というバネのようなものの存在を考えていなかったし，**歴史的には遠隔力として重力を扱っても長い間矛盾が生じてこなかった**こともあるから，あまり深く考えずに，**遠隔力というのは本当は離れてはたらく力ではなく，"場"から受ける接垂力の一種なんだ**程度に考えていただければよいと思う。聖史式物理学（力学編）では登場しないが，その他に遠隔力として扱われる力である，電気力は，電場という"場"から受ける力であり，磁気力は磁場という"場"から受ける力である。これらの場というものについては，興味があれば"場の理論 (Field Theory)"という学問として研究されているので将来学んでみられたし。

力学的エネルギー

　この章で登場した，**運動エネルギー**，**ばねの弾性エネルギー**，**重力場の位置エネルギー**の3つのエネルギーは特に，**力学的エネルギー** (mechanical energy) と

して区別される。この聖史式物理学（力学編）では，これらの力学的エネルギーと仕事の関係を用いて，目の前で起こる現象を解明していく。これらのエネルギーはいつでも仕事に変換され，別の形の力学的エネルギーになることができる。くどいようだが，変換してもエネルギーの総量は変化しない。

次章では，この力学的エネルギーと仕事の関係を考えていくことにしよう。

力学的エネルギー

他の物体に仕事ができる状態が，力学では次の3つである。

1. 運動エネルギー

    質量のある物体が動いている状態でエネルギーをもつ

    $$K = \frac{1}{2}mv^2$$

2. ばねの弾性エネルギー

    ばねがのびた状態，もしくはちぢんだ状態でエネルギーをもつ

    $$U = \frac{1}{2}kx^2$$

3. 重力場の位置エネルギー

    基準よりも高い位置にある状態でエネルギーをもつ

    $$U = mgh \quad \text{（基準よりこれだけ多くのエネルギーをもつ相対量）}$$

（注）フックの法則に従うばねと、重力場をバネのようなものと考えたときのバネを区別するため、"ばね"と"バネ"のように、平仮名と片仮名の表記を採用した。

10. 仕事と力学的エネルギーの関係

前章を受けて，ここでは仕事と力学的エネルギーの関係を考えていこう。

はじめは，図9-4で扱った，**ばねの弾性エネルギーと仕事と運動エネルギーの関係**である。同じ図を図10-1に再掲したので見ながら考えていこう。

下方のエネルギーゲージを見れば分かるが，ばねをちぢめた状態で，ばねの弾性エネルギーがたまっており，ボールに仕事をすることでそのエネルギーがボールの運動エネルギーへと姿を変えている。これを，式でかきあらわしてみよう。

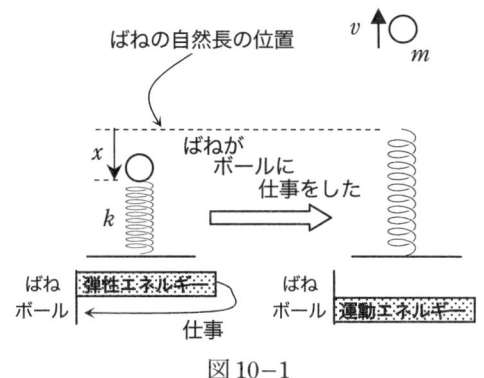

図10-1

	はじめのエネルギー	仕事	あとのエネルギー	
[ばね]	$\frac{1}{2}kx^2$ ばねの弾性エネルギー	$-\ W_{ばね←ボール}$ ばねがボールにした仕事	$=\ 0$	……①
[ボール]	0	$+\ W_{ばね←ボール}$ ばねがボールにした仕事	$=\ \frac{1}{2}mv^2$ ボールの運動エネルギー	……②

ばねに着目した場合のエネルギーの変化が①式だ。はじめにたまっているばねの弾性エネルギー $\frac{1}{2}kx^2$ 分を仕事 $W_{ばね←ボール}$ としてボールにした結果，ばねに蓄えられていたエネルギーがなくなってしまったので0になったという式である。

同じように，ボールに着目した場合のエネルギーの変化が②式だ。はじめは，ばねの上で静止しているボールは運動エネルギーをもたないので0だが，ばねによって仕事 $W_{ばね←ボール}$ がされた結果，ボールは動き出し，運動エネルギー $\frac{1}{2}mv^2$ を得たという式である。

いずれの場合も，| はじめのエネルギー | ＋ | 仕事 | ＞ ＝ | あとのエネルギー | の関係が成り立っており，この関係が，**仕事と力学的エネルギーの関係**ということになるわけだ。

$$
\begin{array}{lcccccl}
[ばね] & \frac{1}{2}kx^2 & - & W_{ばね←ボール} & = & 0 & \cdots\cdots① \\
[ボール] & 0 & + & W_{ばね←ボール} & = & \frac{1}{2}mv^2 & \cdots\cdots② \\
+) & & & & & & \\
\hline
①+② & \frac{1}{2}kx^2 & + & 0 & = & \frac{1}{2}mv^2 & \cdots\cdots③
\end{array}
$$

| はじめの全力学的エネルギー | 仕事 ＞ | あとの全力学的エネルギー |

そして，[ばね]や[ボール]それぞれに着目すると，エネルギーの総量が変わっているように見えるが，エネルギーゲージのように，実際はエネルギーが仕事によって移ったわけで，①式＋②式をした③式を見ればわかるように，**全体としての力学的エネルギーの総量は変化していないのだ**。これを"力学的エネルギーが保存する"という。

ばねとボールの全体に着目すれば，ばねがボールにする仕事 $W_{ばね←ボール}$ は，着目物体内での仕事のやり取りである。よって，③式のように全体で考えると，仕事はしていないことになるので0となるわけだ。このように，**内部での仕事のや**

り取りのみで，外部との仕事のやり取りがなければ，

$$\boxed{\text{はじめの全力学的エネルギー}} = \boxed{\text{あとの全力学的エネルギー}}$$

というように，力学的エネルギーが保存されることになる。これを，"**力学的エネルギー保存則**"または，"**力学的エネルギー保存の法則**"という。

では，外部との仕事のやり取りはどのような場合があるかを考えてみよう。仕事の定義に戻ってみると，$W = \vec{F} \cdot \vec{x} = F \cdot x\cos\theta$ であったから，外部から着目物体に力 F（**外力**：external force）がはたらく場合でかつ，いくらかの距離 x だけ，その力が加わり続けるような場合だ。しかし，定義にもあるように，外力 F と移動距離 x の間の角度 θ にも関係している。つまり，外力 F がはたらいていても，$\cos\theta = 0$ になるような角度である場合，すなわち，$\theta = 90° = \dfrac{\pi}{2}$ の場合は，外力による仕事 W がないわけだ。この場合は外力がはたらいていても，その仕事が 0 なので，力学的エネルギーは保存するのだ。

力学的エネルギー保存則（law of conservation of mechanical energy）

　　外力による仕事がない時，はじめとあとの全力学的エネルギーは形が変わるが，総量は保存される。

$$\boxed{\text{はじめの全力学的エネルギー}} = \boxed{\text{あとの全力学的エネルギー}}$$

この，力学的エネルギーを適用する場合は，毎回，"外力による仕事がない"ことを明記してから適用するようにしよう。

では，図 9-5 で扱ったスキーのジャンプの例でも確認し

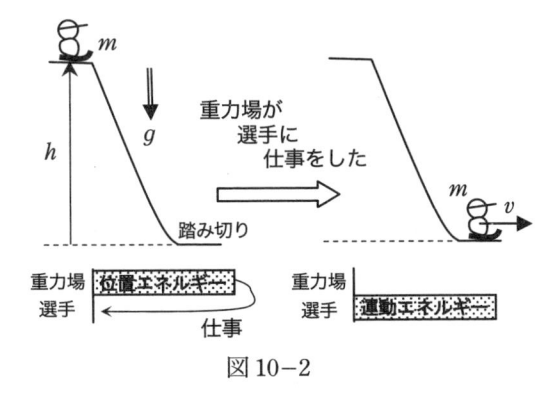

図 10-2

ておこう。図 10-2 に再掲したので見ながら考えてほしい。

［重力場］および［選手］のそれぞれに着目して仕事とエネルギーの関係を見ていこう。

重力場の位置エネルギーの基準を踏み切りの位置にとると，

	はじめのエネルギー	仕事	あとのエネルギー	
［重力場］	mgh	$- W_{選手 \leftarrow 重力場}$	$= 0$	……④
	重力場の位置エネルギー	重力場が選手にした仕事		
［選手］	0	$+ W_{選手 \leftarrow 重力場}$	$= \dfrac{1}{2}mv^2$	……⑤
		重力場が選手にした仕事	選手の運動エネルギー	

重力場に着目した場合のエネルギーの変化が④式だ。はじめに高い位置にあるのでそれだけ多くの重力場の位置エネルギーがたまっている。しかし，**重力場の位置エネルギーでは，基準を定める必要があったので，必ず"重力場の位置エネルギーの基準を踏み切りの位置にとる"というように，基準を明記する必要がある点に注意**だ。⑤式は，選手に着目した場合のエネルギーの変化だ。

④式＋⑤式をすると，次のようになり，全力学的エネルギーは，はじめとあとで保存している。

重力場の位置エネルギーの基準を踏み切りの位置にとると，

［重力場］	mgh	$- W_{選手 \leftarrow 重力場}$	$= 0$	……④
［選手］	0	$+ W_{選手 \leftarrow 重力場}$	$= \dfrac{1}{2}mv^2$	……⑤
＋）				
④＋⑤	mgh	$+ 0$	$= \dfrac{1}{2}mv^2$	……⑥
	はじめの全力学的エネルギー	仕事	あとの全力学的エネルギー	

では，力学的エネルギーを用いて，次の問題に取り組んでみよう。前にも述べたと思うが，基本的にはあらゆる現象は，運動方程式と等加速度直線運動の三公

10. 仕事と力学的エネルギーの関係

式で解明できるので，両方の方法で求めてみることにする。

> **問題**
> 地面からの高さ h の位置にあるボールを，鉛直下向きに初速度 v_0 で投げ下ろした。地面に衝突する瞬間のボールの速さを求めよ。
> （1）運動方程式と等加速度直線運動の三公式を用いて求めよ。
> （2）力学的エネルギーを用いて求めよ。

いつものように，まずはじめにすることは，**自分で絵をかくことだ。絶対に怠ってはならない！！**

（1）では，7章で紹介した手順を思い出しながら解いていこう。絵をかいた後にすることは，**軸をとる**ことだった。今，ボールがはじめに動く向きは鉛直下向きなので，**軸の正の向きは鉛直下向き**。はじめの位置を $x=0$ とすれば，地面が $x=h$ となるわけだ。図 10-3 のような絵を自分でかけただろうか。

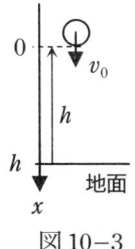

図 10-3

次に，**着目物体にはたらく力**をかきこもう。今は，ボールにはたらく力だ。**はたらく力の見つけ方どおりに考えると，この場合は，1．重力のみ**。ボールの質量を m とすれば，mg である。運動しているので，運動方程式を立てよう。鉛直下向きに軸が正なので加速度を a とすると，**加速度も鉛直下向きを正としてかき込む事になる**。図 10-4 のようになっただろうか。すると，ボールについての運動方程式は，

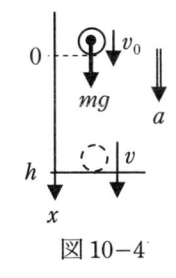

$$ma = mg \quad \text{よって，} \quad a = g \quad \cdots\cdots ⑦$$

図 10-4

加速度が求まったので，求める地面でのボールの速さを v とおくと，**等加速度直線運動の三公式の3．位置と速度の関係式**により，

$$v^2 - v_0^2 = 2g(h-0)$$
$$v^2 = v_0^2 + 2gh \qquad \therefore v = \sqrt{v_0^2 + 2gh} \quad \cdots\cdots ⑧$$

ちなみに，この運動は**鉛直投げ下ろし運動**である。この現象を，力学的エネルギーを用いてみるとどうなるのだろうか。

（2）図 10-4 を見ながら，力学的エネルギーを適用していこう。**まずはじめに確認することは，高いところにあるボールが地面に落ちるまで，外力がはたらいているかという点**だ。着目物体であるボールにはたらく力は何かあるかということだ。よく見れば分かるが，**重力がはたらいている！** 外力がはたらいているわけだが，**重力は重力場の位置エネルギーとして考えることで，エネルギーとして扱える**。そこで，**着目物体は重力場とボールの全体**と考え直そう。再度，その全体にはたらく外力がないか確認してみると，外力ははたらいていないことがわかる。つまり，**重力場とボールの全体に着目すれば，外力がはたらいていないので，はじめとあとで全力学的エネルギーが保存される**わけだ。

よって，**力学的エネルギー保存則**により，重力場の位置エネルギーの基準を地面とすると，

| はじめ（高い位置）の全力学的エネルギー | = | あと（地面直前）の全力学的エネルギー |

$$mgh + \frac{1}{2}mv_0^2 = mg \cdot 0 + \frac{1}{2}mv^2 \quad \cdots\cdots ⑨$$

　　位置エネルギー　　運動エネルギー　　　　位置エネルギー　　運動エネルギー

という一本の式が立てられた。この式の中には，（1）で考えた加速度 a は出ていない点に注意だ。

⑨式より，

$$v^2 = \frac{2}{m}\left(mgh + \frac{1}{2}mv_0^2\right) = 2\left(gh + \frac{1}{2}v_0^2\right) = 2gh + v_0^2 \quad \therefore v = \underline{\sqrt{v_0^2 + 2gh}}$$

となって，（1）の結果である⑧式と同じ結果が導けた。

このように，運動方程式と等加速度直線運動の三公式を用いても，力学的エネルギーを用いても，現象の解明ができるということがわかっていただけたと思う。

さて次は，運動方程式と等加速度直線運動の三公式でもできないことはないと思うが，非常に複雑になりそうな問題を考えていこう。どんな問題かというと，

直線運動でない場合である。**直線運動でない場合，力学的エネルギーは大いに活躍する**のである。

問題

図 10–5 のように，長さ l の糸の一端を点 O に固定し，他端にはおもりをつける。このおもりを糸がたるまないように点 O と同じ高さの点 A まで持ち上げ，静かに手を離した。おもりが，最下点 B を通過し，糸が鉛直方向と 60° の角度をなす点 C に来た瞬間に糸を切ったところ，おもりは放物運動をした。重力加速度の大きさを g として，次の問いに答えよ。(富山大改題)

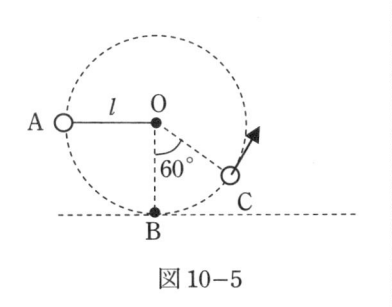

図 10–5

（1）点 C で糸を切る瞬間のおもりの速さはいくらか。

（2）点 C を通過した後の放物運動において，最高点の高さはいくらになるか。点 B を基準にして求めよ。

では，順番に考えていこう。この**問題**のように，**直線運動でない場合は，力学的エネルギーで取り組む**のがよい。

（1）糸が切れるまでの運動を，**自分でいつものように絵でかいてみよう**。話はそれからだ。求めたい点 C でのおもりの速さを v_0 とし，力学的エネルギーを用いてそれを求めることにする。

では，着目物体であるおもりにはたらく外力があるかを確認しよう。図 10–6 を見ればわかるように，**1. 重力**は，おもりの質量を m とすると mg だ。**2. 接垂力**としては，今，糸が接触しているので，糸の張力 T がはたらく。よって，外力はこの 2 つということがわかる。重力は，前と同様に，重力場の位置エネルギーとして扱うために，着目物体を重力場とお

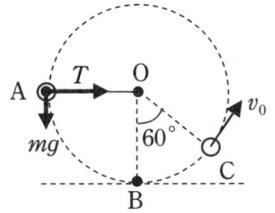

図 10–6

もりの全体に変更すれば外力ではなくなる。しかし，**糸の張力 T は正真正銘の外力**である。

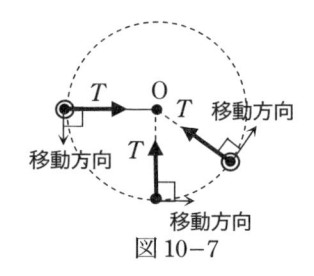

外力がはたらいていると，力学的エネルギー保存則が使えない・・・？　いや，そんなことはない。**たとえ外力がはたらいていても，外力がする仕事が 0 であれば，力学的エネルギーが保存する**。そこで，この糸の張力 T の仕事を確認することにしよう。図 10-7 を見ていただければ分かると思うが，**おもりの移動方向に対して常に直角に糸の張力 T がはたらいているのだ！**

つまり，仕事の定義により，糸の張力 T のする仕事 $W_{張力}$ は，移動方向への微小移動距離を $\varDelta x$ とすると，$W_{張力} = \vec{T} \cdot \varDelta \vec{x} = T \cdot \varDelta x \cos 90° = T \cdot \varDelta x \cos \dfrac{\pi}{2} = 0$ となり，**糸の張力 T は仕事をしていないことがわかる！！**

ならば，力学的エネルギーが保存する。**重力場の位置エネルギーの基準を点 B と同じ高さにすると**，基準からの高さは図 10-8 を参考にして，

はじめ（点A）の全力学的エネルギー	=	あと（点C）の全力学的エネルギー	
mgl + $\dfrac{1}{2}m \cdot 0^2$	=	$mg(l - l\cos 60°)$ + $\dfrac{1}{2}mv_0^2$	
位置エネルギー　　運動エネルギー		位置エネルギー　　運動エネルギー	

となる。よって，求めたい点 C での速さ v は，

$\dfrac{1}{2}mv_0^2 = mgl - mg(l - l\cos 60°)$

$\qquad = mgl - mgl + mgl\cos 60° = mgl \times \dfrac{1}{2}$

$v_0^2 = gl \qquad \therefore v_0 = \sqrt{gl}$　……⑩

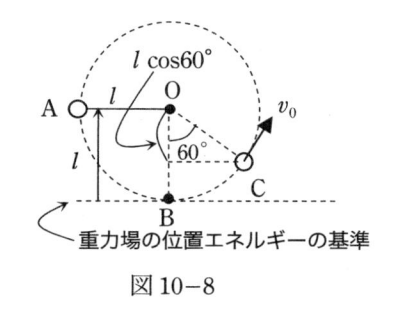

力学的エネルギー保存則によって，直線運動でないような運動でも簡単に解明できることがわかっていただけただろうか。

図 10-8

（2）点 C からは，**仰角 60°の斜方投射**となる。復習もかねて，等加速度直線

10. 仕事と力学的エネルギーの関係

運動の三公式で解いてみよう。まずは，**点Cからのおもりの軌跡を自分で絵にかいてみよう**。図10-9のようにかけただろうか。補助線を入れておいたので，点Cからの仰角が60°となることも，しっかり確かめてほしい。

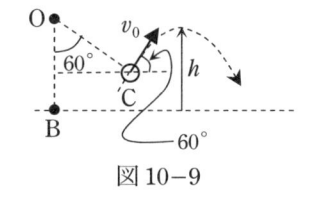

図10-9

問題にあるように，点Bを基準にした最高点の高さをhとおき，求めていこう。いつものように，**軸をとろう**。この場合は，**直線運動ではないので，軸は2本必要**だ。着目物体であるおもりがはじめに動く向きを正とする。図10-10のように軸をとることになる。わかりやすくなるように拡大してある。次に，**軸の向きを向いていない初速度v_0をx軸とy軸に分解する**。これで，準備終了だ。

最高点とはy軸の速度成分が0になる瞬間のことであるから，y軸に**等加速度直線運動の三公式**の**3．位置と速度の関係式**を適用して，

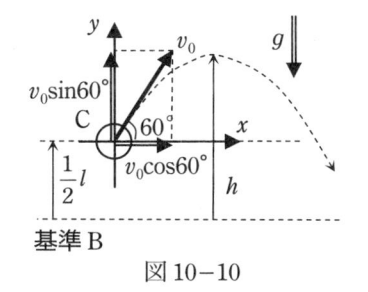

$$0^2 - (v_0 \sin 60°)^2 = 2 \cdot (-g) \cdot \left[\left(h - \frac{1}{2}l\right) - 0\right]$$

$$v_0^2 \cdot \left(\frac{\sqrt{3}}{2}\right)^2 = -2gh + 2 \cdot \frac{1}{2}gl$$

⑩式を代入して，$-\dfrac{3}{4}gl = -2gh + gl$ ∴ $h = \dfrac{7}{8}l$ ……⑪

図10-10

せっかくなので，(2)を力学的エネルギーで解いてみよう。はじめに，斜方投射されたおもりにはたらく力を確認しよう。**はたらく力の見つけ方**によって，**1．重力のみ**がはたらいていることがわかる。おもりについていた糸は切れているので，糸の張力はない。

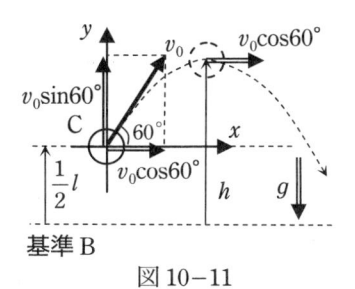

図10-11

さて，重力は重力場の位置エネルギーとして扱えるように，着目物体をおもりと重力場の全体と考えることにしよう。すると，空中を飛んでいるおもりにはたらく外力がないので，力学的エネルギーが保存する。さあ，"力学的エネルギー保存則"を適用しよう。

ところで，最高点でのおもりの速さは，図 10-11 を見ればわかるが，y 軸方向にはちょうど 0 になる瞬間であり，x 軸方向には力も加速度もないので等速直線運動になるから，最高点では，x 軸方向に $v_0 \cos 60°$ の速さにあることがわかると思う。

よって，点 B の高さを重力場の位置エネルギーの基準とすれば，

| はじめ（点 C）の全力学的エネルギー | = | あと（最高点）の全力学的エネルギー |

$$mg \cdot \left(\frac{1}{2}l\right) + \frac{1}{2}m \cdot v_0^2 = mgh + \frac{1}{2}m \cdot (v_0 \cos 60°)^2$$

位置エネルギー　　運動エネルギー　　　位置エネルギー　　運動エネルギー

という，力学的エネルギー保存の式がかける。

$$\frac{1}{2}mgl + \frac{1}{2}mv_0^2 = mgh + \frac{1}{2}mv_0^2\left(\frac{1}{2}\right)^2$$

両辺 $\times \dfrac{2}{m}$ をして整理すると，

$$2gh = \left(1 - \frac{1}{4}\right)v_0^2 + gl = \frac{3}{4}v_0^2 + gl$$

⑩式を代入して，

$$\therefore h = \frac{1}{2g}\left[\frac{3}{4}\left(\sqrt{gl}\right)^2 + gl\right] = \frac{1}{2g}gl\left(\frac{3}{4} + 1\right) = \frac{7}{8}l$$

と，当たり前だが，⑪式とおなじ結果が得られる。**力学的エネルギー保存則の式を立てる場合に，重力場の位置エネルギーの基準を明記することを忘れないように。**

10. 仕事と力学的エネルギーの関係

問題

摩擦のない図 10-12 のような斜面上で質量 m のボールの運動を考えよう。ばね定数 k のばねが斜面の下端にくっついている。今，自然長から a ちぢめた状態から手を離したところ，斜面に沿ってボールがのぼった。ただし，ボールとばねはくっついていない。重力加速度の大きさを g とし，ボールののぼった最高点までの距離 l を m, k, a, g で求めよ。

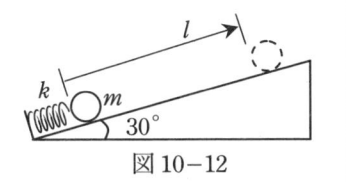

図 10-12

ばねがからんでおり，運動としてはかなり複雑である。順にどのような運動が起こるかを見ていくことにしよう。

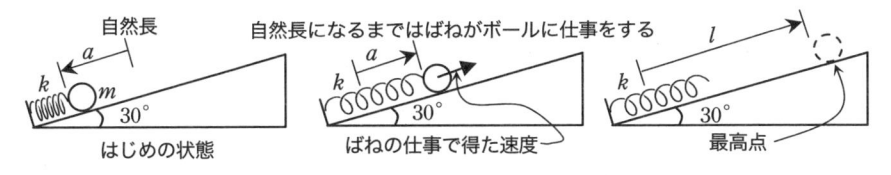

図 10-13

はじめの状態　　ばねの仕事で得た速度　　最高点

図 10-13 を見ていただければわかると思うが，はじめの状態から手を離すと，ばねの弾性力によって，ボールが押し出される。しかし，ばねが自然長になった瞬間が，ボールを押し出す仕事をする最後となる。**ばねは，自然長までのびきると，弾性力の向きが変わるから，ボールを押し出す向きに仕事ができないのだ**。その後はボールはそれまでに得た速度で斜面をのぼり，距離 l 進んだところで最高点になるというわけだ。

このような複雑な現象でも，力学的エネルギーを用いて考えるとたやすく解明できる場合もある。では，**ボールに着目してはたらく力をかき込んでみよう**。図 10-14 のように斜面をのぼっているボールにはたらく力は，**1．重力**と**2．接垂力**の垂直抗力の 2 つである。重力は，重力場とボールとばねの全体に着目すれば，重力場の位置エネルギー

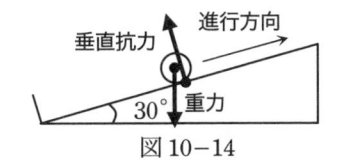

図 10-14

と考えられる。しかし，**垂直抗力は外力として残る**。外力があるので力学的エネルギーが保存しないかというとどうだろうか。**垂直抗力がする仕事を考えると，垂直抗力はボールの進行方向に対して常に垂直**であるから，ボールにする仕事は 0，すなわち，仕事をしないのである！　よって，外力があるが仕事をしないので力学的エネルギーが保存される。

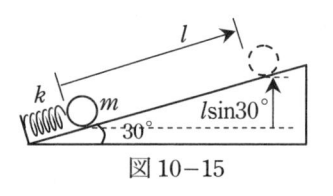

図 10-15

重力場の位置エネルギーの基準をはじめの位置にとれば，**力学的エネルギー保存則**により，

$$\frac{1}{2}ka^2 + mg \cdot 0 = \frac{1}{2}k \cdot 0^2 + mg(l\sin 30°)$$

弾性エ はじめ 位置エ　　弾性エ 最高点 位置エ　　最高点との高さの差は図 10-15 参照

両辺×2 すると，$ka^2 = 2mgl\sin 30°$　∴ $l = \dfrac{ka^2}{2mg\sin 30°} = \dfrac{ka^2}{2mg\left(\dfrac{1}{2}\right)} = \dfrac{ka^2}{mg}$

外力が仕事をする場合

最後に，外力がはたらき，さらに外力が仕事をする場合についてみていこう。

問題

図 10-16 のように，摩擦のある面上で，質量 m の物体に初速度 v_0 を与えたところ，l だけ進んで静止した。この面と物体との間の動摩擦係数 μ を求めよ。ただし，重力加速度の大きさは g とする。

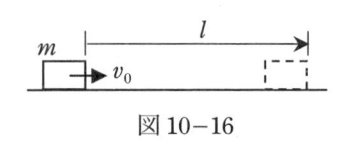

図 10-16

いつものように，**自分で絵をかいてから考えよう**。まずは，軸をとる。はじめに動く向きは右側なので，**右に正**だ。つぎに，**着目物体にはたらく力**を考えよう。1．重力は mg。2．接垂力としては，接触しているのは摩擦のある面だ。垂直抗

力Nと動摩擦力$F_{マサツ}$の2つが面からはたらいている。図10-17のようにかき込めただろうか。

動いているので運動方程式を立てよう。加速度をaとすると,

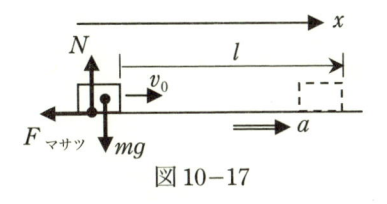

$$ma = -F_{マサツ} \quad \cdots\cdots ⑫$$

図10-17

また,アモントン・クーロンの法則より,動摩擦力の大きさは$F_{マサツ} = \mu N$,さらに,面と垂直方向には静止しているので,力のつりあいの式,$N = mg$ が成り立つ。これらを⑫式に代入すると,

$$ma = -F_{マサツ} = -\mu mg \qquad \therefore a = -\mu g \quad \cdots\cdots ⑬$$

lだけ進んで静止したので,等加速度直線運動の三公式の3.位置と速度の関係式により,

$$0^2 - v_0^2 = 2a(l-0) \quad ⑬を代入して, -v_0^2 = -2\mu gl \qquad \therefore \mu = \frac{v_0^2}{2gl} \quad \cdots\cdots ⑭$$

これを**仕事と力学的エネルギーの関係**で考えてみよう。まずわかることは,**この物体にはたらく外力には,重力,垂直抗力,動摩擦力の3つがある**ということだ。**重力は,物体と重力場の全体を着目物体と考えれば重力場の位置エネルギーとして扱える。垂直抗力は**,物体の進行方向に常に垂直にはたらく力なので仕事はしない。しかし,**動摩擦力は仕事をしてしまう!!**

よって,**力学的エネルギーは保存されない。しかし,仕事と力学的エネルギーの関係式**は次のようになる。重力場の位置エネルギーの基準を摩擦のある面にとると,同じ高さなので0となるので,次の関係式では略してある。

はじめの全力学的エネルギー	+	外力のする仕事	=	あとの全力学的エネルギー
$\dfrac{1}{2}m \cdot v_0^2$	+	$\vec{F}_{マサツ} \cdot \vec{l}$	=	$\dfrac{1}{2}m \cdot 0^2$
初速度による運動エネルギー		外力としての動摩擦力が物体にする仕事		l進んだあとは静止している

関係式の両辺を×2すると，　$mv_0^2 + F_{マサツ} \cdot l\cos 180° = 0$

⑬式の $F_{マサツ} = \mu mg$ を代入すると，

$$mv_0^2 - 2\mu mg \cdot l = 0 \qquad mv_0^2 = 2\mu mg \cdot l \qquad \therefore \mu = \underline{\frac{v_0^2}{2gl}}$$

となり，⑭式と同じ結果が導ける。

　この現象では，初速度 v_0 を与えたことによって物体がもっていたエネルギーが，距離 l すべった後に0になって静止してしまう。つまり，はじめに物体がもっていたエネルギーが，外力である動摩擦力がする仕事によって変化し，結果として物体のもつエネルギーが0になってしまうということを，この関係式は意味している。

外力のする仕事と力学的エネルギーの関係

　外力がはたらく場合は，力学的エネルギーが保存しない。そのかわり，外力のする仕事と力学的エネルギーの関係式が成り立つ。

$$\boxed{\text{はじめの全力学的エネルギー}} + \boxed{\text{外力のする仕事}} = \boxed{\text{あとの全力学的エネルギー}}$$

　　外力によって正の仕事がされた場合は，あとの全力学的エネルギーが増える。
　　外力によって負の仕事がされた場合は，あとの全力学的エネルギーが減る。

11. 力積と運動量

　力が物体の運動に与える効果を考える場合，どのような扱い方があるだろうか。その一つには，力が加わっている距離を用いて考える，"**仕事**"および"**エネルギー**"があった。図 9-1 の格闘ゲームのキャラクターA の攻撃を，"仕事"以外の見方で解明できないだろうか。

　"仕事"としてキャラクターA の攻撃を考えたときには，A が B に力 F をある距離 x だけ与え続けることで，B を吹っ飛ばすと考えた。まったく同じ現象を，別の物理量で説明できないかというわけだ。A が B にあたえる力 F は同じなので，ある距離 x にあたる別の物理量はないかということだ。

　あるではないか。格闘ゲームを実際にしているとそれに気がつくと思う。そう，時間 t だ！　A が B に力 F をある時間 t の間だけ与え続けることで，B を吹っ飛ばすと考えることもできるではないか。

力積

　実は，力が加わっている時間を用いて考えるという扱い方をどのようにすればよいかは，**ニュートンの運動方程式**を変形すると容易に見えてくる。実際に，変形してみよう。

$$\vec{F} = m\vec{a} = m\frac{\Delta \vec{v}}{\Delta t} \quad \left(\Leftarrow \vec{a} \equiv \frac{\Delta \vec{v}}{\Delta t} \right)$$

ここで，両辺に，時間変化 Δt をかけると，

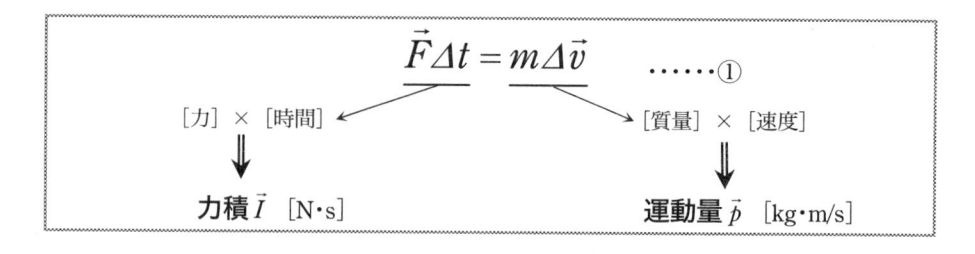

$$\underbrace{\vec{F}\varDelta t}_{} = \underbrace{m\varDelta \vec{v}}_{} \quad \cdots\cdots ①$$

［力］×［時間］　　　　　　　　　［質量］×［速度］
　　　⇓　　　　　　　　　　　　　　　⇓
力積 $\vec{I}$ ［N･s］　　　　　　運動量 $\vec{p}$ ［kg･m/s］

　変形といっても，加速度の定義を代入して，両辺に時間変化 $\varDelta t$ をかけるだけなのだが，結果の①式が示している事が大事なのだ。
　①式左辺の $\vec{F}\varDelta t$ は，［**力**］×［**時間**］であり，まさに，格闘ゲームで相手に与える効果を考えていたときに出てきた物理量になっていることがわかる。これを，物理学では"**力積（りきせき）**"と定義する。英語では impulse であり，仕事を W とかいたように，力積は $\vec{I}$ とかく。単位は［N･s］で，"ニュートン秒"と読む。**仕事との違いは，$\vec{I}$ の上に矢印がついていることからもわかるが，力積はベクトル**なのだ。しかも，$\vec{I}=\vec{F}\varDelta t$ なので，［**力**］の［**時間変化**］倍になっている。つまり，力積はベクトルではあるが，力と同じで作用点の位置が移動できない"制限つきのベクトル"であるということだ。

物理学における"力積"の定義
$$\vec{I} \equiv \vec{F}\varDelta t = \vec{F}\cdot(t_{あと}-t_{はじめ}) \quad [\text{N}\cdot\text{s}]$$
［力］の［時間変化］倍であるから，力積は作用点の位置が移動できない"制限つきベクトル"

---

　①式右辺の $m\varDelta \vec{v}$ は，［**質量**］×［**速度**］という量である。英語では momentum といい，日本語では"**運動量**"とよばれる。左辺の力積がベクトルであったように，右辺もベクトルである点は確認してほしい。単位は［kg･m/s］であり，力積の単位［N･s］と同等な量である。また運動量はなぜか $\vec{p}$ とかくことが多い。
　ところで，この"**運動量**"という日本語は，僕にはいまいちシックリこないのだ。先に紹介したエネルギーだって運動の量といえば運動の量だ。また，高校の教科書などには，"運動量とは物体の勢いのようなものだ"とよく書いてあるのだ

が，エネルギーだって"勢い"だと思う。何がいいたいかというと，**運動量という物理量は，[質量]×[速度]のことであり**，ニュートンの運動方程式の変形した結果が示しているように，**力積と同等の単位をもつような物理量**であると受け入れたほうがいいということだ。エネルギーを定義のようなものとして考えたのと同じで，**運動量も定義のようなものと考えてほしい**。

ここで，運動量に関する興味深い話を紹介しておこう。ニュートンの運動方程式から変形させて導いた①式が，本当は，ニュートン自身が著書『**プリンキピア** (Principia)[正式タイトル"自然哲学の数学的原理"(Philosophiae naturalis principia mathematica, 1687) の略称]』の中で記述した運動方程式の本来の形なのである。つまり，ニュートンは，運動量を使って力学を説明していたのだ。現在おなじみになっている $ma=F$ ではないというわけだ。もっと面白いのは，そのニュートンは $m\Delta \vec{v}$ という量が何を示しているかわからなかったという。ちなみに，僕にもいまいちわからないので，"運動量は力積と同等の単位をもつような物理量"として扱うことにして自己解決している。少なくとも，"物体の勢い"という解釈は断じて納得できない！

物体の運動に生じる効果の捉え方をまとめてこう。

物体の運動に生じる効果
1．**力**が物体に加わっている**距離** → "仕事"，"エネルギー"
2．**力**が物体に加わっている**時間** → "力積"，"運動量"

次に，①式の物理的意味を考えていくことにしよう。

①式は，**力積の変化があると必ず物体の運動量が変化するという意味**である。上にまとめたように，**力が物体に加わると必ず物体の運動量が変化する**。また，その逆も必ず成立する。**物体の運動量が変化したならば必ず力が物体に加わっていなくてはならない**。これは，①式がベクトルの式であるから，力がどんな向きであろうとも，また物体がどんな向きに運動しようとも，必ず成立するのである。まとめると，次のようになる。

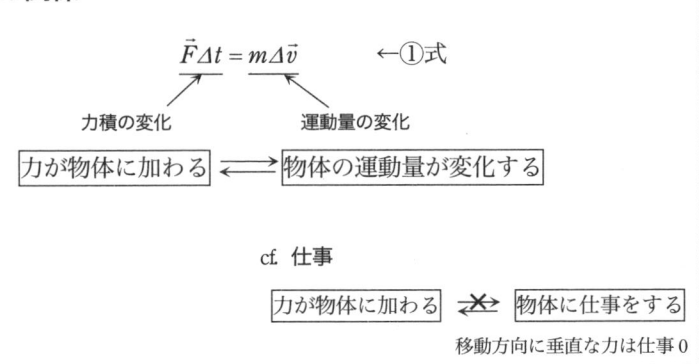

> **力積と運動量の関係**
>
> $$\vec{F}\Delta t = m\Delta \vec{v} \qquad ←①式$$
>
> 力積の変化　　　運動量の変化
>
> 力が物体に加わる ⟺ 物体の運動量が変化する
>
> cf. 仕事
>
> 力が物体に加わる ⇎ 物体に仕事をする
>
> 移動方向に垂直な力は仕事 0

参考までに仕事をみてみると，**物体が仕事をされた場合は必ず力が加わっているとはいえるのだが，物体に力が加わったからといって仕事をするとはいえない。**物体の移動方向に垂直に力がはたらいた場合は，仕事が 0 となり，物体に仕事をしていないことになる。これらの違いをしっかりと確認しておいてほしい。

では，具体的に問題を解きながら力積と運動量について理解を深めていこう。

> **問題**
>
> 　質量 1.0 [kg] のガラスの花瓶を 3 階の窓から誤ってそっと落としてしまった。地面から 3 階までは 6.0 [m] ある。このガラスの花瓶は地面にぶつかった後にはねかえる事はなかった。重力加速度の大きさは，9.8 [m/s] とせよ。
> （1）花瓶が地面に落ちる瞬間の速さを求めよ。
> （2）花瓶が地面とぶつかる直前と直後での運動量の変化を求めよ。
> （3）花瓶は割れるかどうかを議論せよ。

まずは，**自分で絵をかこう**。この**問題**の場合は，はじめに絵がかかれていないので，自分で絵をかくことで現象の理解につながる。また，**物理学の問題を考えるときは，数値を用いるのは一番最後の最後にするのが望ましい。そこまでは，全て文字で計算しよう。**よって，ここで出ている物理量を文字でおきなおさねば

11. 力積と運動量

ならない。ガラスの花瓶の質量を m，地面から3階までの高さを h，重力加速度の大きさを g とする。これらを自分の絵にかき込んだら図11-1のようになっただろうか。

（1）花瓶が地面にぶつかる瞬間の速さを v としよう。花瓶にはたらく力を確認すると，**1. 重力 mg** のみだ。外力がはたらいていないので，着目物体を重力場と花瓶の全体と考えると，**力学的エネルギーが保存する**。重力場の位置エネルギーの基準を地面とすれば，

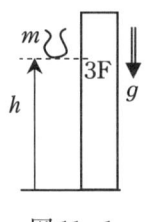

図11-1

| はじめ（3F）の全力学的エネルギー | = | あと（地面）の全力学的エネルギー |

$$\frac{1}{2}m \cdot 0^2 + mgh = \frac{1}{2}mv^2 + mg \cdot 0$$

運動エネルギー　　位置エネルギー　　　運動エネルギー　　位置エネルギー

$$\therefore v = \sqrt{2gh} = \sqrt{2 \times 9.8 \times 6.0} \cong 11\,[\text{m/s}]$$

当然，等加速度直線運動の三公式で求めてもよい。有効数字は2桁だ。

（2）地面とぶつかる直前と直後での花瓶の運動量の変化を考えるために，それぞれの場合を絵にかいてみることをオススメする。花瓶は質点なので，わかりやすいように"○"としてかくことにする。また，**運動量はベクトルなので，軸をとる必要が出てくる**。地面とぶつかる直前に花瓶が進んでいる向きは鉛直下向きなので，軸の正を鉛直下向きとする。一度軸を決めたら，ぶつかった直後も同じ軸を用いる。ぶつかる直前と直後の絵は，図11-2のようにかけただろうか？

では，地面とぶつかる直前（はじめ）と直後（あと）の花瓶の運動量の変化を求めよう。

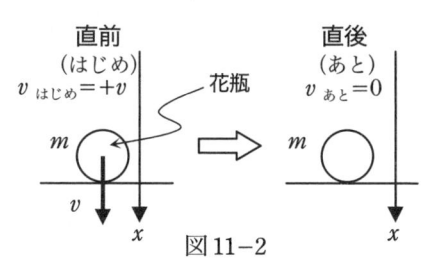

図11-2

$$m\Delta v = mv_{あと} - mv_{はじめ}$$
$$= m \cdot 0 - m \cdot (+v) = -mv \cong -11\,[\text{kg} \cdot \text{m/s}]$$

運動量の変化は，鉛直上向きに大きさ mv である。このように，**運動量がベクト**

ルなので，その変化もベクトルとして考えなくてはならない。

（3）で，花瓶が割れるかどうかを議論するのだが，どうしたらよいのだろうか。少なくとも，地面とぶつかることで花瓶がどれだけの力を地面から受けるのかを知る必要がある。（2）で運動量の変化を求めたので，それを使って地面から受ける力 $F_{花瓶←地面}$ を求めることにしよう。

運動量が変化すれば必ず力積が変化する。力積の変化から花瓶が地面から受ける力を求められそうだ。花瓶は，地面から受ける力 $F_{花瓶←地面}$ によって，運動量が変化するのだから，

$$F_{花瓶←地面} \Delta t = m\Delta v = mv_{あと} - mv_{はじめ} = -mv \quad \cdots\cdots ②$$

この力積ベクトルを図にかき込むと，**作用点は地面との接触点**となり，図11-3のようになるわけだ。つまり，花瓶の受けた力積は，鉛直上向きで，大きさが $mv \cong 11$ [kg·m/s] である。

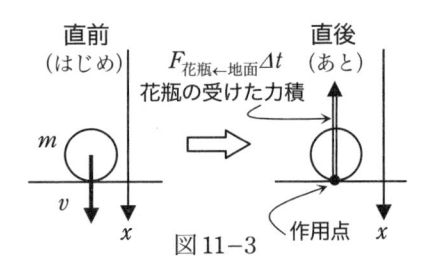

ところが，②式の示しているのは花瓶が地面から受ける力積の大きさに過ぎず，割れるかどうか議論する材料としての地面から受ける力 $F_{花瓶←地面}$ の大きさは不明のままなのである！

図11-3

ところで，地面にやわらかいゴム球を落とすと，ゴム球ははねかえる瞬間どのようになっているかご存知だろうか。スローモーションで見てみると，図11-4のように衝突現象が起こっているのだ。

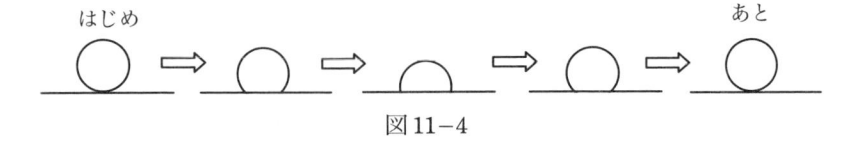

図11-4

こういった衝突現象では，地面からゴム球が受ける力 F は瞬間瞬間で大きさが異なることは，容易に想像できると思う。実際に測定したわけではないのでほんとのところはどうだかわからないが，たとえば図11-5のように F の大きさが変

11. 力積と運動量

化していたとしよう。衝突開始時の時間を $t_{はじめ}$, 衝突終了時の時間を $t_{あと}$ とした。つまり, "衝突時間" $\Delta t = t_{あと} - t_{はじめ}$ というわけだ。

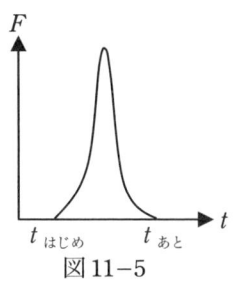

図 11-5 のように瞬間瞬間で地面から受ける力 F の大きさが異なっていては物理学でははっきりいって扱いにくい。この衝突時間 Δt の間だけ, せめて同じ大きさの力 $\overline{F}$ だったら, 扱いやすいのに…。物理学はこういうとき, "**エイヤッ!**" という掛け声とともに (?), 同じ大きさの力 $\overline{F}$ にして考えてしまうのだ。具体的には, **平均の力にして考える**というわけだ。1章の "瞬間の速さ" と "平均の速さ" と同じ考え方である。また, あえて掛け声をかいたのには意味がある。物理学業界では, このように平均をとったりする場合によく "**エイヤッ!**" というのだ。学会などでも飛び交う**物理学業界の専門用語 (?)** のようなものらしい。気に入っていただければ, ぜひ今後の日常生活で使用してほしい。

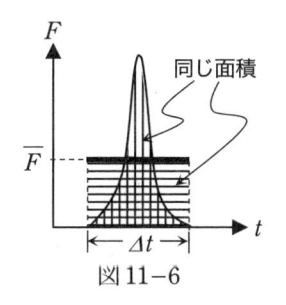

図 11-5

平均の力 $\overline{F}$ であることを明記するために, F の上に "バー" をつけるのが普通だ。これで, 瞬間の力 F と区別する。図 11-6 を見てほしい。F–t グラフ上では, もともとの F の山と t 軸で囲まれた部分の面積 (|||||) と, 平均の力 $\overline{F}$ と t 軸で囲まれた部分の面積 (≡) が同じになる。

図 11-6 (同じ面積)

では, 話を元に戻そう。**問題の (3)** では, 花瓶が割れるかを議論するんだった。今述べたゴム球の例からもわかると思うが, 花瓶がぶつかるときに地面から受ける力 $F_{花瓶←地面}$ の大きさは, 瞬間瞬間で変わるので容易に知ることができない。**そこで, 物理学では "エイヤッ!" と平均の力の大きさを用いて, 花瓶が割れるかどうかを議論する**ことになる。実際に瞬間的にはその平均の力の大きさをはるかに超える場合だってあるかもしれないが, そういった憶測で話をしてはぜんぜん物理学的ではない。よって, 平均の力の大きさで議論する。

花瓶の受けた力積は，鉛直上向きで，大きさが $mv \cong 11$ [kg·m/s] であったので，衝突時間を Δt とすると，$\overline{F_{花瓶←地面}}\Delta t = 11$ [N·s]。よって，花瓶が地面から受ける平均の力の大きさは，$\overline{F_{花瓶←地面}} = \dfrac{11}{\Delta t}$ となる。この式を見ればわかるが，衝突時間 Δt に依っている。たとえば $\Delta t = 0.010$ [s] というとても短い時間だったなら，$\overline{F_{花瓶←地面}} = \dfrac{11}{0.010} = 1100$ [N] となり，間違いなく割れるといえる。また，$\Delta t = 10$ [s] と長い時間だったなら，$\overline{F_{花瓶←地面}} = \dfrac{11}{10} = 1.1$ [N] となり，割れない可能性が高い。しかし，衝突時間が 10 [s] というのはかなり長い。火事場で消防隊員が大きな布を拡げて高所から飛び降りた人を救うときのように，**ゆっくりじんわりと受け止めてやらねばこのような長い時間での衝突は難しいだろう。さらに，ここでの議論はあくまで"エイヤッ！"として求めた平均の力の大きさでの議論である点は忘れてはならない。**何がいいたいかというと，花瓶は誤って落とさないように！　ということだ。

問題

卓球のスマッシュを打ちこんだところ，図 11-7 のようにボールがはねかえった。このとき，ボールが台から受けた力積を求めよ。ボールの質量は m で，はねかえる角度や速さなどは図中の大きさを用いよ。

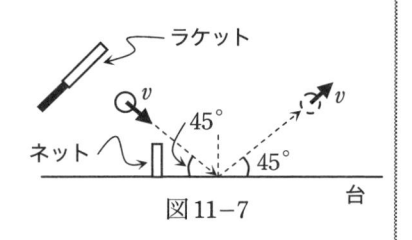

図 11-7

台がボールに与える力や衝突時間が不明なので，直接力積を求めることはできない。こういった場合は，**運動量の変化から力積を求める**ことになる。また，日常現象の大半は，このように，運動量の変化を知ることはできるが，力積を直接知ることができる場合は，ほとんどないだろう。なぜなら，運動量の変化は，物体の質量や速度で決まるので測定がしやすい。一方の力積は，瞬間瞬間で異なる力であり，知る方法が難しいし，たとえ一定の力が衝突時間の間続いたとしても，すごく短い衝突時間を正確に測定するのも困難であるからだ。

11. 力積と運動量

では、ボールに着目して、台との衝突前後の速度変化をいつものように、**自分で絵にかいてみよう**。ボールが質点であるので、"●"であらわすのがいいだろう。図 11–8 のようにかけただろうか。

図 11–8

次に、運動量の変化を考えることにしよう。今、図 11–8 では、衝突前後の速度がかいてあるが、これを元に、運動量のベクトルをかくことにする。また、変化がわかるように、始点をそろえて、比べよう。

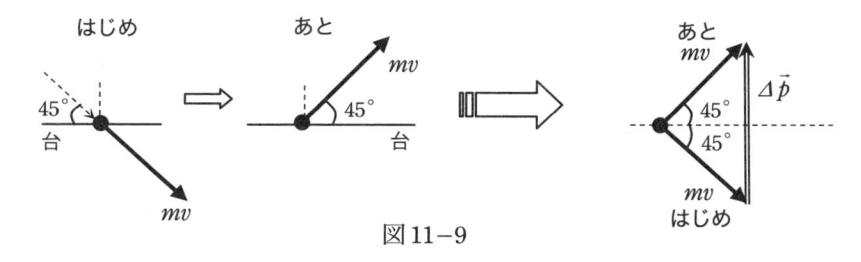

図 11–9

図 11–9 の左側が、運動量のベクトルでかいたものだ。単純に図 11–8 の速度 v を質量 m 倍すればよい。そして、図 11–9 の右側は、運動量のベクトルの始点をそろえてかいたものだ。**運動量のベクトルは、[速度] の [質量] 倍なので、速度と同じで、平行移動可能**である。

すると、運動量の変化（$\Delta \vec{p} = m\Delta \vec{v} = m\vec{v}_{あと} - m\vec{v}_{はじめ}$）は、作図によって図 11–9 の右側内にかき込まれた $\Delta \vec{p}$ のベクトルとなる。

力積 $\vec{I}$ は、運動量の変化なので、$\Delta \vec{p} = \vec{I} = \begin{cases} \text{向き} & \text{上向き} \\ \text{大きさ} & \sqrt{2}mv \end{cases}$ ……③

運動量や力積はベクトルであるので、**成分で求めることも当然可能**だ。図 11–10 のように、**衝突前にボールの動いていた向きを正として、x 軸および y 軸をとる。衝突前後での各成分それぞれ別々に運動量の変化を求める**と、

x成分　$\Delta \vec{p}_x = \vec{p}_{あとx} - \vec{p}_{はじめx} = (+mv\cos 45°) - (+mv\cos 45°) = 0$

y成分　$\Delta \vec{p}_y = \vec{p}_{あとy} - \vec{p}_{はじめy} = (-mv\sin 45°) - (+mv\sin 45°)$
$\qquad\qquad\qquad\qquad\qquad\qquad\quad = -2mv\sin 45° = -\sqrt{2}mv$

後は**合成すればよい**。x成分には運動量の変化がないので，x軸方向には力積を受けておらず，y成分のみが力積を受けていることがわかり，③の結果と同じになる。

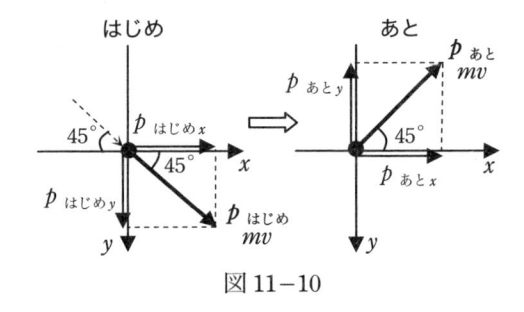

図 11-10

12. はねかえり係数

　花瓶を3Fから落としてしまった例では，花瓶は地面に衝突した後，はねかえらなかったが，一般的には，モノを落とすとある程度の高さまではね上がる。ためしにいろいろなモノを落としてみるとよくわかる。机の上をきれいに整頓して，消しゴムや，ボールなどを落としてみよう。
　ここで，少し条件を与えてみよう。いろいろなモノを，**全て同じ高さからそっと手を離して落とす**のだ。さあ，何かに気がつかないだろうか。何度も繰り返してみよう。すると，次のようなことに気がつくのではなかろうか？
　いろいろなモノを同じ高さから落とすと・・・，

　　1. はじめの高さまではね上がるものはない
　　2. **モノによって，はね上がる高さが違う**

　特に，2.にあげた点は，大きいことである。たとえば，ある物体Aがはじめの高さのちょうど3分の1の高さまで何度落としてもはね上がったとしよう。すると，まったく未知なる物体を同じ条件で落としたとき，やはり3分の1の高さまではね上がったならば，その未知なる物体が，物体Aと同一である可能性が高いといえる。このように，はね上がる様子で，**物体が推定できる**のである。こういった物体の性質を"**物性**（ぶっせい）"といい，はね上がる様子は物性の一つなのだ。
　というわけで，はね上がりの現象を，物理的に考えていこう。

机に衝突してはねかえるときに，衝突現象なので，運動の解明には運動量の変化を考える事が多そうである。そこで，はね上がる様子を物性として定義する際には，**衝突前後の物体の速さで定義**される。

はねかえり係数（反発係数）reflection coefficient

$$e \equiv \frac{遠ざかる速さ}{近づく速さ}$$

係数であるから，単位はない。図 12-1 のような場合は，

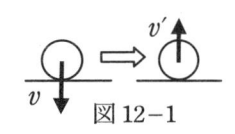

$$e = \frac{v'}{v} \quad つまり，\quad v' = ev \quad \cdots\cdots ①$$

図 12-1

①式は，**衝突後の速さが e 倍になる**という意味である。言い換えると，はねかえり係数の意味は，**衝突後の速さが［はねかえり係数］倍になる**ということだ。

実際に観測できるのは，衝突前後の速さではなく，はじめの高さ h と，はね上がった後の高さ h' であるから，それらとはねかえり係数 e の関係を求めてみよう。

問題

ボールを図 12-2 のように，高さ h の位置からそっと手を離して落とす。ボールと机との衝突のはねかえり係数が e であるとき，次の問いに答えよ。

(1) はね上がったあとの最高点の高さ h' は，e と h を用いてどう表されるか。

(2) ボールが机に落ちるまでの時間 t と，衝突後最高点まではね上がるまでの時間 t' との関係を e を用いて表せ。

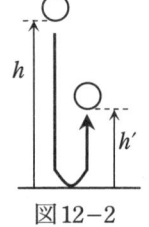

図 12-2

---

(1) はねかえり係数は，衝突前後の速さで定義されているので，まずは，ボ

12. はねかえり係数

ールの高さから，衝突直前の速さを求めよう。初心に戻って，等加速度直線運動の三公式で求めてみることにする。無論，エネルギーを使ってもよい。

いつものように，**まずは自分で絵をかこう**。そっと手を離しているので**自由落下**だ。復習もかねて，自分で軸をとって，衝突直前のボールの速さ v を求めてみてほしい。

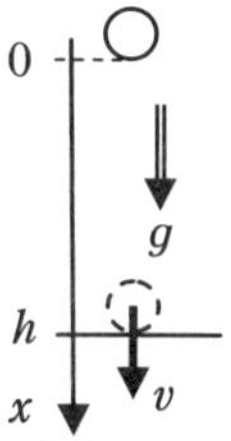

ボールがはじめに動いている向きに軸の正をとる。この場合は，鉛直下向きに正となる。図12-3のようにとれただろうか。

重力加速度の大きさを g とすると，**等加速度直線運動の三公式の3．位置と速度の関係式**より，

$$v^2 - 0^2 = 2g(h-0) \quad \therefore v = \sqrt{2gh}$$

図12-3

机との衝突で，はね上がる瞬間の速さを v' とすると，$v' = ev$ である。今度は最高点までの高さ h' を，同じように，**等加速度直線運動の三公式の3．位置と速度の関係式**から求めよう。図12-4のように，今度は，軸は鉛直上向きが正である。いわゆる**鉛直投げ上げ運動**だ。

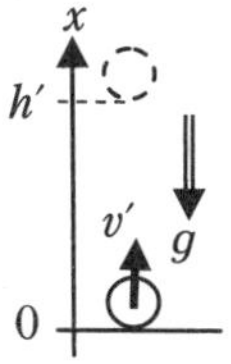

$$0^2 - v'^2 = 2 \cdot (-g) \cdot (h' - 0) \quad \therefore v' = \sqrt{2gh'} \quad \cdots\cdots ②$$

図12-4

よって，はねかえり係数 e は，

$$e = \frac{v'}{v} = \frac{\sqrt{2gh'}}{\sqrt{2gh}} = \sqrt{\frac{h'}{h}} \quad \text{両辺を2乗して整理すると，} \quad \underline{h' = e^2 h} \quad \cdots\cdots ③$$

③式の結果は，**はね上がる高さが落とす高さの［はねかえり係数］^{2} 倍**となることを示している。

はね上がる高さとはねかえり係数の関係がわかったので，衝突現象を e の値で次のような3つの場合分けができる。

> **衝突の種類** 〜はねかえり係数 e で場合分け〜
> 1. $e=1$ （**完全弾性衝突** または **弾性衝突**）
>   衝突前と同じ速さではねかえる
>   はじめの高さまではね上がる ←このような物体は存在しない
> 2. $0<e<1$ （**非弾性衝突**）
>   はねかえるが、はじめの高さまでははね上がれない ←大半の物体
> 3. $0=e$ （**完全非弾性衝突**）
>   まったくはねかえらない ←くっついて一体物体となる場合など

はねかえりの現象は，これらの 3 タイプに場合分けできる。また，**はねかえり係数は，必ず $0 \leq e \leq 1$ の範囲でなくてはならない**。たとえば，$e=1.5$ だと，ボールをそっと離すと机に衝突して，$e^2=1.5^2=2.25$ 倍の高さにまではね上がることになってしまう。これでは，**力学的エネルギー保存則に矛盾してしまう！** ちなみに，"≦" の記号は，高校までは "≦" とかいていた記号と同じ意味だ。大学以降では，不等号の下の "=" を "−" でかくことが多い。同じように，"≧" は "≥" とかく。気に入ったらさっそく今から多用してほしい。

（2）落下するまでの時間 t を求めるには，図12-3で，**等加速度直線運動の三公式の2．速度の公式**を用いればよいから，

$$v = 0 + gt \quad \therefore t = \frac{v}{g} \quad \cdots\cdots ④$$

はね上がった後，最高点に到達するまでにかかる時間 t' は，図12-4で，位置の公式を用いればよいので，

$$0 = v' + (-g)\cdot t' = v' - gt' \quad \therefore t' = \frac{v'}{g} \quad \cdots\cdots ⑤$$

t と t' の関係は，④式，⑤式および，②式を用いて，

$$\frac{t'}{t} = \frac{v'/g}{v/g} = \frac{v'}{v} = \frac{ev}{v} = e \quad \therefore \underline{t' = et}$$

つまり，物体が落下する時間と最高点まではね上がるのかかる時間の関係も e 倍になっているわけだ。

12. はねかえり係数

はね上がり現象

はねかえり係数 e のとき，衝突の前後で

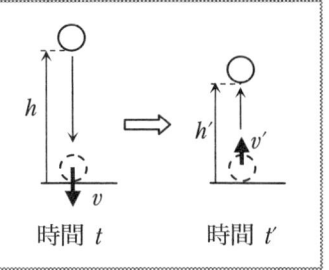

$$\begin{cases} 速さ\,e\,倍 & v' = ev \\ 高さ\,e^2\,倍 & h' = e^2 h \\ 時間\,e\,倍 & t' = et \end{cases} \quad となる。$$

あたりまえであるが，はねかえり係数の値は，相手によって異なる。よって，このはねかえり係数というのは，**2 物体間での物性を示している**点に注意が必要だ。

軟式野球のボール　〜公認野球規則より〜

軟式野球で使用されるボールは，公認野球規則により，次のように定められている。(2005 年現在)

1・00　試合の目的，競技場，用具

1・09 の【軟式注】

軟式野球ボールは，外周はゴム製で，A 号，B 号，C 号，D 号，H 号の 5 種類がある。A 号は一般用，B，C，D 号は少年用のいずれも中空ボールで，H 号は一般用の充填物の入ったボールである。ボールの標準は次のとおりである。(反発は 150cm の高さから大理石板に落として測る)

	直径	重量	反発
A 号	71.5mm〜72.5mm	134.2g〜137.8g	80.0〜105.0cm
B 号	69.5mm〜70.5mm	133.2g〜136.8g	80.0〜100.0cm
C 号	67.5mm〜68.5mm	126.2g〜129.8g	65.0〜 85.0cm
D 号	64.0mm〜65.0mm	105.0g〜110.0g	65.0〜 85.0cm
H 号	71.5mm〜72.5mm	141.2g〜144.8g	50.0〜 70.0cm

A 号ボールなら，$h' = e^2 h$ より，はねかえり係数 e は，$e = \sqrt{h'/h} = \sqrt{90/150} \cong \underline{0.8}$。

13. モノとモノがぶつかるとき

モノを衝突させる場合，衝突させる相手が机や地面というようにいつも静止している場合と，相手も動いている場合とがある。ここでは，**相手も動いている場合の衝突現象**を考えていこう。

2物体の衝突

図 13-1 のように，質量 m_1 の玉1と，質量 m_2 の玉2が衝突する場合を考えよう。衝突前の玉の速さはそれぞれ v_1, v_2 で，衝突後の玉の速さは v_1', v_2' となったとする。ただし，玉1と玉2はぶつかるので，当然 $v_1 > v_2$ である。

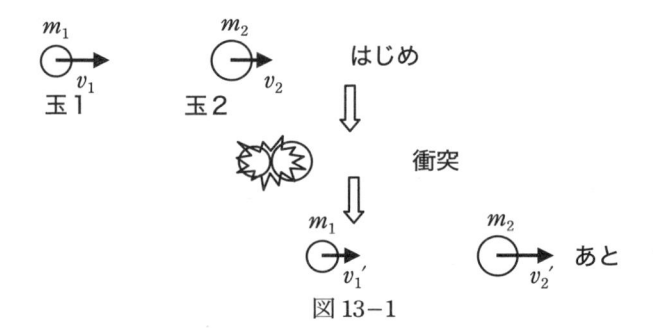

図 13-1

この衝突現象を順番に解明していこう。

13. モノとモノがぶつかるとき

1 衝突前後での玉1および玉2のそれぞれの運動量の変化を求める

運動量を考えるということは，ベクトルを扱うわけなので，まずはじめに**軸をおく必要がある**。いつものように，着目物体がはじめに動く向きを軸の正の向きとするので，図 13-2 のように**右向きを正**とすることになる。玉1および玉2のそれぞれの運動量の変化は，

玉1　$m_1 \Delta v_1 = m_1 [(+v_1') - (+v_1)] = m_1 v_1' - m_1 v_1$ 　……①

玉2　$m_2 \Delta v_2 = m_2 [(+v_2') - (+v_2)] = m_2 v_2' - m_2 v_2$ 　……②

このように，変化後の速さには "′"（ダッシュ or プライム）をつけるとわかりやすいので以後，いつでも変化後の物理量には "′" を用いることにする。

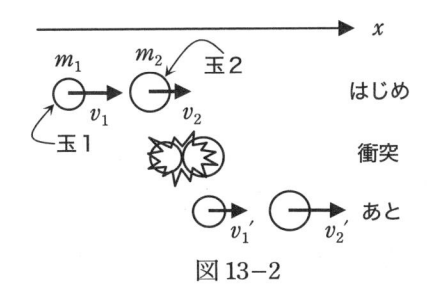

図 13-2

2 運動量の変化の原因である力積を考える

運動量が変化するということは，力積を受けたからである。**衝突の瞬間にどのような力を受けるか**を考えて，力積と運動量の変化の関係を導こう。

図 13-3 は衝突の瞬間（正しくは**衝突中**）の玉1および玉2である。たとえば，玉1に着目すると，図 13-3 の上のように，衝突時には玉2のみに接触している。よって，玉2から**2. 接垂力**である力 $F_{1 \leftarrow 2}$ を受けることになる。衝突時間が Δt だったとすると，玉1の運動量の変化は，①式より，

玉1　$m_1 \Delta v_1 = m_1 v_1' - m_1 v_1 = -F_{1 \leftarrow 2} \Delta t$ 　……③

同様に，今度は玉2に着目すると，玉1から力 $F_{2 \leftarrow 1}$ をうけるので，②式は，

玉2　$m_2 \Delta v_2 = m_2 v_2' - m_2 v_2 = +F_{2 \leftarrow 1} \Delta t$ 　……④

となる。

ところで，この力 $F_{1\leftarrow2}$ と力 $F_{2\leftarrow1}$ の関係に見覚えはないだろうか。・・・そうだ，**作用・反作用の2力の関係だ！！** するとこれらは，**大きさが同じで向きが逆**ということになる。③式および④式では，**向きは符号であらわしている**ため，大きさが $F_{1\leftarrow2}=F_{2\leftarrow1}$ となる。ちなみにこれらの力は，瞬間瞬間に相手から受ける大きさが異なる衝突現象において，瞬間瞬間大きさが同じになるため，"**エイヤッ！**"と平均の力としなくてもよいこともわかるだろう。

すると，接触時間 Δt は同じ時間なので，力積の大きさも $F_{1\leftarrow2}\Delta t = F_{2\leftarrow1}\Delta t$ という関係になる。この関係を用いると，③式と④式は一つの式にまとめることができる。

$$m_1 \Delta v_1 = -m_2 \Delta v_2$$
$$m_1 v_1' - m_1 v_1 = -(m_2 v_2' - m_2 v_2)$$

整理すると，

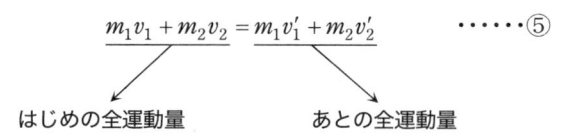

$$\underline{m_1 v_1 + m_2 v_2} = \underline{m_1 v_1' + m_2 v_2'} \quad \cdots\cdots ⑤$$

　　　　　　　　はじめの全運動量　　　あとの全運動量

⑤式の左辺は，玉1と玉2の全体で見たときのはじめの全運動量になっており，右辺は，あとの全運動量になっている。衝突によって，玉1と玉2の両方とも力積を受け，運動量はそれぞれ変化するが，**全体としてみると衝突の前後で運動量が保存されている**わけだ。これを，"**運動量保存則**"または，"**運動量保存の法則**"という。なぜなら，③式および④式の相手から受ける力の関係が，作用・反作用の関係になっているので，このように，衝突前後で運動量が保存されるのだ。

注意点は，**外力がはたらいていると運動量は保存しない**ということだ。**たとえどんな向きの力を受けても力積を受けることになってしまい，運動量が変化してしまう。だから，どのような外力がはたらいている場合でも運動量は保存しない。**力学的エネルギーは外力がはたらいていても仕事をしなければ保存されたが，運動量では外力がはたらいた場合はどんな場合でも保存しないのである。

13. モノとモノがぶつかるとき

運動量保存則 (law of conservation of momentum)

モノとモノがぶつかるとき，**外力がはたらいていなければ，衝突する2物体全体に着目すると，はじめとあとで全運動量が保存する。**

$$\underbrace{m_1 \vec{v_1} + m_2 \vec{v_2}}_{\text{はじめの全運動量}} = \underbrace{m_1 \vec{v_1'} + m_2 \vec{v_2'}}_{\text{あとの全運動量}}$$

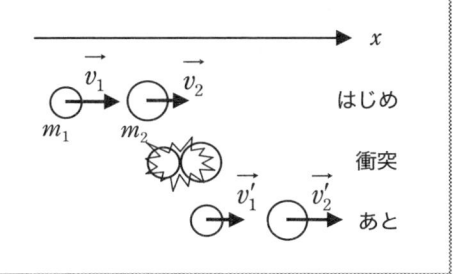

この運動量保存則の式をよく見ればわかるが，**衝突の前後のみの物体の運動の状態だけで決まっている関係式**である。どういうことかというと，**運動量保存則は衝突中に関しては何も情報がないのだ！** いいかえると，**衝突中の状態は知らん**というわけだ。もっとわかりやすくいうと，衝突の仕方はどうでもいいですよ，たとえ衝突時間 Δt が 0.0000001 [s] と大変短くても，10000000 [s] と大変長くても，衝突の前後の全運動量は保存しますよ，ということなのだ。

ところで，**運動量はベクトル**であった。よって，たとえば図 13-4 のように2つの物体が衝突する向きに動いていて，衝突後互いに離れる向きに動いた場合には，**軸の正の向きに注意して**，運動量保存則の式を立てよう。

$$m_1(+v_1) + m_2(-v_2) = m_1(-v_1') + m_2(+v_2')$$

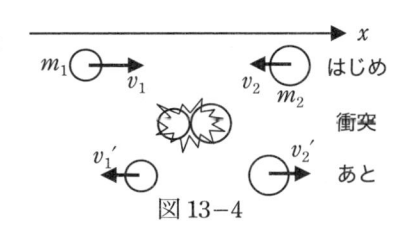

図 13-4

問題

静止している質量 m_2 の玉2に，質量 m_1 の玉1を図 13-5 のように速さ v で衝突させた。衝突後の玉1の速さ v_1' および玉2の速さ v_2' をそれぞれ求めよ。

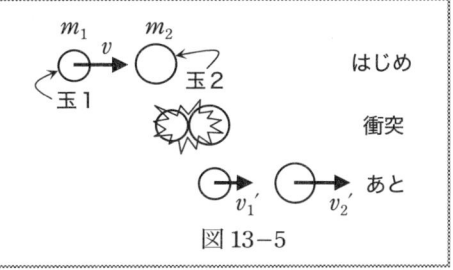

図 13-5

この衝突現象では，外力がはたらいていないので，衝突前後で運動量が保存する。はじめにすることは，**絵を自分でかくことだ**。そして，ベクトルである運動量を扱うので，**軸をとろう**。はじめに玉1が動いている向きに軸の正をとることになるので，図13-6のようにかけるはずだ。

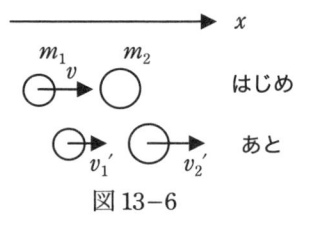

図13-6

衝突前後で運動量保存則を適用すると，

$$m_1(+v) + m_2 \cdot 0 = m_1(+v_1') + m_2(+v_2') \quad \cdots\cdots ⑥$$

はじめの全運動量　　あとの全運動量

⑥式を解くと，

$$v_1' = \frac{m_1 v - m_2 v_2'}{m_1}, \quad v_2' = \frac{m_1 v - m_1 v_1'}{m_2}$$

となるが，よくよく見てみると，v_1' の中に未知数である v_2' が含まれているし，v_2' の中にも未知数である v_1' が含まれているので，これは，解けたことになっていない。実は当たり前で，⑥式の中には，未知数の v_1' と v_2' が2つ含まれているのだ。**未知数2つで式1本では，方程式が解けるわけはないのである。**

では，どうしたらよいのか。この現象が衝突現象である点を再度思い出してみよう。衝突現象で大事だったのは，衝突前後だけでなく，・・・そう，**相手がどんな物体であるかという点だ！** "はねかえり係数" という衝突現象の物性を考える必要があるではないか！

（1）はねかえり係数 $e=1$（完全弾性衝突）の場合

$$e \equiv \frac{\text{遠ざかる速さ}}{\text{近づく速さ}} = \frac{v_2' - v_1'}{v - 0} = 1 \quad \cdots\cdots ⑦$$

⑥式および⑦式を連立すると，

$$m_1 v = m_1 v_1' + m_2(v + v_1')$$
$$(m_1 + m_2) v_1' = (m_1 - m_2) v \quad \therefore v_1' = \frac{m_1 - m_2}{m_1 + m_2} v \quad \cdots\cdots ⑧$$

同様に，
$$m_1 v = m_1(-v + v_2') + m_2 v_2'$$
$$(m_1 + m_2)v_2' = (m_1 + m_1)v \quad \therefore v_2' = \frac{2m_1}{m_1 + m_2}v \quad \cdots\cdots ⑨$$

となり，衝突後のそれぞれの玉の速さが求まった。

ちなみに，力学的エネルギーが保存しているかというと，

はじめ　$\dfrac{1}{2}m_1 v^2 + \dfrac{1}{2}m_2 \cdot 0^2 = \dfrac{1}{2}m_1 v^2$

あと　$\dfrac{1}{2}m_1 v_1'^2 + \dfrac{1}{2}m_2 v_2'^2 = \dfrac{1}{2}m_1\left(\dfrac{m_1 - m_2}{m_1 + m_2}v\right)^2 + \dfrac{1}{2}m_2\left(\dfrac{2m_1}{m_1 + m_2}v\right)^2$

$= \dfrac{1}{2}v^2\left(\dfrac{1}{m_1 + m_2}\right)^2 \left[(m_1 m_1^2 - 2m_1^2 m_2 + m_1 m_2^2) + 4m_1^2 m_2\right]$

$= \dfrac{1}{2}v^2 \dfrac{m_1(m_1^2 + 2m_1 m_2 + m_2^2)}{(m_1 + m_2)^2} = \dfrac{1}{2}v^2 \dfrac{m_1(m_1 + m_2)^2}{(m_1 + m_2)^2} = \dfrac{1}{2}m_1 v^2$

となり，**力学的エネルギーも保存している**ことがわかる。

（2）はねかえり係数 $e=0.5$（非弾性衝突）の場合

$$e \equiv \frac{遠ざかる速さ}{近づく速さ} = \frac{v_2' - v_1'}{v - 0} = 0.5 = \frac{1}{2} \quad \cdots\cdots ⑩$$

⑥式および⑩式を連立すると，

$$m_1 v = m_1 v_1' + m_2\left(\frac{1}{2}v + v_1'\right)$$

$$(m_1 + m_2)v_1' = \left(m_1 - \frac{1}{2}m_2\right)v \quad \therefore v_1' = \frac{m_1 - \frac{1}{2}m_2}{m_1 + m_2}v$$

同様にして，$v_2' = \dfrac{\frac{3}{2}m_1}{m_1 + m_2}v$

$e=0.5$ の場合も力学的エネルギーが保存しているかというと，

はじめ　$\dfrac{1}{2}m_1 v^2 + \dfrac{1}{2}m_2 \cdot 0^2 = \dfrac{1}{2}m_1 v^2$

あと　$\frac{1}{2}m_1v_1'^2 + \frac{1}{2}m_2v_2'^2 = \frac{1}{2}m_1\frac{m_1 + \frac{1}{4}m_2}{m_1 + m_2}v^2$

となり，**力学的エネルギーは保存していない**ことがわかる。(途中計算割愛)

ちなみに，どれだけ力学的エネルギーが失われたかというと，

$$\Delta E = \frac{1}{2}m_1v^2 - \frac{1}{2}m_1\frac{m_1 + \frac{1}{4}m_2}{m_1 + m_2}v^2 = \frac{3}{8}\frac{m_1m_2}{m_1 + m_2}v^2$$

だけの力学的エネルギーが，この衝突の前後で失われることになる。**力学的エネルギーも保存する衝突現象は（1）の完全弾性衝突の場合のみ**である。

まとめておこう。

モノとモノがぶつかるとき・・・

外力がはたらいていなければ

$\begin{cases} 運動量保存則 \\ はねかえり係数の式 \end{cases}$　を連立させる

完全弾性衝突（$e=1$）のときのみ力学的エネルギーも保存する

具体的な例を次の**問題**でみてみよう。

問題

ビリヤードの球1および球2を2つ用意する。球の質量は全て同じで，はねかえり係数 $e \approx 1$ （ほぼ完全弾性衝突）として計算せよ。

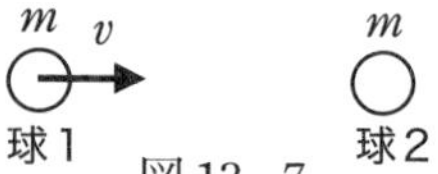

(1) 図13-7のように，静止している球2に球1を衝突させると，衝突後の球1および球2はどうなるか。

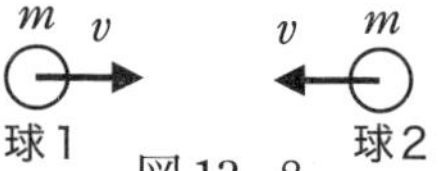

(2) 図13-8のように，両側から同じ速さで球同士を衝突させると，衝突後の球1および球2はどうなるか。

図13-7

図13-8

（1）外力がはたらいてないので，運動量が保存する。運動量を考えるので，**自分で絵をかいて軸をかき込もう。**衝突後の速さ自分でv_1'，v_2'とおくと，図13-9のようになっただろうか。

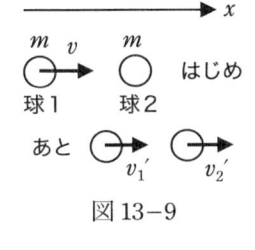

運動量保存則より，
$$m(+v)+m\cdot 0=m(+v_1')+m(+v_2')$$
はねかえり係数の式より，
$$e=\frac{v_2'-v_1'}{v-0}\cong 1$$

図13-9

これらを連立して解くと，$\underline{v_1'=0}$，$\underline{v_2'=+v}$となる。つまり，球1は衝突後に静止して，球2が衝突後に球1の衝突前の速さで遠ざかっていくことになる。ビリヤードの球が手元にないのなら10円玉2枚を使っても再現できるので試してみるとよい。

（2）（1）と同様にして，**自分で絵をかき，軸と衝突後の速さをかき込んで**から解いていこう。**衝突後の球の動いている向きがわからないが，わからない速度の向きは全て正の向きにして図にかくようにする**とよい。**計算結果が負になれば，おいた速度の向きが負の向きであったことがそのときにわかる**というわけだ。ちなみに，わからないベクトルの正の向きを軸の正の向きに合わせるというのは，加速度をおく場合と同じである。図13-10のようにかけただろうか。

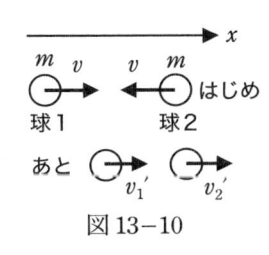

図13-10

運動量保存則より，
$$m(+v)+m(-v)=m(+v_1')+m(+v_2')$$
はねかえり係数の式より，
$$e=\frac{v_2'-v_1'}{v-(-v)}=\frac{v_2'-v_1'}{2v}\cong 1$$

これらを連立して解くと，$\underline{v_1'=-v}$，$\underline{v_2'=+v}$となる。結果が示すのは，球1と

球2は同じ速さ v で衝突して，衝突後はやってきた向きに同じ速さ v ではねかえるということだ。v_1' の向きが負の向きというのは，求めた結果によって，図13-10 でかかれた向きと逆であることがわかったわけだ。

衝突現象は，いつでも直線上（一次元）で起こるわけではない。多くの衝突現象は平面上（二次元）や三次元空間で起こる。三次元空間での衝突は複雑なので，二次元平面上の衝突現象を扱うことにしよう。とはいっても，**運動量はベクトル**なので，**軸を決めてから**，**分解や合成をうまく使えば**，さほど難解でもないのである。

問題

静止している球Aに球Bが速さ v で衝突した。衝突後，球Aと球Bは図13-11 のように運動した。球Aおよび球Bの質量は m で，この衝突は完全弾性衝突である。また，これは，摩擦のない水平面上の運動である。

（1）v_A' の大きさを v と θ で表せ。
（2）v_B' の大きさを v と θ で表せ。
（3）φ を θ で表し，その物理的意味を述べよ。

図13-11

外力がはたらいていないので，衝突前後で運動量は保存する。では，この**問題**のように二次元平面での運動量保存則はどのように成り立つのかを順に考えていこう。まずは，いつものように**自分で絵をかこう**。衝突前と衝突後を分けてかくのがいいだろう。

また，衝突前と衝突後の運動量をベクトルでその図の中にかき込んでみよう。次に**軸をとる**。当然，軸は 2

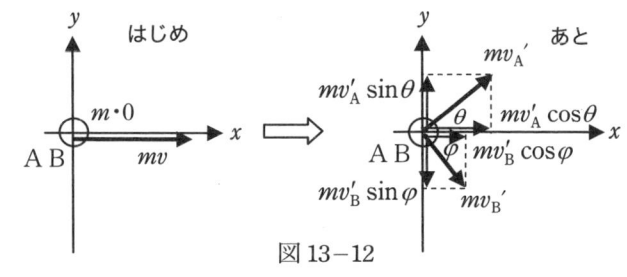

図13-12

本必要となる．運動量はベクトルなので，**軸の向きを向いていない運動量は成分に分解**しよう．これらをおこなうと，図 13-12 のようになるはずだ．

図 13-12 では，y 軸を上向に正をとったが，はじめは y 軸方向には静止しているので，下向きに正をとってももちろんかまわない．

運動量はベクトルであることを考えると，成分に分解して各成分ごとにバラバラに考えても，それぞれの成分で運動量が保存しているはずである．つまり，x 軸だけで考えても運動量は保存しているし，y 軸だけで考えても運動量は保存しているということだ．

（1）（2）x 軸方向および y 軸方向のそれぞれで，図 13-12 運動量保存則の式を立てよう．

x軸方向　　$m \cdot 0 + (+mv) = (+mv'_A \cos\theta) + (+mv'_B \cos\varphi)$　　……⑪
y軸方向　　$m \cdot 0 + m \cdot 0 = (+mv'_A \sin\theta) + (-mv'_B \sin\varphi)$　　……⑫

完全弾性衝突（$e=1$）なので，力学的エネルギーも保存するから，

$$\frac{1}{2}m \cdot 0^2 + \frac{1}{2}mv^2 = \frac{1}{2}mv'^2_A + \frac{1}{2}mv'^2_B \quad \cdots\cdots ⑬$$

v'_A や v'_B の大きさを v と θ で表すには，φ を消去する必要がある．そこで，方針としては，⑪式と⑫式を連立して φ を消去することにしよう．しかし，この φ は sin や cos の中に入っているので，簡単には消去できない．そこで，**φ を sin や cos の中に入ったまま消去する方法を用いる**ことにする．三角関数で出てきた $\sin^2\varphi + \cos^2\varphi = 1$ の関係を用いるのだ．

⑪式を両辺を m で割ったあと変形して，

$$v = v'_A \cos\theta + v'_B \cos\varphi \quad \therefore v'_B \cos\varphi = v - v'_A \cos\theta \quad \cdots\cdots ⑭$$

⑫式も同様に，

$$0 = v'_A \sin\theta - v'_B \sin\varphi \quad \therefore v'_B \sin\varphi = v'_A \sin\theta \quad \cdots\cdots ⑮$$

⑭式と⑮式の両辺を 2 乗して，

$$v'^2_B \cos^2\varphi = (v - v'_A \cos\theta)^2 = v^2 - 2vv'_A \cos\theta + v'^2_A \cos^2\theta \quad \cdots\cdots ⑯$$
$$v'^2_B \sin^2\varphi = v'^2_A \sin^2\theta \quad \cdots\cdots ⑰$$

⑯式＋⑰式をすると，

$$v_B'^2 \cos^2 \varphi + v_B'^2 \sin^2 \varphi = v^2 - 2vv_A' \cos\theta + v_A'^2 \cos^2 \theta + v_A'^2 \sin^2 \theta$$
$$v_B'^2 (\cos^2 \varphi + \sin^2 \varphi) = v^2 - 2vv_A' \cos\theta + v_A'^2 (\cos^2 \theta + \sin^2 \theta)$$

ここで，$\sin^2 \varphi + \cos^2 \varphi = 1$ さらに，$\sin^2 \theta + \cos^2 \theta = 1$ なので，
$$v_B'^2 = v^2 - 2vv_A' \cos\theta + v_A'^2 \quad \cdots\cdots ⑱$$

⑱式を⑬式に代入すると，
$$\frac{1}{2}mv^2 = \frac{1}{2}mv_A'^2 + \frac{1}{2}mv_B'^2 = \frac{1}{2}mv_A'^2 + \frac{1}{2}m(v^2 - 2vv_A' \cos\theta + v_A'^2)$$
$$\text{解くと，} v_A' = 0, \; v\cos\theta$$

v_A' は2つの解が求まるが，$v_A'=0$ は，球Bが球Aに衝突しなかった場合の解なので不適である。よって，$v_A' = \underline{v\cos\theta}$ とわかる。これが（1）の解答となる。

求まった v_A' を⑱式に代入して解くと，
$$v_B'^2 = v^2 - 2v(v\cos\theta)\cos\theta + (v\cos\theta)^2$$
$$\therefore v_B' = v\sin\theta, \; -v\sin\theta$$

v_B' も2つの解が求まるが，$v_B' = -v\sin\theta$ は，球Bが球Aと y 軸成分では衝突後同じ向きに動くことになるため，この衝突では不適である。よって，$v_B' = \underline{v\sin\theta}$ とわかる。これが（2）の解答である。

（3）では，θ と φ の関係を考えよう。（1）および（2）の結果を，図にかきあらわしてみるとすぐわかる。

（1）と（2）の結果は，
$$v_A' = v\cos\theta$$
$$v_B' = v\sin\theta$$

であるから，v のベクトルを基準にして v_A' と v_B' を図でかいてみよう。θ は，球Aの衝突後に進む向きの角度である点に注意して作図すると，図13-13の左の図のようになるはずだ。衝突後の様子（図13-13の右の図）と比較すると，角度 φ がどこにあたるかすぐわかるはずだ。

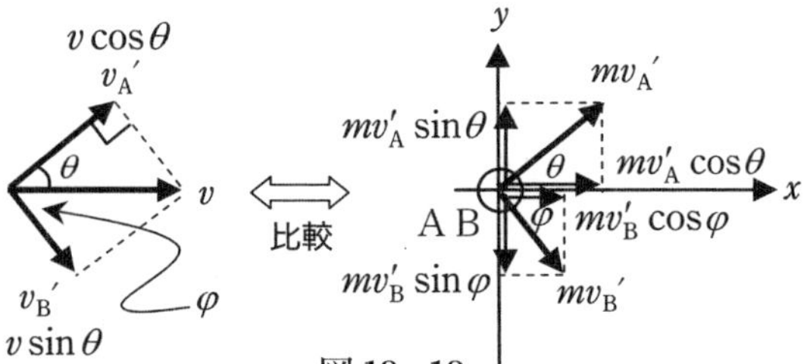

図13-13

13. モノとモノがぶつかるとき

結局，θ と φ の関係は，この図 13-13 を用いた考察により，

$$\theta + \varphi = 90° = \frac{\pi}{2}$$

となっていることがわかる。この結果の物理的意味は，**完全弾性衝突ならば，衝突後どんな角度に球が運動したとしても，その 2 つの球の運動には関係があり，ちょうど直角になるように進んでいく**というわけだ。ビリヤードの球は，この問題の条件に非常に近いので，機会があったら試してみることをお勧めする。身近なところでは，10 円玉 2 枚を用意して実験してみてもよい結果が得られる。

14. 複雑な物理現象の解明

　等加速度直線運動の三公式，運動方程式と物理学の基礎を固めてきた。そして，仕事と力学的エネルギーや，力積と運動量という，より簡単に物理現象を扱う方法も紹介してきた。これまでに身につけた考え方や法則を使って，少々複雑な物理現象を扱っていこう。

問題

　図 14−1 のように，水平な床上の点 O から前方にある鉛直な壁に向けて，質量 m の小球を，速さ $\sqrt{2}v$，仰角 45°で投げた。小球は壁の点 P に垂直にはねかえり係数 $e=0.5$ で衝突したあと，はねかえされて床の点 A に落下した。その後床とも $e=0.5$ ではねかえり，点 B に落下した。壁も床もなめらかであり，重力加速度の大きさを g として，次の問いに答えよ。

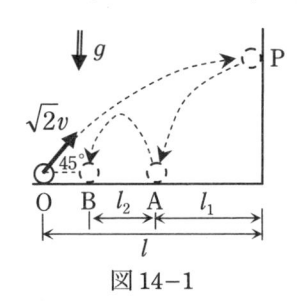

(1) 点 O から壁までの距離 l を求めよ。
(2) 小球が壁と衝突したあと床に落下した点 A から壁までの距離 l_1 を求めよ。
(3) 小球が点 A ではねかえったあと再び床に落下した点 B から点 A までの距離 l_2 を求めよ。
(4) l と l_1 と l_2 の関係を考えて，この衝突現象を物理的に考察せよ。

　小球は壁と反射し，さらに床にも反射するという，かなり複雑な物理現象であ

る。しかし，順を追って考えていけば，この運動もたやすく解明できるのだ。このように，**いくつかの現象が連続で起こる場合は，個々の現象ごとに別々に考えていくほうがシンプルでよい**。そこで，自分で絵をかくときは，必要な部分以外は全てかかないようにしよう。この現象でいうと，次のような現象に分けて考える必要があるということになる。

① O→P の運動　② P での衝突　③ P→A の運動　④ A での衝突　⑤ A→B の運動

では，これら 5 つの現象を順に考えていくことにしよう。**それぞれの現象ごとに，自分で絵をかいて，軸を決め，力や速度をかきながら小球の運動を解明していってほしい**。

① O→P の運動

まずは，仰角 45°の**斜方投射**だ。自分で絵をかいてみよう。点 O を原点にして，x 軸と y 軸をとる。また，**点 P には垂直に衝突している**点にも注意が必要だ。初速度は，軸の向きに分解も必要だ。図 14-2 のようになっただろうか。

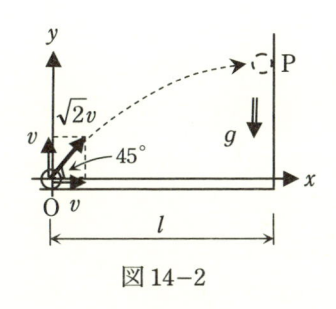

図 14-2

初速度 $\sqrt{2}v$ の x 軸成分も y 軸成分も仰角 45°なので共に v となる。（1）では，点 O から壁までの距離 l を求めるのだが，ここでは，点 P に小球が垂直に衝突するということを用いて，そこから求めるしか方法はない。**点 P に小球が垂直に衝突するとは，点 P で速度が x 軸成分しかないという意味**である。つまり，点 P では，y 軸成分の速度が 0 になっているということだ。いいかえると，**点 P がこの斜方投射された小球の最高点**であるというわけだ。

ならば，y 軸方向に，**等加速度直線運動の三公式の 2．速度の公式**を用いればよい。O→P の運動にかかる時間を t とすると，

$$0 = v + (-g)t \quad \therefore t = \frac{v}{g}$$

x 軸方向には，加速度なく，力もはたらいていないので，等速直線運動をしてい

る。よって，求める距離 l は，x 軸方向に時間 t 進んだ距離だから，

$$l = vt = v\frac{v}{g} = \underline{\frac{v^2}{g}} \quad \cdots\cdots （1）の解答$$

② P での衝突

$e=0.5$ の非弾性衝突である。ちょうど壁面に垂直に，初速度の x 軸方向成分 v で衝突するので，衝突後の速さを v' とすると，

$$v' = ev = 0.5v = \frac{1}{2}v$$

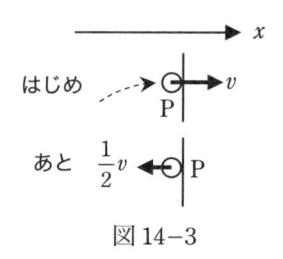

図 14-3

となる。図 14-3 のように速度が衝突によって変わる。ちなみに，小球が点 P で壁から受ける力積を I' として求めると，x 軸方向のみに力積を受けており，その向きは負の向きということがわかる。

$$I' = m\left(-\frac{1}{2}v\right) - m(+v) = -\frac{3}{2}mv$$

③ P→A の運動

点 P で小球ははねかえり，その後床に落下するまでを見ていこう。点 P から x 軸方向に**水平投射**をしていることになる。軸も改めておきなおす事にしよう。原点を点 P にとるのがよいだろう。図 14-4 のように**自分で絵がかけただろうか**。

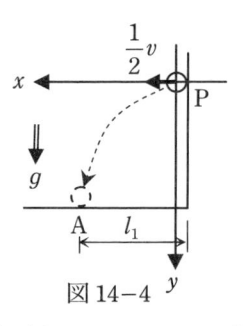

図 14-4

距離 l_1 を求めるために，小球がはねかえったあと床に落下するまでにかかる時間 t_1 を求めることにしよう。

水平投射は，x 軸方向には等速直線運動で，y 軸方向には自由落下なので，ここでは，y 軸方向の運動に着目して考えることにしよう。

ここで，① **O→P の運動**の時に y 軸方向を考えたときを思い出してみよう。y 軸方向には鉛直投げ上げ運動だった。そして，点 P は，y 軸方向の運動でいうと

ちょうど最高点，すなわち速度が0になるときであったわけだが，③ **P→Aの運動**に入る前の衝突において，y軸方向には，力積はいっさい受けていないことは，② **Pでの衝突**で確認済みだ。つまり，y軸方向の運動だけを見ると，① **O→Pの運動**のy軸方向でおこっている鉛直投げ上げ運動の続きが，③ **P→Aの運動**におけるy軸方向の自由落下になっているというわけだ。よって，求める時間 $t_1=t$ となることがいえる。鉛直投げ上げ運動では，投げ上げ位置から最高点までにかかる時間と，その後最高点からもとの投げ上げた位置に戻るまでの時間は同じになるからだ。

ならば，x軸方向には，点Pではねかえったあとの速さ$\frac{1}{2}v$で等速直線運動をしているのだから，求める距離l_1は，

$$l_1 = \frac{1}{2}vt_1 = \frac{1}{2}vt = \frac{1}{2}v\frac{v}{g} = \frac{1}{2}\frac{v^2}{g} \quad \cdots\cdots (2)\text{の解答}$$

④ Aでの衝突

点Aでの衝突は，点Pとは違って，床に垂直に衝突するとは限らない。斜めに衝突して，また斜めにはねかえるのである。斜めは扱いにくいので，**衝突前後の絵をかき，軸をとって，x軸方向とy軸方向に速度を分解して考えて**いくことにしよう。図14-5のように自分でかけただろうか。

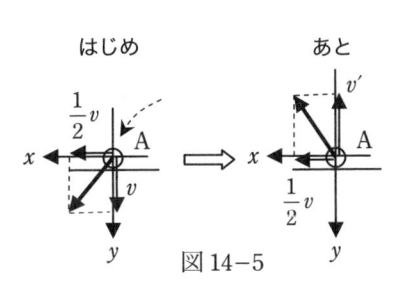

図14-5

③ **P→Aの運動**のところでみたように，点Aに衝突する瞬間のy軸方向の速度成分は，① **O→Pの運動**のy軸方向の鉛直投げ上げ運動で投げ上げ位置に戻ったときにあたるわけなので，向きが鉛直下向きで，大きさはvとわかる。x軸方向の速度成分は，壁と衝突したあと$\frac{1}{2}v$の大きさで等速直線運動になっているので，衝突前のそれぞれの軸成分が図14-5のように決まるわけだ。

さて，**点Aで床からどのような力（力積）を受けるかを考えてみよう。**衝突前

後で，小球は，図 14-6 のように，**衝突中は床に接触しているわけである**。よって，小球が受ける力は，**はたらく力の見つけ方**によって見つけることになる。小球に着目すると，1. **重力** mg，2. **接垂力**は，接触しているものが床のみなので，**床からの垂直抗力** N を受けることになる。なめらかな床なので，摩擦力ははたらかない。これらをかき込むと図 14-6 のようになる。小球が床から受ける力を F とすると，$F = mg - N < 0$ となる。つまり，鉛直上向きのみ，y 軸方向のみに力を受けるということだ！　点 A での衝突では x 軸方向にはまったく力を受けないのだ。すると，**衝突前後で運動量が変化する（力積を受ける）**のは，y 軸方向のみであることもおのずとわかると思う。

つまり，斜めに点 A に衝突しても，力積は y 軸方向にしか受けないので，衝突後の x 軸方向の速度成分は変化しないのだ。y 軸方向には，はねかえり係数 e 倍になるので，図 14-5 の右図のようになり，$v'' = ev = 0.5v = \dfrac{1}{2}v$ となるわけだ。

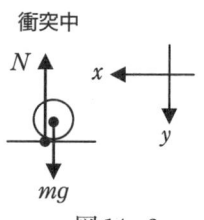

図 14-6

⑤ A→B の運動

点 A から y 軸方向成分 $\dfrac{1}{2}v$ ではねかえった小球が，再び床に戻るまでの運動である。図 14-7 のように，**自分で該当部分を絵でかき，軸をおけた**だろうか。軸の原点は，点 A のはねかえる点としよう。

y 軸方向には初速度 $\dfrac{1}{2}v$ の鉛直投げ上げ運動になっている。再び床に戻るまでにかかる時間を t_2 とすると，**等加速度直線運動の三公式の1．位置の公式**をつかって，

$$0 = 0 + \left(+\dfrac{1}{2}v\right)t_2 + \dfrac{1}{2}(-g){t_2}^2$$

$$t_2\left(\dfrac{1}{2}v - \dfrac{1}{2}gt_2\right) = 0 \quad \therefore\ t_2 = 0,\ \dfrac{v}{g}$$

図 14-7

$t_2=0$ は投げ上げる瞬間だから，再び戻るまでは，$\dfrac{v}{g}$ だけかかることになる。

ここで，気づいてほしいのは，$t=t_1=t_2$ になっている点だ。点 O から投げられた小球は，$t=\dfrac{v}{g}$ かかって，壁に垂直に衝突し，はねかえったのち，$t_1=\dfrac{v}{g}$ かかって床まで落ちて，床と衝突する。その後床ではねかえって，$t_2=\dfrac{v}{g}$ かかって再度床に衝突するわけだ。**実に面白い物理現象である**とは思わないか？

話がそれてしまった。求めたいのは l_2 であるから，x 軸方向の運動を考えることになる。x 軸方向には速さ $\dfrac{1}{2}v$ で等速直線運動をしているのだから，

$$l_2 = \dfrac{1}{2}vt_2 = \dfrac{1}{2}v\dfrac{v}{g} = \underline{\dfrac{1}{2}\dfrac{v^2}{g}} \quad \cdots\cdots（3）の解答$$

（4）いままでの結果をまとめてみると，

$$l=\dfrac{v^2}{g},\ l_1=\dfrac{1}{2}\dfrac{v^2}{g},\ l_2=\dfrac{1}{2}\dfrac{v^2}{g}$$

となっている。これらから，

$$l_1=l_2$$

であることがわかるし，

$$l=l_1+l_2 \quad \cdots\cdots①$$

の関係があることもわかる。

これらの関係から，この衝突現象を説明することにしよう。

まず，①式の関係があるので，**問題に与えられた図 14–1 は大きく間違っている**ことがわかる。なぜなら，かきなおすと図14–8のようになるからだ。

物理現象を説明すると，点 O から仰角 45° で初速度 $\sqrt{2}v$ で斜方投射した小球は，点 P で壁に垂直に衝突し，はねかえって点 A で床と衝突。その後床とはねかえり，再び点 B で床に衝突す

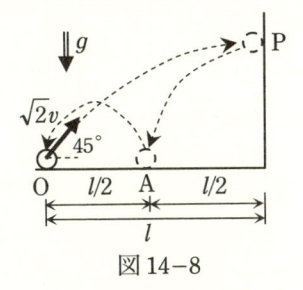

図 14–8

るが，この点 B と点 O は同じ位置となる。これが，(4)の解答例である。

また，式を眺めてみると，l, l_1, l_2 のいずれも小球の質量 m によって変化しないこともわかる。さらに面白いのは，初速度 v の大きさにもよらず①式の関係が成り立つのである。つまり，どんな質量の小球であっても，はねかえり係数 $e=0.5$ のなめらかな床や壁が用意できれば，初速度をいろいろに変化させても，点 P で壁に垂直に衝突させるという条件さえ守れば，これと同じ現象が起こるというわけだ。

問題

図 14-9 に示すように，傾き角 θ の斜面をもつ質量 M の三角台を水平面上に置いた。三角台には車輪がついており，水平面上をなめらかに自由に動くことができる。ここで，静止している三角台の斜面上で，質量 m の小物体を静かに放してすべらせた。また，この三角台の斜面はなめらかである。

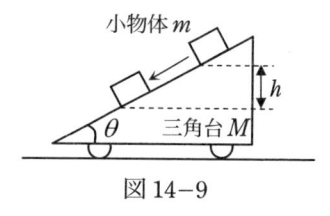

図 14-9

小物体が斜面上で高さ h だけすべり降りたとき，小物体の三角台に対する相対速度の大きさを v，三角台の水平右向きの速さを V，重力加速度の大きさを g として，次の空欄に適する式または語句を記入せよ。(岡山大改)

小物体が斜面上で高さ h だけすべり落ちたとき，小物体と三角台全体の重力場の位置エネルギーの減少量は (1) で，運動エネルギーの増加量は (2) である。力学的エネルギー保存則より，(1) = (2) が成り立つ。また，水平方向では，外力がはたらかないから，水平方向の (3) が保存され，(4) =0 が成り立つ。$M=m$ とするとこれらの式より，v を $\sin\theta$, g, h を用いてあらわすと，$v=$ (5) となる。

まずこの**問題**では，"相対速度"という言葉が出ている点に着目しよう。1章ですでに説明済みであるが，**相対速度とはどこから見るかで速度が変わる**ということだった。ここでは，三角台から見た小物体の速度の大きさが v である。A から

みた B の速度を $v_{A \leftarrow B}$ でかくと，$v_{小物体 \leftarrow 三角台}$ ということになる。

"三角台から見る"というのは，いいかえると，"三角台に乗っている人から見る"という意味だ。この三角台自身が水平右向きに速さ V で動くのだが，三角台に乗っている人も同時に水平右向きに V で動くため，自分の乗っている三角台は足元で静止しているように感じる。その"三角台に乗っている人"から見ると，小物体は，三角台の斜面に沿って速さ v ですべっているように見えるというわけだ。これを図でかいたものが，図 14-10 である。

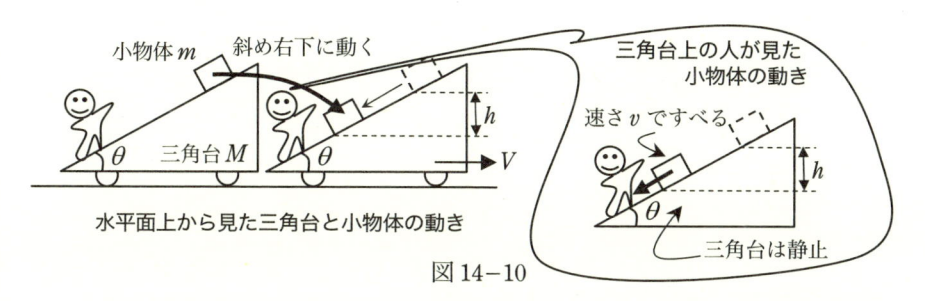

図 14-10

（1）小物体が高さ h だけすべり降りた時の，三角台と小物体全体の重力場の位置エネルギーの変化を考えよう。**すべる前とすべった後をよく見比べて，高低差が生じている部分はどこなのかを考えてみよう。**図 14-11 で，じっくり探してみてほしい。

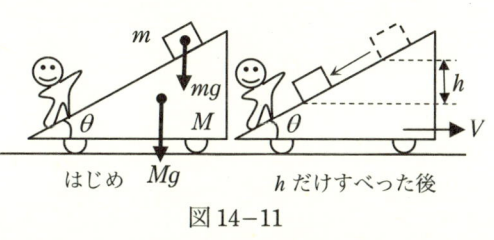

図 14-11

三角台は，水平面上を水平に動いただけなので，まったく高低差は生じていない。一方，小物体は h だけすべり降りているので高低差が生じている。よって，**三角台と小物体全体に着目した場合，小物体がすべり降りた高低差の分だけが，重力場の位置エネルギーの変化となる**ことがわかると思う。重力場の位置エネルギーの変化分を ΔU とし，基準の位置を h だけすべった後の位置にとれば，

$$\Delta U = mg \cdot 0 - mgh = -mgh$$

となり，重力場の位置エネルギーの減少分は $\underline{mgh}$ とわかる。……（1）の解答

（2）次は，運動エネルギーの変化分 ΔK を考えよう。小物体と三角台全体の運動エネルギーの変化である。それぞれをばらばらに考えて，全体の運動エネルギーはそれらの和をとることにしよう。

三角台

三角台は，小物体がすべる前は静止しているが，小物体が高さ h だけすべり降りたときに右方向に速さ V で動いている。図14-12のように，三角台だけを抜き出してかいてみるとよくわかる。

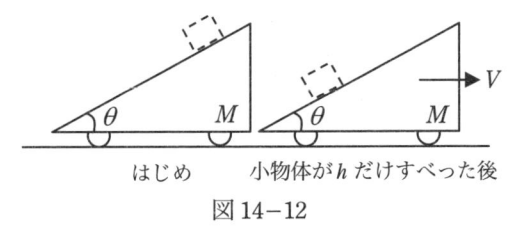

はじめ　　小物体が h だけすべった後

図14-12

$$K_{三角台はじめ} = \frac{1}{2} M \cdot 0^2 = 0, \quad K_{三角台あと} = \frac{1}{2} M V^2 \quad \cdots\cdots ②$$

小物体

小物体は，高さ h だけすべり降りた後，**三角台に対する相対速度が v で動いて****いる**。しかし，その**基準である三角台も右方向に速さ V で動いている**から，実際に動いている速度を見極める必要があり，非常にやっかいだ。

では，**小物体に着目して，絵をかいてみよう**。図14-13の左のようにかけるはずだ。高さ h だけすべった後の水平面上からみた速度を求める必要が出てくる。

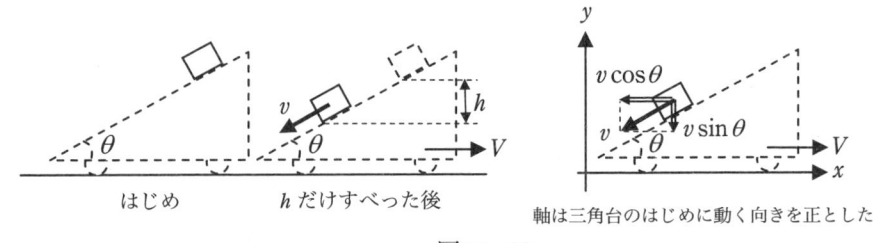

はじめ　　　　h だけすべった後　　　　軸は三角台のはじめに動く向きを正とした

図14-13

そこで**軸をとり**，相対速度 v を，水平面の成分（x 軸方向成分）と，水平面と垂直の成分（y 軸方向成分）に分解しよう。図14-13のように分解できただろうか。

14. 複雑な物理現象の解明

相対速度である $v = v_{\text{小物体←三角台}}$ は，基準を水平面にとった絶対速度を用いて，

$$v_{\text{小物体←三角台}} = v_{\text{小物体←水平面}} - v_{\text{三角台←水平面}}$$

$$\therefore v_{\text{小物体←水平面}} = v_{\text{小物体←三角台}} + v_{\text{三角台←水平面}}$$

とあらわされる。これを用いると，水平面上から見た小物体の速度の x 成分 v_x および y 成分 v_y は，

$$v_x = (-v\cos\theta) + (+V) = -v\cos\theta + V \quad \cdots\cdots ③$$

$$v_y = (-v\sin\theta) + 0 = -v\sin\theta \quad \cdots\cdots ④$$

となる。

図 14-14 を参考にして，これらの関係を理解してほしい。

水平面上の人から見た
h だけすべった後の小物体の速度

図 14-14

よって，小物体の運動エネルギーを求めてみると，

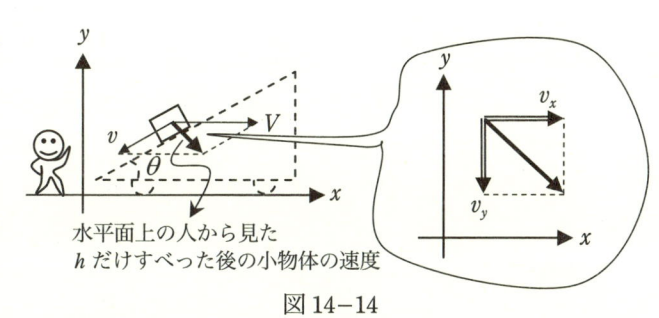

$$K_{\text{小物体はじめ}} = \frac{1}{2}m\cdot 0^2 = 0, \quad K_{\text{小物体あと}} = \frac{1}{2}m\left(v_x^2 + v_y^2\right) \quad \cdots\cdots ⑤$$

求める運動エネルギーの変化 ΔK は，②式，③式，④式，⑤式を用いて，

$$\begin{aligned}
\Delta K &= K_{\text{全体あと}} - K_{\text{全体はじめ}} \\
&= \left(K_{\text{三角台あと}} + K_{\text{小物体あと}}\right) - \left(K_{\text{三角台はじめ}} + K_{\text{小物体はじめ}}\right) \\
&= \left[\left(\frac{1}{2}MV^2\right) + \left\{\frac{1}{2}m\left(v_x^2 + v_y^2\right)\right\}\right] - [0+0] \\
&= \underline{\frac{1}{2}MV^2 + \frac{1}{2}m\left[(-v\cos\theta + V)^2 + (-v\sin\theta)^2\right]}
\end{aligned}$$

となり，これが，運動エネルギーの増加分である。 ……（2）の解答

今，小物体と三角台全体に着目した場合，外力がはたらかないので，力学的エネルギーは保存されている。はじめの重力場の位置エネルギーを $U_{\text{全体はじめ}}$ とし，高さ h だけ小物体がすべり降りたあとの重力場の位置エネルギーを $U_{\text{全体あと}}$ とすると，力学的エネルギーの保存則により，

$$U_{全体はじめ} + K_{全体はじめ} = U_{全体あと} + K_{全体あと}$$
$$-(U_{全体あと} - U_{全体はじめ}) = K_{全体あと} - K_{全体はじめ}$$
$$-\Delta U = \Delta K$$
$$\therefore \underline{mgh} = \underline{\frac{1}{2}MV^2 + \frac{1}{2}m\left[(-v\cos\theta + V)^2 + (-v\sin\theta)^2\right]} \quad \cdots\cdots ⑥$$
$$\quad\quad (1) \quad\quad\quad\quad\quad\quad (2)$$

（3）この運動の鉛直方向に着目してみることにしよう。図14-15の左側に再度，絵をかきなおしてみたので参考にしてほしい。このままではわかりくいので，これらの物体を質点でかきなおしてみよう。図14-15の右側がそれだ。**物理学では，大きさがあるように見えても，実際は質点の運動として考えるので，絵や図にごまかされないようにしよう。**

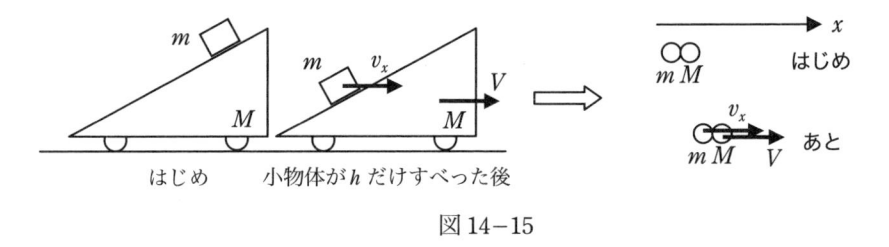

図14-15

図14-15を見ていただくとわかると思うが，**この運動は鉛直方向へはまったく動いていないのである。**さらには，水平方向にのみ動いており，**2つの物体がくっついたままで速度だけが変化した運動**としてとらえることができるのだ。

この"くっついたまま速度が変化している"というのは，"2つの物体が衝突中である"と考えることもできるのではないか。つまり，衝突現象として扱えるということになるわけだ。ここでは，**水平方向にはたらく力がないので水平方向には運動量が保存される。** ……（3）の解答

$$m \cdot 0 + M \cdot 0 = m(+v_x) + M(+V) = \underline{m(V - v\cos\theta) + MV = 0} \quad \cdots\cdots ⑦$$
$$\quad\quad\quad\quad\quad\quad\quad\quad\quad\quad\quad\quad\quad\quad\quad（4）の解答$$

14. 複雑な物理現象の解明

（5）$M=m$ とすると，⑥式は，

$$mgh = \frac{1}{2}mV^2 + \frac{1}{2}m\left[(-v\cos\theta + V)^2 + (-v\sin\theta)^2\right]$$

$$2gh = V^2 + \left[(v^2\cos^2\theta - 2vV\cos\theta + V^2) + v^2\sin^2\theta\right]$$

$$= 2V^2 + v^2(\sin^2\theta + \cos^2\theta) - 2vV\cos\theta = 2V^2 + v^2 - 2vV\cos\theta \quad \cdots\cdots ⑧$$

⑦式は，

$$m(V - v\cos\theta) + mV = 0$$

$$V - v\cos\theta + V = 0 \quad \therefore V = \frac{1}{2}v\cos\theta$$

これを，⑧式に代入して整理すると，

$$2gh = 2\left(\frac{1}{2}v\cos\theta\right)^2 + v^2 - 2v\left(\frac{1}{2}v\cos\theta\right)\cos\theta \quad \therefore v = \sqrt{\frac{gh}{1+\sin^2\theta}}$$

↖（5）の解答

15. 慣性力

　はたらく力の見つけ方の3．**慣性力**についてここでは考えていこう。この**慣性力**という力は，**動いているものに乗ったときのみ感じる力**であると，4章では紹介だけしてあったのだが，一体どのような力なのかについては何も触れていなかった。なかなか理解しにくい力なので，具体的な例を用いてどのような力なのかを順に考えていくことにしよう。

　まず，この力の名前に着目してほしい。"**慣性**"とある。ニュートンの運動の法則の第一法則だ。**慣性とは，物体が直前のそのままの速度を保ち続ける性質のこと**だった。慣性力という力は，その慣性によって生まれるような力なのだ。

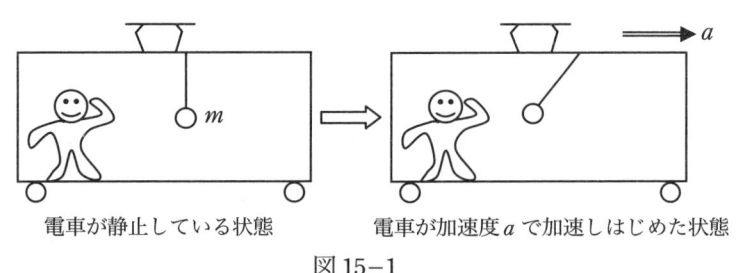

| 電車が静止している状態 | 電車が加速度 a で加速しはじめた状態 |

図 15−1

　では，具体的な例を挙げて確かめることにしよう。図 15−1 を見てほしい。
　左側は，電車が静止している状態である。電車の天井から質量 m の小球が質量の無視できる糸で吊り下げられている。この電車が，発車し始めたのが右側の図だ。加速度の大きさは a で，右方向に等加速度運動をし始めたと考えよう。
　さて，電車に乗ったことがある人なら，思い出してみよう。等加速度運動を始

15. 慣性力

めたときに天井から吊り下げられた小球は，どのようになっているだろうか。天井から小球を吊るしたことがないというのであれば，つり革を考えてみるといいだろう。電車の扉が閉まって，動き出す瞬間，つり革は一斉にある運動をするのだが・・・。もうお分かりかと思う。**電車に乗っている人から見ると進行方向と逆の方向に動いているように見えるはずだ。**つり革なら，斜めになるということである。

ではなぜ，電車に乗っている人から見ると進行方向と逆の方向に小球が動いているように見えるのだろうか。ここからが，慣性の出番である。それは，図15-1では発車前と発車数秒後の絵を分けているが，**重ねてかいてみるとよくわかる。**重ねてかいた図15-2を見てほしい。わかりやすくするために大きく移動させているので糸の長さが長くなっているように見えるのはご愛嬌。さて，**どこらへんが慣性**なのか。・・・小球に着目してみるとわかるだろう？

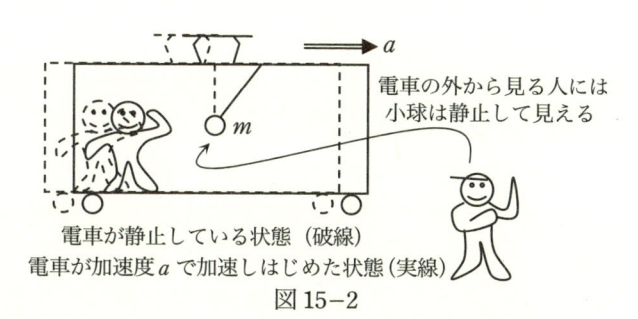

電車が静止している状態(破線)
電車が加速度 a で加速しはじめた状態(実線)
電車の外から見る人には小球は静止して見える

図15-2

そう，**電車の外から見ている人には，小球は同じところに静止し続けているように見える**のである。電車の外から見ている人にとってみると，小球ははじめから静止しており，電車が等加速度運動をし始めても，小球は静止したままの状態を保っているわけだ。**まさに，慣性である。**

その後，電車が等加速度運動をし続けたら，小球はどのように見えるだろうか。図15-3を見ながら考えてみよう。**電車に乗った人から見ると，小球は天井から斜めに吊り下が**

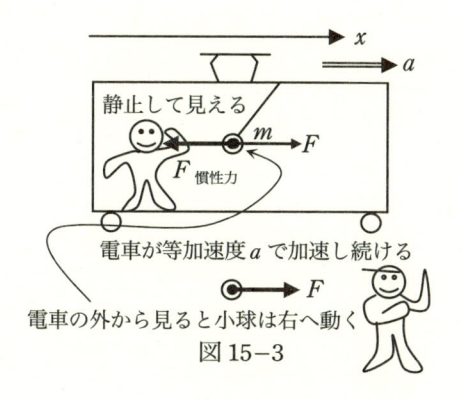

静止して見える
F 慣性力
電車が等加速度 a で加速し続ける
電車の外から見ると小球は右へ動く

図15-3

175

った状態のまま静止しているように見える。一方で，電車の外から見ている人には，小球が右へ加速度 a で動いているように見えるのだ。

　小球に着目して，運動を解明しよう。図 15-3 のように，電車がはじめに動く向きに x 軸の正をとる。電車が等加速度運動することから，**電車の外から見た小球にはたらく力 F**（←実際に小球にはたらく力であり糸の張力と小球の重力の合力になっている）を用いて，運動方程式を立てると，

$$ma = F$$

となる。電車の中から見ている人には小球が静止して見えるので力がつりあっているはずだ。つりあうための力"**慣性力**" $F_{慣性力}$ が必要で，**力のつりあいの式**，

$$F_{慣性力} = -F = -ma$$

を満たさねばならない。つまり，**動いている物体（モノ）に乗ったときに，慣性力として，加速度の向きと逆向きに ma の大きさの力を受けているように感じる**わけだ。この慣性力がないと力がつりあわず，静止して見える現象が説明できない。

　このように，実際にははたらいていない力なのに，動いているモノに乗ったときのみ，あたかもはたらいているように感じる力のことを"**慣性力**"という。また実際にははたらいていない力なので，**慣性力は見かけの力**だということもある。

慣性力

　動いているモノに乗ったときのみ感じる力（見かけの力）

　動いている物体の加速度の向きと逆向きに ma の大きさの力を受けているように感じる

質量 m の人
動いているものの加速度 a
動いている物体の加速度に向きと逆に慣性力 ma を感じる

16. 等速円運動

　夜に空を見上げると，無数の星が光り輝いている。地球上から光り輝いて見える星の多くは，太陽のように自ら光を放つ**恒星**である。それぞれの恒星のまわりには，自ら光っていない**惑星**がまわっている場合が多い。地球の近くであれば，火星や金星が太陽の光の反射によって光り輝いて見られることもある。

　人類は太古の昔から，この天に広がる満天の星空をなんとか理解しようとしてきた。ここからは，宇宙を視野に入れた，グローバルな話を展開していくことにしよう。力学を用いれば，宇宙における惑星の運動なども説明できるのである！

等速円運動

問題

　地球は太陽の周りを等速で円運動しているとする。静止したＵＦＯに乗った宇宙人から見て，地球にはたらく力は，次のうちどれだろうか。

1. なし
2. 太陽の引力
3. 太陽の引力と遠心力
4. 太陽の引力と前に進もうとする推進力
5. 太陽の引力と遠心力と推進力

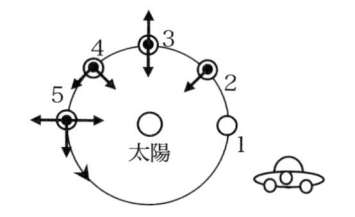

　この問題は，**はたらく力の見つけ方**の復習にすぎない。しっかりと見つけ方が

身についていれば，迷うことなく正解を選べるはずである。さて，あなたは，迷うことなく解答を選べただろうか。

では，いつものように，**自分で絵をかいてから順番に考えていこう**。**はたらく力の見つけ方**は，1．**重力**だった。地球と太陽であれば該当するのは，**太陽の引力**だ。2．**接垂力**としては，接触している面は何かを考えるんだった。これは，宇宙空間なので，当然真空である。よって，**接触している物体は**，いつも無視している空気でさえ"ない"ということになる。3．**慣性力**は，**動いているモノに乗ったときのみ感じる力**だ。宇宙人は静止したＵＦＯに乗っているので，**なし**。

よって，地球にはたらく力は，**太陽による引力のみ**ということになる。正解は<u>２．</u>だ。どうかな，迷わず選べただろうか。

ところで，正解はわかったのだが，なぜ，地球にはたらく力が太陽による引力のみであるのに円運動できるのかに疑問をもつと思う。たとえば，4．のように太陽の引力と推進力があれば，合力の向きに地球が運動するので，円運動するような感じがするのだが，実際は，**推進力などという力ははたらいていない**のだ。

ではなぜ，太陽の引力のみで地球は太陽の周りを円運動できるのかを考えていくことにしよう。図16-1を見ながら進めていこう。

まず，何も力がはたらかなかったらどうなるか。そう，**ニュートンの運動の法則の第一法則である慣性の法則により，地球はまっすぐ円軌道の接線方向に飛んでいく**ことになる。図中の点線矢印がその場合の地球の軌道を示している。ところが，地球には，太陽の引力がはたらいている。**太陽の引力は，円運動の中心に太陽があるので，常に円の接線方向に垂直にはたらいている**。この力が，いわば円軌道を外れた地球をハンマーで叩くかのように軌道を外れた地球を本来の円運動に戻す力になっているわけだ。いささか，図16-1は大げさな絵ではあるが，なぜ太陽の引力のみで地球が円運動できるのかはわかっていただけたと思う。

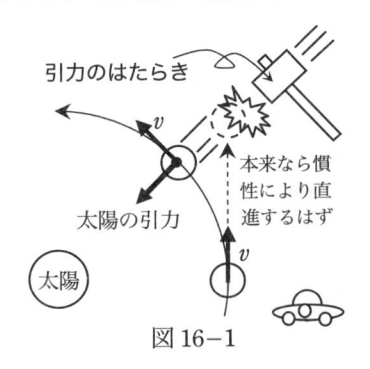

16. 等速円運動

また，太陽の引力は常に円軌道の接線方向に垂直であるため，**接線方向には何も力が加わらない**こともわかるだろう。よって，円軌道の接線方向には等速運動をしているわけだ。このような運動を物理学では**"等速円運動"**という。ちなみに，等速度円運動ではない。等速度であると，速度ベクトルが同じという意味なので，円軌道はえがけず，直線運動になってしまう。よって，等速円運動とは，円軌道をえがき，その速さが常に等しい運動のことをいうのだ。そして，**等速円運動をするのに必要な力は，常に円軌道の中心方向にはたらく力のみ**である。

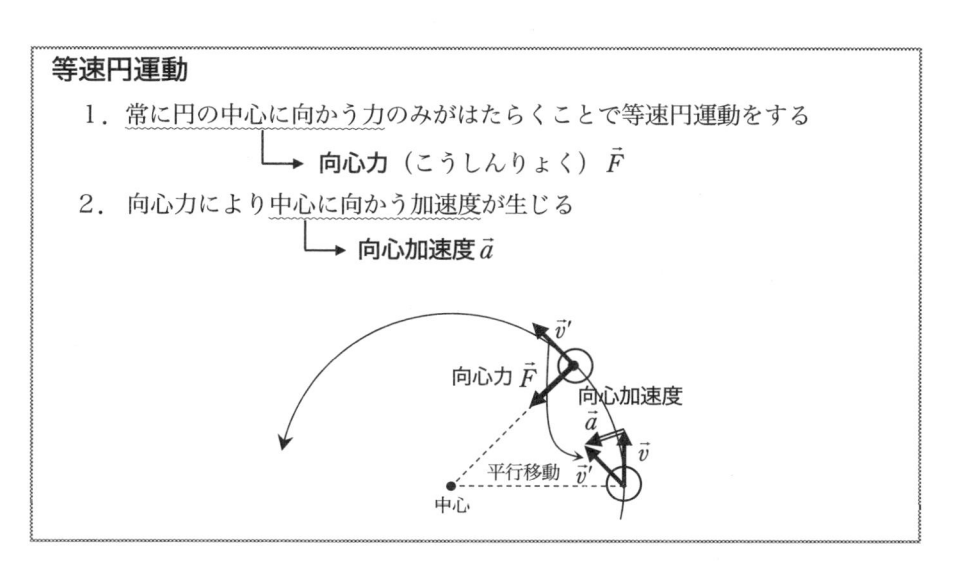

等速円運動

1. 常に円の中心に向かう力のみがはたらくことで等速円運動をする
   ↳ **向心力**（こうしんりょく）$\vec{F}$
2. 向心力により中心に向かう加速度が生じる
   ↳ **向心加速度** $\vec{a}$

弦度法

等速円運動を扱うときに，円弧の長さを計算することが多い。特に，天文学の分野では天体の運動がほぼ等速円運動をしていると考えていたため，簡単に円弧の長さを求める方法が求められていた。そこで登場したのが，**中心角を用いて円弧の長さを即座に求めようという方法**で，**ラジアン**という角度の測り方をすることでそれが可能になった。

おなじみの角度（**平面角**）の［°］と，"ラジアン"の違いを述べておこう。

179

> **ラジアン（弧度）と度（平面角）の比較**
>
> **ラジアン（radian）**
>   一周の角度を 2π [rad] と定義
>   ふつう無次元で表現するが誤解を生まないように [rad] とかいてもよい
> **度（degree）**
>   一周の角度を 360 [°] と定義

　ちなみに，**物理学では通常，角度としてはラジアンを用いる**。ラジアンを用いる方法を**弧度法**といい，今後は特に断りのない限り弧度法を用いることにしよう。ちなみに，平面角がなぜ一周で 360°なのか知っているかな？　この 360 という数字を聞いてピンと来ないかい？　そう，大体 1 年間の日数に相当する。つまり，天文学からこの定義がなされたということがわかると思う。

　では，ラジアンの優れているところを紹介しよう。たとえば，図 16-2 のような半径 r で角度 θ の中心角をもつ円弧の長さ a を求めることにしよう。今のようにいちいち角度に [rad] をかいていないが，角度 θ とは，θ [rad] のことである。ちなみに，円周の長さは b とおく。

図 16-2

図 16-2 より，$\dfrac{\text{中心角}}{\text{一周の角度}} = \dfrac{\theta}{2\pi} = \dfrac{\theta \text{にあたる平面角}°}{360°} = \dfrac{\text{円弧}a\text{の長さ}}{\text{円弧}b\text{の長さ}}$ の関係が

あるので，円弧 b の長さ＝$2\pi r$ を代入すると，求める円弧 a の長さは，

$$\text{円弧}a\text{の長さ} = \dfrac{\theta}{2\pi} \times (\text{円弧}b\text{の長さ}) = \dfrac{\theta}{2\pi} \times 2\pi r = \theta \cdot r$$

となって，[円弧の長さ] が [円の半径] × [中心角（ラジアン）] で求まることがわかる。天体の動きを知りたい場合だと，その恒星までの距離と一定時間後の中心角（ラジアン）の変化を知るだけで，天体の移動した距離が求められるわけだ。

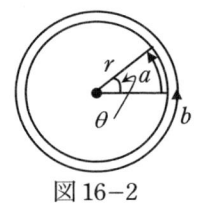

図 16-3

　次に，図 16-3 のように，半径 1 の円の円弧の長さを考えてみよう。中心角が θ [rad] の円弧の長さはどうなるか。

16. 等速円運動

［円弧の長さ］＝［円の半径］×［中心角（ラジアン）］

なので，$1 \times \theta = \theta$ となり，［円弧の長さ］＝［中心角（ラジアン）］となる。どうだい，ラジアンってなかなか面白いし，便利だろう？　さあ，大きな声で言ってみよう！　"ラジアン，トレビア～ン！"

ラジアンのすばらしさがわかっていただけたなら，ぜひとも今後は，角度を全てラジアンで表現することにしてほしい。もう，平面角など使えないだろう？

ちなみに 1 ［rad］≅ 57° 17′ 44.8″（平面角）である。

向心力の大きさ

では，等速円運動に不可欠な向心力の大きさを求めることにしよう。

図 16-4 のように，質量 m の物体が半径 r の円をえがいて，速さ v で等速円運動をしている物体の向心力の大きさ F を求めることにする。考えやすいように一周（2π ［rad］）の 4 分の 1（$\pi/2$ ［rad］）に着目して，話を進めていこう。

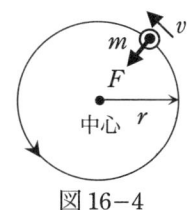

図 16-4

まずは，円の 4 分の 1 を運動する物体の速度とその距離に着目しよう。図 16-5 の左図のように 5 等分して考えてみることにする。それぞれは 1 秒ごとの物体の状態だとしよう。瞬間瞬間の各速度は異なるが，速さは v で同じである。左図より，円周の 4 分の 1 にあたる円弧の長さを求めてみよう。

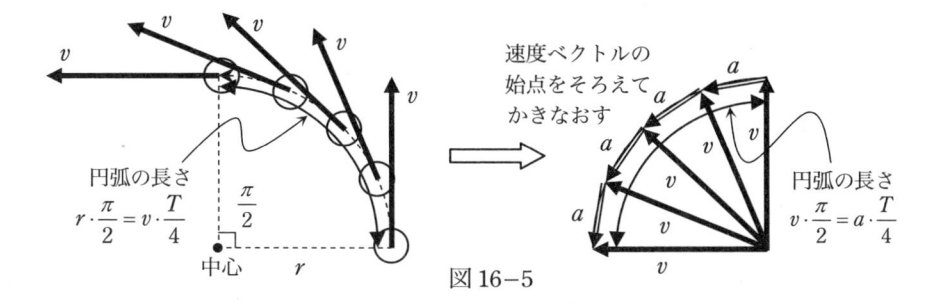

円弧の長さ
$r \cdot \dfrac{\pi}{2} = v \cdot \dfrac{T}{4}$

円弧の長さ
$v \cdot \dfrac{\pi}{2} = a \cdot \dfrac{T}{4}$

図 16-5

弧度法で紹介したように，半径1の円の円弧の長さは，中心角（ラジアン）と同じ大きさになるのだから，半径rであれば，$r \cdot \dfrac{\pi}{2}$となるわけだ。また，物体がこの円軌道を一周するのにかかる時間（**周期**）をTとすれば，円弧の長さは，等速である速さvを用いて，$v \cdot \dfrac{T}{4}$ともかける。今は5等分にしているが，実際には連続して変化しているので，瞬間瞬間の速度は，常に円の接線方向を向いていると考えてよいからである。すると，

$$r \cdot \frac{\pi}{2} = v \cdot \frac{T}{4} \quad \cdots\cdots ①$$

が成立する。

次に，図16-5の左図の速度ベクトルのみに着目して，始点をそろえて5本の速度ベクトルをかいてみよう。それが右図である。それぞれの速度の変化が加速度aで，常に円運動の中心に向かう向心加速度である。なぜなら，左図の速度ベクトルが1秒ごとの速度を示したものと考えているからだ。右図を見ればわかると思うが，半径vの円の4分の1になっている。左図と同様に円弧の長さを求めてみると，

$$v \cdot \frac{\pi}{2} = a \cdot \frac{T}{4} \quad \cdots\cdots ②$$

となる。

ここで，②式÷①式をすると，

$$\frac{②式}{①式} \Rightarrow \frac{v \cdot \dfrac{\pi}{2} = a \cdot \dfrac{T}{4}}{r \cdot \dfrac{\pi}{2} = v \cdot \dfrac{T}{4}} \Rightarrow \frac{v}{r} = \frac{a}{v} \Rightarrow \therefore a = \frac{v^2}{r} \quad \cdots\cdots ③$$

となり，求まった③式が**等速円運動における向心加速度の大きさ**となるわけだ。

いま求めようとしている向心力の大きさFは，加速度aが求まったので，**運動方程式より**，

$$F = ma = m \cdot \frac{v^2}{r} \quad \cdots\cdots ④$$

となる。これが，**等速円運動の運動方程式**である。

16. 等速円運動

では，次の**問題**に取り組んで等速円運動の理解を深めることにしよう。

> **問題**
> バケツに質量 m だけ水を入れ，図 16-6 のように振り回した。水がこぼれないようにするために必要なバケツを振り回す速さ v はいくら以上必要か。ただし，バケツは等速で回されており，その円軌道の半径を r とする。 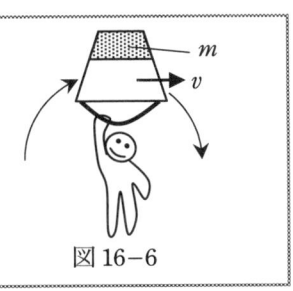
>
> 図 16-6

このバケツのパフォーマンスといえば，僕は，ザ・ドリフターズのコントであるヒゲダンスが思い浮かぶ。ドリフ世代の人はウンウンとうなずいてくれるだろう。が，世代が違うと話がまったくわからないかなぁ？　・・・コントとしてではなくとも，自分で簡単にできる実験なので，実際に試してみることをオススメする。バケツの速さが十分に足りていないと水浸しになるので注意が必要だ。

では，**問題**を考えていくことにしよう。いつものように，**自分で絵をかいてから**はじめよう。

速さ v を遅くしていったときに水が一番最初にこぼれる可能性があるバケツの位置はどこだろうか。少し考えればわかると思うが，ちょうど図 16-6 のように，人の真上にバケツがあるときだ。よって，**真上にバケツがある場合の絵をかいて条件を導く**ことにしよう。

バケツが真上に来た瞬間の，**バケツの中の水に着目**して，水の運動を考えることにしよう。図 16-7 にその瞬間の図を抜き出してみた。まずは，**着目物体である水にはたらく力を考えよう。はたらく力の見つけ方**は，1．**重力** mg。2．**接垂力**。バケツの中の水が接触しているものは，バケツだけだ。だから，**バケツから垂直抗力 N を受ける**ことがわかる。・・・え，水はバケツの側面にも接触していてそこからは垂直抗力は受けないのか？　と思った人もいるかもしれない。実際に

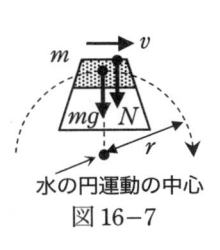

183

は受ける。しかしバケツの側面は円形なのだ。この形がポイントである。水はバケツの側面からそれぞれ接触している面ごとに垂直抗力を受けているが，**ちょうど対になる向かい側の面から受ける垂直抗力とつりあってしまうことになるのだ。つりあわないで残る垂直抗力は図 16-7 の鉛直下向きの垂直抗力のみとなるわけ**だ。また，物理学では物体は全て質点と考えるのだったから，バケツと水に着目してそれぞれの起源が同じ力を一本にまとめると，**あたかもバケツの底からのみ垂直抗力を受けているように見えてしまっただけ**なのだ。ちなみに，3．**慣性力**は，動いているものに乗っていないので当然ない。

次は，**着目物体である水の運動**を考えよう。水は，速さ v の**等速円運動**をしている。無論，水がこぼれないとした場合の速さの条件を満たす場合で考えている。等速円運動をするのに必要だったのは，何だっただろうか？・・・そうだ，常に円の中心に向かってはたらく**向心力のみが必要**だった。バケツの中の水に，向心力ははたらいているのか図 16-7 をよく見てみよう。円の中心に向かう力が，はたらいているではないか！この力こそが向心力であり，この力がはたらいているからこの水が等速円運動できるのである！

向心力の大きさを F とすると，円の中心に向かう向きが軸の正となるので，

$$F = mg + N \quad \cdots\cdots ⑤$$

また，等速運動をしているので，**等速円運動の運動方程式**は，⑤式を用いて，

$$m \cdot \frac{v^2}{r} = F = mg + N \quad \cdots\cdots ⑥$$

となる。

ここから，速さ v の条件を導こう。十分 v が大きければ，等速円運動をするので，水は⑤式を満たしていることになる。しかし，速さ v が遅くなると⑥式が成り立たなくなって，水が人の頭の上に落ちてくるわけだ。では，この物理状態の境界となる条件（物理学では**境界条件**（boundary condition）と呼ぶ）を考えてみよう。

水がこぼれるとは物理的にどのような状態になった場合をいうのだろうか。水がこぼれる・・・こぼれた・・・真下に落ちた・・・。**こういうときこそ絵をか**

くのである。図 16-7 と何が異なっているのか見たらすぐわかるはずだ。実際にこぼれた状態の絵をかいたものが図16-8だ。ほら，すぐにわかっただろう？　そうだ，**水とバケツが離れているのだ！**

つまり，**境界条件である水がこぼれない条件とは，水がこぼれる条件（$N=0$）ではない状態が維持されればよい**ということだ。つまり，**水がバケツから受ける垂直抗力Nに**，

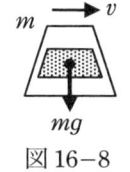

$$N \geq 0 \quad \cdots\cdots ⑦$$

の条件が境界条件として必要となるというわけだ。

図 16-8

⑥式を変形して，⑦式の条件を満たすvを求めることができる。

$$m \cdot \frac{v^2}{r} - mg = N \geq 0$$

$$m \cdot \frac{v^2}{r} \geq mg$$

ここで，mは質量だから必ず正の値である。よって，

$$\frac{v^2}{r} \geq g \qquad \therefore \underline{v \geq \sqrt{gr}}$$

結果に注目してみると面白いことがわかるだろう。水の質量mによらないのである。**どんなに多くの水でも，どんなに少しの水でも，こぼれる境界条件の速さvは同じなのだ！**

直交座標（デカルト座標）と極座標

ところで，物体の位置を決める座標には，今まで使っていた**直交座標**(rectangular coordinates)[**デカルト座標**（Cartesian coordinates）：デカルト（Descartes）が直交座標を用いたのでこう呼ばれる）]のほかにもある。特に円運動を扱うときに便利なのは**極座標**(polar coordinates)だ。それぞれの二次元での表現の違いを図 16-9 を見ながら説明しよう。

図 16-9 の左図は今までの直交座標（デカルト座標）で点 P を表した場合だ。P(x,y)と表現し，x座標の値xとy座標の値yで，点 P は一意的に決まる。

右図が極座標だ。原点 O からちょうど点 P までの距離を半径 r とする円をえがき、デカルト座標の x 軸に該当する軸からの角度 θ [rad] を用いて表現する。つまり、$P(r,\theta)$ と表現し、半径 r と中心角 θ [rad] で、点 P を一意的に決めることができるのだ。円を用いた座標なので、円運動を考える場合には都合がいいのだ。

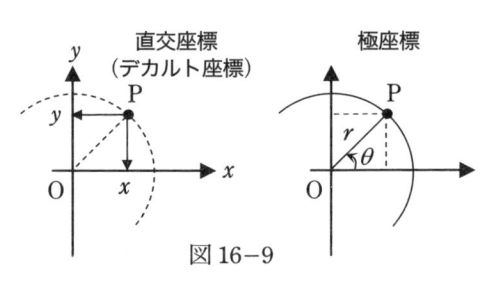

デカルト座標と極座標は、互いに同じ点 P を別の座標で表現したに過ぎないので、相互に変換もできる。座標を変換することを**座標変換**（transformation of coordinate system）という。図16-9 を見ながら座標変換すると次のようになる。

$$\begin{cases} x = r\cos\theta \\ y = r\sin\theta \end{cases}$$

　　　　　デカルト座標　　極座標

等速円運動の極座標での表現

それでは、円運動の方程式を、極座標を用いて表現することにしよう。まずは、準備として、**角速度**という新しい物理量を定義しなくてはならない。

角速度（angular velocity）

単位時間あたりに回転する角度

$$\omega \equiv \frac{\Delta\theta}{\Delta t} \quad [\text{rad/s}]$$

角速度とは、極座標表現での速度をあらわす量で、**単位時間（1 秒間）あたりの回転角度**のことである。$\Delta\theta$ [rad] は、Δt [s] 間に回転した角度である。1

16. 等速円運動

章で登場した速度の極座標版だと考えればよいだろう。

ところで，その1秒間を図にかいてみよう。図16-10がそれにあたる。1秒間で回転した角度が角速度なので，中心角はωである。ちなみに，この文字は"**オメガ**"というギリシャ文字の小文字だ。ちなみに大文字は"Ω"だ。注意しなければならないのは，"w"（ダブリュ）ではないということだ。かくときは，ωは**真ん中にループを作るように**かくといい。wは，筆記体のように**右にハネをつけて**おけば誰でも見間違わない。図16-11に顕著に例をかいておいたので参考にしてほしい。

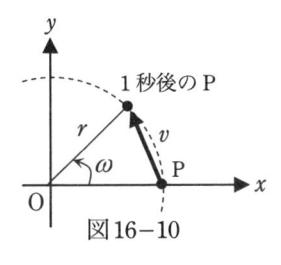

図16-10

オメガ　ダブリュ
ループを作る　ハネをつける
図16-11

では，デカルト座標における速度v [m/s]と，この角速度ω [rad/s]を結びつけよう。図16-10を再度よく見てほしい。1秒間で点Pが動く前と後とをかいている。**中心角の変化をみれば，角速度ωになっているが，実際に移動した距離**（図中の太矢印）**は，デカルト座標でみるとv [m]（$=v$ [m/s]×1 [s]）に他ならない！**

この円運動の半径をr [m]とすると，中心角と円弧の関係によって，

$$v = r\omega \quad \cdots\cdots ⑧$$

となる。これが，デカルト座標での等速円運動表現を，極座標表現に変換する大切な式なのだ。

⑧式を，デカルト座標で求めた等速円運動の向心加速度の③式に代入してみよう。

$$a = \frac{v^2}{r} = \frac{(r\omega)^2}{r} = \frac{r^2\omega^2}{r} = r\omega^2$$

これが，極座標で表現したときの等速円運動の向心加速度の大きさである。ならば，等速円運動の運動方程式により，向心力Fの大きさは，

$$F = ma = m \cdot r\omega^2$$

となる。

まとめておこう。

等速円運動の表現

等速度 v（角速度 ω）で図のように半径 r の円をえがいて運動している場合，

1. 向心加速度 a の大きさ

$$a = \frac{v^2}{r} = r\omega^2 \quad [\text{m/s}^2]$$

　　デカルト座標　極座標

2. 向心力 F の大きさ

$$F = m \cdot \frac{v^2}{r} = m \cdot r\omega^2 \quad [\text{N}]$$

　　デカルト座標　極座標

3. 周期 T

一周するのにかかる時間

$$T = \frac{2\pi r}{v} = \frac{2\pi}{\omega} \quad [\text{s}]$$

　　デカルト座標　極座標

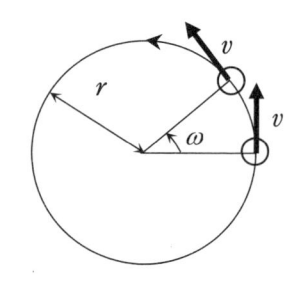

4. 回転数 n

1秒間に何回転するか

$$n = \frac{1}{T} \quad [\text{回/s}]$$

それぞれ，デカルト座標での表現と，極座標での表現をまとめておいた。また，新しい物理量として**3. 周期 T** の紹介をしよう。円運動なので，ある時間がたつと元の場所に戻ってくる。そこで，一周するのにかかる時間 [s] を**周期**（period）とよび，たいてい文字 T であらわす。また，**4. 回転数 n** は，1 [s] 間あたりでの回転数のことである。周期 T と逆数の関係になっている。たとえば，$T=0.5$ [s] だったとしよう。一周するのに 0.5 秒かかるわけだ。そのときの回転数は，$n = \frac{1}{T} = \frac{1}{0.5} = 2$ である。つまり，1秒間で2回転するというわけだ。

16. 等速円運動

遠心力

　この章の一番初めに出てきた"**遠心力**"というものについて，ここからは考えよう。円運動といえば，よく耳にする関連用語の中におそらくこの"遠心力"があると思われる。ところが，ここまで円運動を解明してきたが，まったくこの言葉が出ていないのはすでにお分かりのとおりだ。この点に疑問を持った人も多いのではないだろうか。

　よく似た言葉の"**向心力**"は，何度も登場している。**等速円運動が成り立つためには，この向心力のみがはたらいていることが必要である**からだった。では，同じような遠心力はどうして登場しないのか？

　では，どういったときに，遠心力という言葉を耳にするのか，考えてみることにしよう。図 16-12 のように，車に乗った人の気持ちになってみよう。車を上から見た図だと思ってほしい。**車内にいる人は，車がカーブするときに，カーブの外側に押し出されるような力を受け，体が傾く**というのは，経験があると思うのですぐわかるだろう。

　ところが，**はたらく力の見つけ方**によって，はたらく力を考えると，今まで繰り返してきたように，**人にはたらく力は向心力のみのはず**である。経験上カーブの外側に力がはたらくはずなのに，物理学ではカーブの内側に力がはたらくとはいったいどういうことなのか？

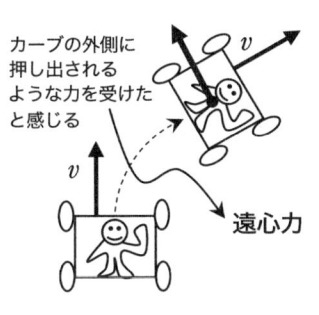

図 16-12

　答えは簡単で，**車に乗った人の立場ではたらく力を考えていないからおかしな結果になっただけ**なのだ。**動いているモノに乗ったときのみ**・・・そう，**3. 慣性力がはたらくんだった！！**

　というわけで，車は動いており，その車に乗っている人には慣性力がはたらく。慣性力 F は，$F=-ma$ と，加速度と逆向きに大きさ ma の力としてはたらく，見かけの力であった。では，このことを図 16-12 の車に乗った人に適用しよう。

189

人の質量を m，円運動の半径を r とし，**人を質点と考えて自分で絵をかきなおそう**。かきなおした絵は，図16-13のようになっただろうか。では，向心加速度 a と逆向きに，慣性力 F をかき込んでみよう。a は名前どおり，常に円軌道の中心を向いているので，**かき込む慣性力 F は，常に円軌道の中心から離れる向きに受ける**ことになる。図中の二重線矢印だ。・・・そうだ，もうわかってきただろう？ **この，車に乗っている人の立場で考えた感じる力の慣性力 F こそが，遠心力の正体だったのだ！**

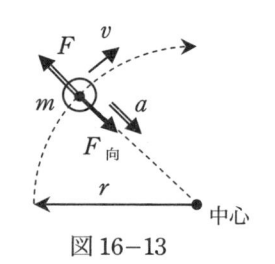

つまり，遠心力は，円運動をしている物体に乗ったときのみ感じる慣性力であり，**実際にはたらく力ではないわけだ。遠心力は見かけの力**というわけなのだ。

図 16-13

では，この見かけの力である遠心力の大きさを，図16-13を見ながら求めていこう。**車に乗った人は，自分の足元はどのように見えるだろうか**。少し考えればすぐにわかるが，座席は自分と一緒にあるはずだ。つまり，自分の足元は動いていない・・・静止しているように見えるわけだ。**静止しているのならば，物理学ではいつものように力のつりあいの式をたてることになる！**

はたらく力の見つけ方により，車に乗った人にはたらく力は，向心力 $F_{向}$ と，慣性力である遠心力 F の2つだ。人から見て静止しているのでこれらの力はつりあっている。**力のつりあいの式**は，

$$F = F_{向}$$

となる。向心力 $F_{向}$ の大きさは，④式で求めてあるので，遠心力 F の大きさは，

$$F = F_{向} = m \cdot \frac{v^2}{r}$$

となり，向心力と同じ大きさであることが力のつりあいの式により示された。

では，前と同じ水の入ったバケツを振り回す**問題**を，遠心力を用いた別の解き方で解いてみることにしよう。

16. 等速円運動

問題

バケツに質量 m だけ水を入れ，図 16–14 のように振り回した。水がこぼれないようにするために必要なバケツを振り回す速さ v はいくら以上必要か。ただし，バケツは等速で回されており，その円軌道の半径を r とする。これを，バケツに乗った立場で考えてみよ。

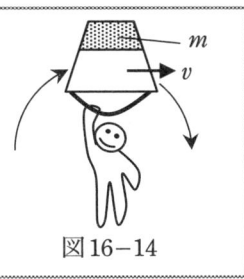

図 16–14

ザ・ドリフターズのヒゲダンス，バケツの中の水の問題を，今度は**バケツに乗った人から見た立場**で考えよう。

まずはいつものように**自分で絵をかいて**，バケツに乗った人から見て水にはたらく力を全てかいてみよう。

図 16–15 のようにかけただろうか。図 16–7 と大きく異なるのは，なんといっても**遠心力 F の存在**である。

遠心力 F の大きさは，

$$F = m \cdot \frac{v^2}{r} \quad \cdots\cdots ⑨$$

図 16–15

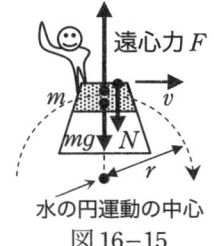

であり，**バケツに乗った人の立場から見ると，水は静止しているように見える**わけだから，**力のつりあいの式**を立てるわけだ。

$$F = mg + N \quad \cdots\cdots ⑩$$

⑨式を⑩式に代入すると，

$$m \cdot \frac{v^2}{r} = mg + N \quad \cdots\cdots ⑪$$

となる。**この⑪式は，バケツに乗っていない立場で立てた，等速円運動の運動方程式である⑤式とまったく同じになっている**のがわかると思う。しかし，⑤式は**運動方程式**であり，⑪式は**力のつりあいの式**なのだ。**物理学的にまったく異なる式である点をよく理解してほしい**。当たり前の話だが，結果としては同じになるので，このあとの議論は前と同様となるので割愛する。この⑪式を出すまでの方

法が，2つあるよということがわかればよい。

　場合によって，動いているモノに乗った立場で考えたほうが理解がしやすい場合もあるので紹介したが，理解しにくいようであるなら，動いているモノに乗らないという立場で考えることをオススメする。**動いているモノに乗らなければ，何があろうとも慣性力ははたらかないので，力のかき忘れを防ぐことにもなるからだ。**

　では，最後に，円運動のまとめをかねて次の**問題**を解いてみよう。

問題

　図 16-16 のように，ハンマー投げの選手が，一定の角度 θ を保ってハンマーを回転させるように練習している様子を考える。ハンマーの質量を m，引っ張っているひもと腕の長さを l，重力加速度の大きさを g として，次の問いに答えよ。

（1）ハンマーを引っ張る力の大きさはいくらか。
（2）ハンマーの円運動の向心力の大きさはいくらか。
（3）ハンマーの円運動の周期と回転数を求めよ。

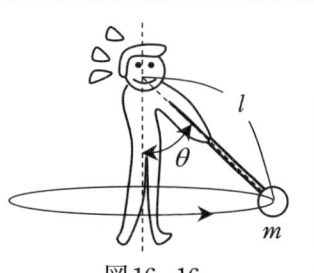

図 16-16

　では，**問題**を解く前にいつものように**自分で絵をかこう**。このハンマー投げの練習で一番大事な点は，**どこが円運動になっているのかを見抜く**という点だ。等速円運動する部分が見つかれば，次に，向心力を見つけ，運動方程式（もしくは遠心力との力のつりあいの式）を立てられる。

　考えやすいように模式的にかいた図 16-17 のような絵をかけただろうか。この図 16-17 を見ながら話を進めていこう。

（1）ハンマーを引っ張る力を F とする。図を見ていただければわかるように，ハン

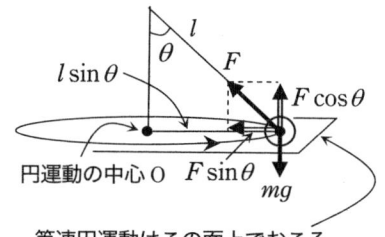

等速円運動はこの面上でおこる
図 16-17

16. 等速円運動

マーは地面と水平を保った面上を等速円運動しているので，地面と垂直方向には静止しているから，**力のつりあいの式**より，

$$F\cos\theta = mg \quad \therefore F = \frac{mg}{\cos\theta} \quad \cdots\cdots ⑫$$

（2）等速円運動をしている水平面上で，ハンマーの向心力 $F_{向}$ になっている力はどれかを考える。**円運動の中心は，図中に示した点 O なので，その点 O を向いている力が向心力になる**。そうだ，ハンマーを引っ張る力 F の水平方向成分 $F\sin\theta$ が，向心力になっているのだ！　よって向心力 $F_{向}$ は，⑫式を代入して，

$$F_{向} = F\sin\theta = \left(\frac{mg}{\cos\theta}\right)\sin\theta = \underline{mg\tan\theta} \quad \cdots\cdots ⑬$$

（3）周期 T を求めるために，**等速円運動の運動方程式を立てよう**。円運動の半径は，図にもかいたが $l\sin\theta$ である。**練習のために極座標で考えることにする**と，角速度を ω とすれば，運動方程式は，⑬式の結果を使って，

$$m \cdot (l\sin\theta)\omega^2 = F_{向} = mg\tan\theta$$

とかける。すると，角速度 ω は，

$$\omega^2 = \frac{g\tan\theta}{l\sin\theta} = \frac{g}{l}\frac{\left(\frac{\sin\theta}{\cos\theta}\right)}{\sin\theta} = \frac{g}{l}\frac{1}{\cos\theta} \quad \therefore \omega = \sqrt{\frac{g}{l\cos\theta}}$$

となり，周期 T および回転数 n は，角速度 ω を用いて次のように求められる。

$$T = \frac{2\pi}{\omega} = \underline{2\pi\sqrt{\frac{l\cos\theta}{g}}}, \quad n = \frac{1}{T} = \frac{\omega}{2\pi} = \underline{\frac{1}{2\pi}\sqrt{\frac{g}{l\cos\theta}}}$$

17. 単振動

　天井からおもりのついたつるまきばねを吊るし，静止した状態からいくらか引っ張って，そっと手を離すと，ご存知のとおり，おもりが鉛直方向に往復運動する。このような，一次元の振動現象を**単振動**（simple harmonic oscillation）という。なぜ，等速円運動のあとに単振動を扱うのか不思議に思うかもしれないが，実は，**等速円運動と単振動には大きな関係があるのだ！**　ここでは，等速円運動を元にしながら，単振動という物理現象を理解していくことにしよう。

等速円運動と単振動

　図 17-1 を見てほしい。左側には，等速円運動をしている物体があり，その左から平行光線をあて，右側のスクリーンに映った物体の運動を記録したものだ。このように，**平行光線をあてるということは，等速円運動している物体を真横から見ていることになる。**また，スクリーンに記録された像を**正射影**（orthogonal projection）という。

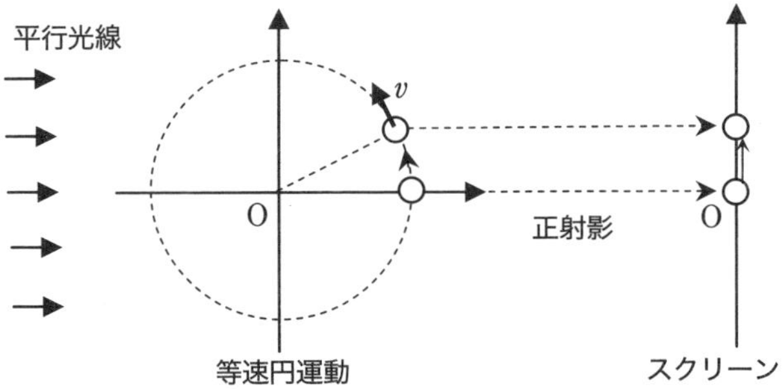

図 17-1

17. 単振動

　このまま続けて一周する間の物体の正射影をとると，図 17-2 のようになる。もうおわかりだろう。**等速円運動の正射影が単振動になっているのだ！**

　等速円運動と単振動の関係がわかったところで，それぞれの状態をあらわす物理量を関連付けていくことにしよう。

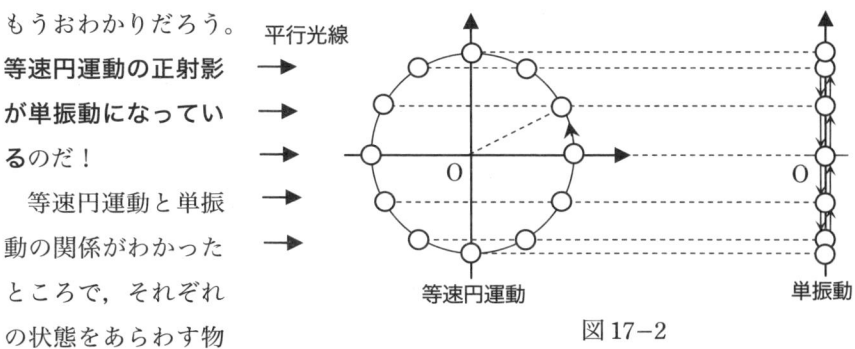

図 17-2

単振動と復元力

　まずは，等速円運動における向心力は，単振動ではどのような役割になるかを見よう。**等速円運動をするために必要不可欠な向心力は，単振動においても必要不可欠な唯一の力になっていると考えられる。**そこで，向心力の正射影もとってみることにしよう。

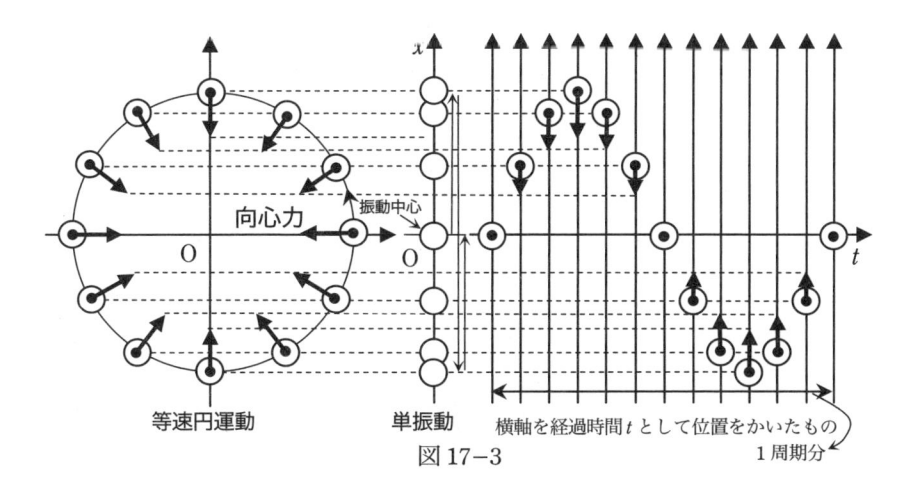

図 17-3

図17-3を見てほしい。かなり拡大してかいたのだが，等速円運動における向心力の正射影を単振動している物体にそれぞれかき込んだものだ。力なので，作用点も正射影されている。単振動運動のどの位置に物体があるときに，どんな力を受けることになるかわかりやすくするために，単振動の経過時間ごとの物体の位置を，ちょうど1周期分だけ横軸に経過時間をとって右側にかいた。瞬間瞬間の物体の位置がよくわかるし，その瞬間にはたらいている正射影の力もよくわかる。

　ちなみに，**単振動においての周期 T** は，等速円運動の周期と同じである。円運動ではちょうど一周するのにかかる時間であったが，その正射影である**単振動ではちょうど一往復する時間が1周期**になる。

　向心力の正射影の力は，次のような特徴がある。図17-3で確認してほしい。

　　1．常に単振動の中心（**振動中心**）に向かう力である
　　2．力の大きさは振動中心からの距離に比例して大きくなる

　つまり，少しでも振動中心からずれると，振動中心に戻ろうとする力がはたらくわけだ。この元に戻ろうとする力を**復元力**（restoring force）といい，**単振動するために不可欠の力**である。

　一番慣れ親しんだ復元力といえば，なんといってもばねの弾性力だろう。図17-4のように水平におもりのついたばねを置き，自然長から x だけのばしてそっと放すと，自然長の位置を振動中心とした単振動をする。このとき，**フックの法則**によって，ばねは自然長から x だけのびるorちぢむと，大きさ kx の弾性力を振動中心に向かって受けることになる。振動中心からののび x に力の大きさが比例している，まさに，この弾性力こそ復元力なのだ。そして，等速円運動との関係を考えればすぐにわかるように，**単振動を実現するために必要不可欠な力はこの復元力のみ**なのである。

17. 単振動

単振動の位置と速度と加速度

では，単振動の運動の解明をしていくことにしよう。任意の時間にどの位置にいるかなどを知るための式を，等速円運動とからめて導くことにする。その前に，いくらか単振動を表現するために必要な用語を紹介しておこう。

単振動（simple harmonic oscillation）
　等速円運動の正射影の運動。振動中心からのずれに対して，そのずれに比例する大きさの復元力がはたらくことで，一次元振動運動をするもの。

単振動の表現

1. **振幅** A（amplitude）[m]
　振動中心 O からの最大変位
2. **周期** T [s]
　ちょうど一往復する時間
　等速円運動の周期 T と同じ
3. **振動数** f（frequency）

$$f = \frac{1}{T}\ [\text{Hz}]\ （\text{ヘルツ}）$$

　等速円運動の回転数 n に相当

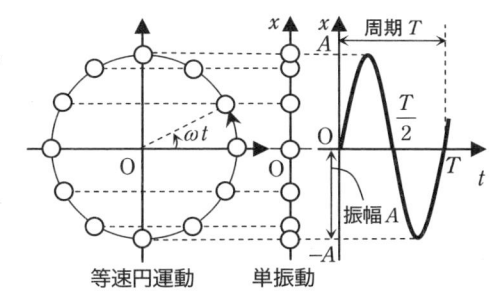

4. **角振動数** ω（angular frequency）

$$\omega = \frac{2\pi}{T} = 2\pi f\ [\text{rad/s}]$$

　等速円運動の角速度 ω に相当

1．**振幅**は，振動中心からのずれの最大位置までの距離である。よって，単振動は実際には，振動中心を中心として $2A$ の距離を往復運動することになるわけだ。

4．**角振動数**であるが，これは，等速円運動の角速度 ω のことだ。単振動は一次元往復運動なので，角速度とはよばず，単振動を元にして考えられる等速円運動を頭の中につくり，その円運動の角速度を角振動数とよぶのである。この章では等速円運動から単振動を考えているので当たり前のような気もするが，**実際の単振動はいつでも元になる等速円運動を考えることができるという点が重要である。**

このように，単振動から円運動を考える際に頭の中に作り出す円のことを**参考円**という。

ちなみに，参考円の中心角は ωt となり，単振動では**位相**（phase）という。この位相を使って，単振動の位置 x，速度 v，加速度 a を順に求めていこう。

単振動の位置

まずは位置からだ。図 17–5 をみてほしい。縦軸が x で横軸が t の一番右側の x–t グラフを式にしてみよう。

グラフは，

$t=0$ で $x=0$

である。その後，

$t = \dfrac{T}{4}$ で $x = A$

で最大値になり，

$t = \dfrac{T}{2}$ で $x = 0$

となる。その後は図 17–5 のように

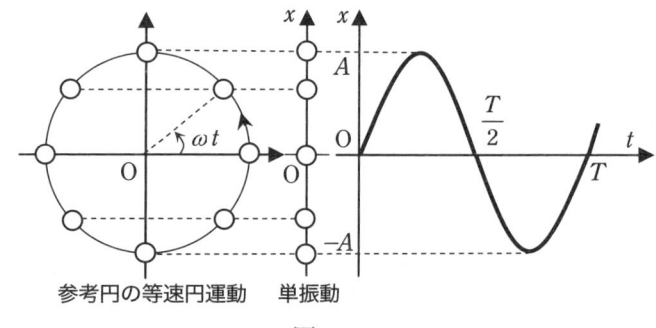

図 17–5

位置 x が変化する。・・・そうだ，この変化は，**sin 型のカーブ**になっているのだ。よって，位置 x は，次のように表現できる。

$$x = A \sin \omega t \quad \cdots\cdots ①$$

ここで，角振動数を用いると，うまく周期を表現できる点も確認しておきたい。たとえば，$t = \dfrac{T}{4}$ のときは，$x = A\sin\left(\omega \dfrac{T}{4}\right) = A\sin\left(\dfrac{2\pi}{T}\dfrac{T}{4}\right) = A\sin\dfrac{\pi}{2} = A$ となり，ちょうど 1 周期 $t=T$ では，$x = A\sin \omega T = A\sin\left(\dfrac{2\pi}{T}T\right) = A\sin 2\pi = 0$ となって，①式で時刻 t の瞬間の位置が表現できていることがわかると思う。

ちなみに，**いつも初期条件が $t=0$ で $x=0$ とは限らない**。そこで，①式をより一般的な形に拡張しておこう。図 17–6 のように，単振動のスタート位置が，A の位置からだったとしたらどうなるのだろうか。当然，x–t グラフは **cos 型のカー**

17. 単振動

ブになる。

初期条件は，$t=0$ で $x=A$ であるが，①式でこれを考えるためには，参考円の位相での**初期位相**を考えよう。初期位相には普通"δ"（**デルタ**）というギリシア文字を用いる。これは，"変化分"を表した"Δ"の小文字である。

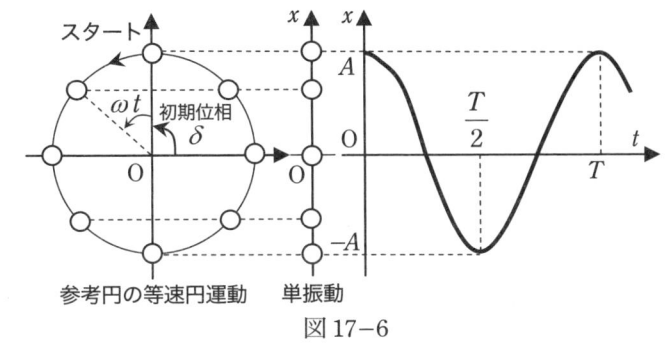

では，$t=0$ で $x=A$ になるための初期位相 δ [rad] は，いくらの値となるか。図17-6を見ていただくとすぐわかると思う。$\delta=\pi/2$ だ。すると，①式がまず，一般式として初期位相 δ [rad] を用いて，

$$x = A\sin(\omega t + \delta) \quad \cdots\cdots ①'$$

とかけ，図17-6の場合は，$\delta=\pi/2$ なので，

$$x = A\sin\left(\omega t + \frac{\pi}{2}\right) = A\cos\omega t$$

と，cos 型カーブを一般式から導ける。

図 17-6

単振動の速度

等速円運動の速さを v_0 として，速度の正射影をとったものが単振動のその位置での速度になる。図17-7では，速度ベクトルの始点をそろえ

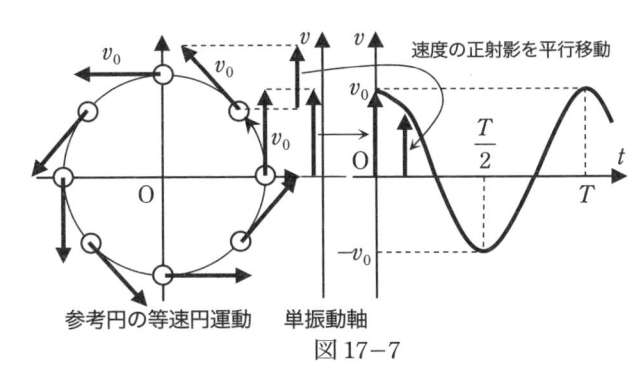

図 17-7

199

るように振動中心に平行移動して単振動の速度の変化を v–t グラフにしたものだ。初期位相が 0 の場合は，速度の変化は cos 型カーブになっていることがわかる。ちなみに，等速円運動の速さが最大値の v_0 である。半径 A での等速円運動であることを考えると，$v_0 = A\omega$ となることもわかる。よって，単振動の速度 v は，

$$v = v_0 \cos \omega t = A\omega \cos \omega t \quad \cdots\cdots ②$$

とかけるわけだ。ちなみに，一般的な式に拡張すると，

$$v = A\omega \cos(\omega t + \delta) \quad \cdots\cdots ②'$$

である。

単振動の加速度

等速円運動における向心加速度 a_0 の正射影をとったものが，単振動のその位置での加速度になる。速度のときと同じく，加速度ベクトルの始点をそろえてかいた a–t グラフが図 17–8 だ。初期位相が 0 の場合は，速度の変化は $-\sin$ 型カーブになっていることがわかる。ちなみに，等速円運動の向心加速度が最大値の a_0 である。半径 A での等速円運動であることを考えると，向心加速度の大きさは $a_0 = A\omega^2$ となる。よって，単振動の加速度 a は，

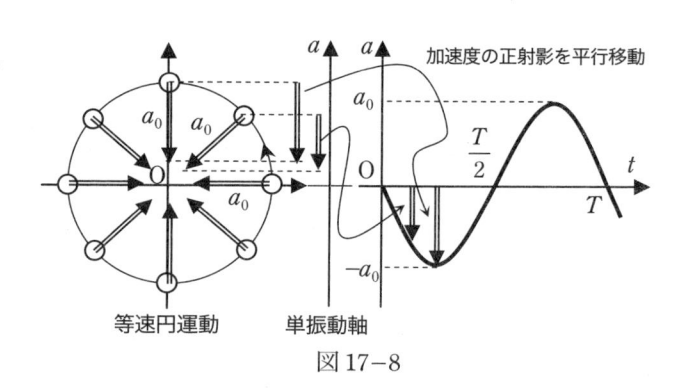

図 17–8

$$a = -a_0 \sin \omega t = -A\omega^2 \sin \omega t = -\omega^2 (A \sin \omega t) = -\omega^2 x \quad \cdots\cdots ③$$

となる。①式との関係も導かれた。ちなみに，一般的な式に拡張すると，

$$a = -A\omega^2 \sin(\omega t + \delta) = -\omega^2 x \quad \cdots\cdots ③'$$

17. 単振動

単振動の位置と速度と加速度

位置 x の一般式（①′式）
$$x = A\sin(\omega t + \delta)$$

速度 v の一般式（②′式）
$$v = A\omega\cos(\omega t + \delta)$$

加速度 a の一般式（③′式）
$$a = -A\omega^2 \sin(\omega t + \delta) = -\omega^2 x$$

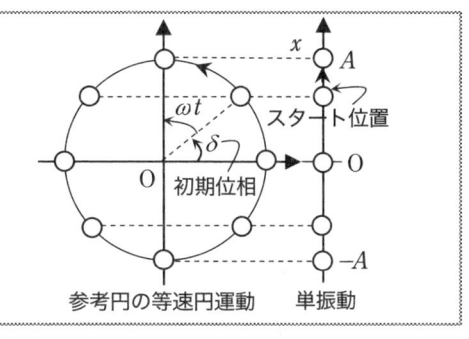

参考円の等速円運動　単振動

図17-6，図17-7，図17-8のそれぞれのグラフには，次のような関係がある。x-t グラフの傾き（図17-6のグラフの傾き）は，その瞬間の速度 v を表すのだったから，図17-7は，図17-6の瞬間瞬間での傾きになっているのを確認してほしい。また，v-t グラフの傾き（図17-8のグラフの傾き）は，その瞬間の加速度 a なので，図17-8は，図17-7の瞬間瞬間での傾きになっているわけなのだ。

では，次の**問題**に取り組みながら，単振動を理解していくことにしよう。

問題

図17-9のように，自然長が l の軽いばねの一端を天井に固定し，質量 m のおもりを吊したところ，d だけのびてつりあった。この状態からおもりをばねが自然長になるまで鉛直に持ち上げ，そっと手を離したところ，単振動をはじめた。重力加速度の大きさを g として次の問いに答えよ。

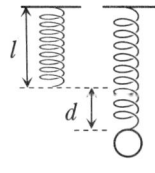

図17-9

(1) このばねのばね定数はいくらか。
(2) 単振動の周期を求めよ。
(3) おもりが振動中心を通る瞬間の速さはいくらか。

このような装置は，**鉛直ばね振り子**とよばれる。復元力を与えるものがばねの弾性力である場合である。いつものように，**問題に取り組む前に自分で必ず絵をかいてほしい。**

（1）おもりをつるしてばねがつりあった状態の図をかいて，おもりにはたらく力を考えることにしよう。ばね定数を k とすると，図 17–10 のようにはたらく力がもれなくかけただろうか。

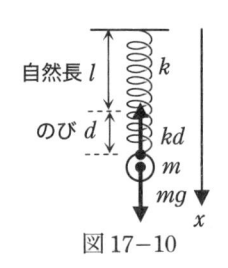

では，図を見ながら，**はたらく力の見つけ方**にしたがって，確認していこう。**1．重力** mg。**2．接垂力**としては，今はおもりに接触しているのはばねだけであるから，ばねの弾性力 kd のみだ。**3．慣性力**は，動いているものであるおもりに乗っているわけではないので，なし。よって，重力とばねの弾性力の 2 本の矢印だけがかけることになる。次に，軸をとる。はじめに動く向きに正をとるので，ここでは，**鉛直下向きが x 軸の正の向き**となる。

さて，図 17–10 の状態は，おもりを吊るした後つりあった状態であるから，**力のつりあいの式**がかける。

$$mg = kd$$

よって，求めるばねのばね定数 k は，$k = \dfrac{mg}{d}$ となる。　……④

（2）さて，このおもりはどのような単振動をするのだろうか。順に考えていくことにしよう。まずは，初期条件だ。"(つりあった)状態からおもりをばねが自然長になるまで鉛直に持ち上げ，そっと手を離した" とあるので，この文章から，初期条件を読み取らねばならない。

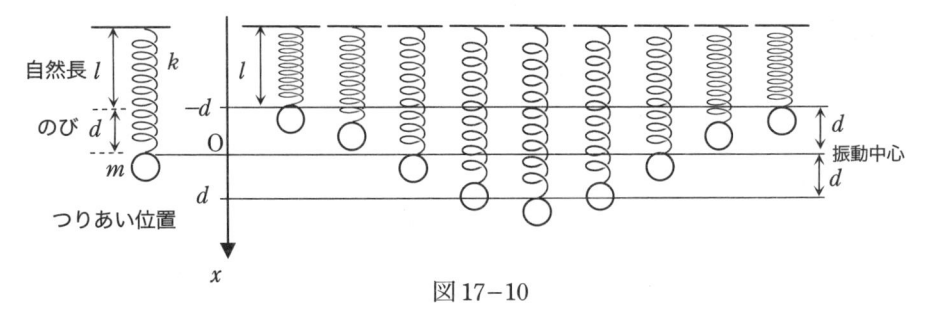

図 17–10

図 17–10 のように，おもりが単振動することがわかるだろうか。手を離した位

置（ばねの自然長の位置）が，最大振幅になり，振動中心をつりあいの位置として，振幅 d の単振動をする。

このように単振動現象を扱う場合は，どんな単振動になっているかをはじめに見極める必要がある。特に重要なのは，振幅と振動中心がどこになるかの 2 点だ。これさえわかってしまえば，あとは，**図をかいて初期条件を見出し，求めたい物理量を求めていくことが可能になる。**

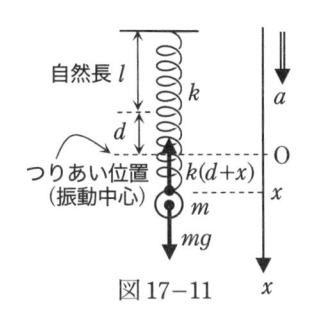

ところで，**単振動も運動であるので，運動方程式を立てよう**。図17–11は，振動中心（つりあいの位置）より，x だけのばしたところである。当然，フックの法則によるばねの弾性力とおもりにはたらく重力がつりあわないので運動をはじめる。このときの加速度の大きさを a とすると，運動方程式は，

$$ma = mg - k(d+x)$$

となる。ばねののびに該当するのは，自然長からののびなので，$d+x$ である点に注意だ。この式に（1）の結果の④式を代入してみよう。

$$ma = mg - k(d+x) = mg - kd - kx = mg - \left(\frac{mg}{d}\right)\cdot d - kx = -kx \quad \cdots\cdots ⑤$$

となる。この結果は，はたらく力は振動中心からののび x のみが原因となる力（**復元力**）でおもりの運動（単振動）が記述できるということを意味している。自然長がどこの位置かとか，重力の影響だとか，振幅はどれだけかなどは，まったく関係しないのだ。

言い換えるとこうだ。**単振動という運動では，力のつりあいの位置が必ず振動中心になり，振動運動は，重力の存在や自然長からののびという考え方を無視し，振動中心からののびに対する復元力のみで議論できる**。つまり，どのような単振動運動も，振動中心からののびに対する復元力がわかれば，全て同じ扱い方ができるのだ。なぜこのようなことが可能かというと，振動中心が力のつりあいの位置だからなのである。ちなみに，ばねの弾性力は正確には復元力とイコールの関

係ではない。**復元力とは，振動中心からのずれに対して振動中心に戻る向きにはたらく，ずれに比例した大きさの力**なのである。また，復元力の比例定数は，k もしくは K でかくことが多いが，名前がないので，**"復元力定数"**（←聖史造語）と僕は呼ぶことにしている。

復元力と単振動

あらゆる単振動現象は，振動中心からのずれに対してはたらく復元力を考えるだけで記述できる。

振動中心は必ず力のつりあいの位置となる。力のつりあう位置を見極める際に，重力などの影響がすでに考慮されており，そこから復元力定数を導くため，振動運動には重力などの影響も復元力定数を通して記述できているからである。

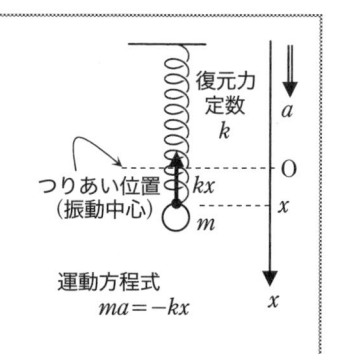

復元力定数 k
つりあい位置（振動中心）
運動方程式
$ma = -kx$

話を戻そう。この**問題**の単振動では，⑤式により，復元力定数がたまたまばね定数 k と同じになるということがわかったわけだ。

ところで，単振動の参考円の向心加速度 a の大きさは，角振動数 ω を用いて，
$$a = -\omega^2 x$$
とかけた（③式 or ③′式参照）。この式の両辺を m 倍し，⑤式と比べてみると，
$$ma = -m\omega^2 x = -kx$$
つまり，$\quad m\omega^2 = k \quad \therefore \omega = \sqrt{\dfrac{k}{m}} \quad \cdots\cdots ⑥$

という関係があることがわかる。⑥式は，単振動の角振動数 ω が，振動物体の質量 m と復元力定数 k で表現されることを示している。

すると，この単振動の周期 T は参考円の周期 T と同じなので，④式を代入して，
$$T = \frac{2\pi}{\omega} = 2\pi \frac{1}{\sqrt{\dfrac{k}{m}}} = 2\pi\sqrt{\frac{m}{k}} = 2\pi\sqrt{\frac{m}{\left(\dfrac{mg}{d}\right)}} = 2\pi\sqrt{\frac{d}{g}}$$

と求まる。

17. 単振動

> **単振動の周期の公式**
>
> 質量 m [kg] の物体の単振動の周期 T [s] は，復元力定数を k [N/m] とすると，
>
> $$T = 2\pi\sqrt{\frac{m}{k}}$$
>
> これはどのような単振動現象でも同じになる。

（3）では，ここからは，さらに振動現象を細かく見ていくことにしよう。再度，図17-10を見ながら話を進めていこう。

この単振動の初期条件は，

$t=0$ で $x=-d$

となる。図17-10では，x軸が下向きなのでわかりにくいので，図17-12では，上向きに直した。位置の変化は，$-\cos$型になっている。

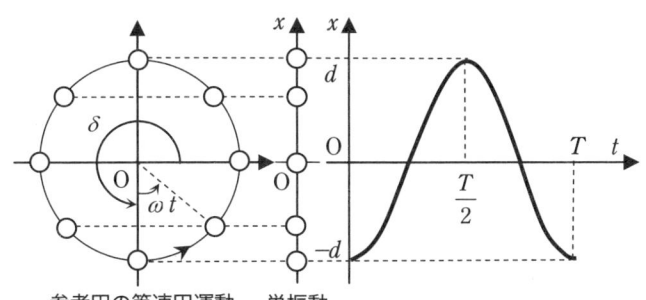

図17-12

このように，単振動の位置の時間変化の x-t グラフから位置を式で表現してもいいし，一般式からももちろん求められる。初期位相 δ は，一周の $\frac{3}{4}$ 回転（もしくは逆向きに $\frac{1}{4}$ 回転）なので，$\delta = \frac{3}{4} \cdot 2\pi = \frac{3}{2}\pi$ （又は $-\frac{1}{2}\pi$）である。よって，位置 x の一般式①′に代入して，

$$x = d\sin\left(\omega t + \frac{3}{2}\pi\right) = d\sin\left(\omega t - \frac{1}{2}\pi\right) = -d\cos\omega t \quad \cdots\cdots ⑦$$

とかける。

さらに，速度 v は，一般式②′より，

$$v = d\omega\cos\left(\omega t + \frac{3}{2}\pi\right) = d\omega\cos\left(\omega t - \frac{1}{2}\pi\right) = d\omega\sin\omega t$$

である。このおもりが振動中心，すなわちはじめのつりあいの位置を通るのは，⑦式における $x=0$ となる時刻（$t=\frac{1}{4}T, \frac{3}{4}T, \cdots$）の時であるから，振動中心での速度 v_0 が最大となり，その大きさは，

$$v_0 = d\omega\sin\omega\left(\frac{T}{4}\right) \qquad (\leftarrow t=\frac{1}{4}T \text{を代入した場合})$$

となる。周期は，$T=\frac{2\pi}{\omega}$ であることと⑥式を用いて，振動中心での速さ v_0 は，

$$v_0 = d\omega\sin\omega\left[\frac{1}{4}\left(\frac{2\pi}{\omega}\right)\right] = d\omega\sin\frac{\pi}{2} = d\omega\cdot 1 = d\sqrt{\frac{k}{m}} = \sqrt{d^2\cdot\frac{1}{m}\cdot\left(\frac{mg}{d}\right)} = \sqrt{dg} \quad \cdots ⑧$$

であることがわかる。ばね定数 k に④式を代入している。ちなみに，$t=\frac{3}{4}T$ のときは，$v=-v_0$ となるので，大きさはいずれも v_0 であることがわかると思う。

単振動と力学的エネルギー保存則

ところで，図17-10 をじっと見ていただければわかるが，この運動は，おもりとばねのみで運動していることがわかる。これら全体を**力学的エネルギー**という見方で議論することができるのだ。しかも，**外力による仕事はないので，力学的エネルギーは保存している**のだ！ 図17-13 のように鉛直ばね振り子であれば，当然重力の影響を考える必要があるのだが，先に見たように，**振動中心と復元力**

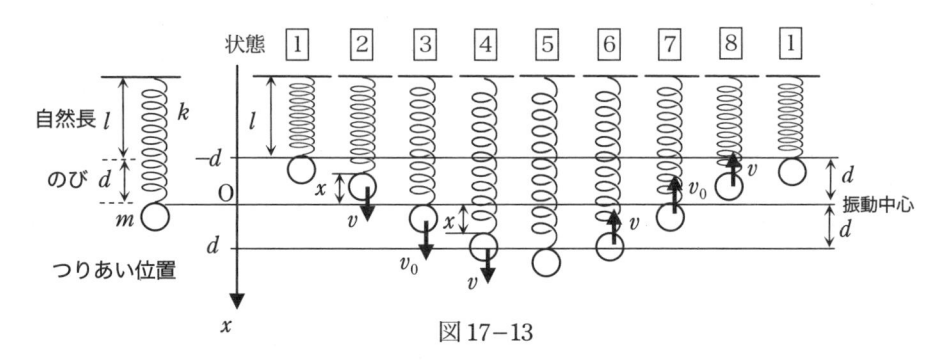

図17-13

というようにして振動現象を捉えると，重力場の位置エネルギーの存在も考えなくてよいのだ。

図 17–13 は，図 17–10 の各状態に $\boxed{1}$ 〜 $\boxed{8}$ の名前をつけ，かき直したものだ。この図を見ながら，力学的エネルギー保存則を見ていくことにしよう。

状態 $\boxed{1}$　$E_1 = \dfrac{1}{2}m\cdot 0^2 + \dfrac{1}{2}k(-x)^2 = \dfrac{1}{2}kd^2$

状態 $\boxed{2}$　$E_2 = \dfrac{1}{2}m(+v)^2 + \dfrac{1}{2}k(-x)^2 = \dfrac{1}{2}mv^2 + \dfrac{1}{2}kx^2$

状態 $\boxed{3}$　$E_3 = \dfrac{1}{2}m(+v_0)^2 + \dfrac{1}{2}k\cdot 0^2 = \dfrac{1}{2}mv_0^2$

状態 $\boxed{4}$　$E_4 = \dfrac{1}{2}m(+v)^2 + \dfrac{1}{2}k(+x)^2 = \dfrac{1}{2}mv^2 + \dfrac{1}{2}kx^2$

状態 $\boxed{5}$　$E_5 = \dfrac{1}{2}m\cdot 0^2 + \dfrac{1}{2}k(+d)^2 = \dfrac{1}{2}kd^2$

状態 $\boxed{6}$　$E_6 = \dfrac{1}{2}m(-v)^2 + \dfrac{1}{2}k(+x)^2 = \dfrac{1}{2}mv^2 + \dfrac{1}{2}kx^2$

状態 $\boxed{7}$　$E_7 = \dfrac{1}{2}m(-v_0)^2 + \dfrac{1}{2}k\cdot 0^2 = \dfrac{1}{2}mv_0^2$

状態 $\boxed{8}$　$E_8 = \dfrac{1}{2}m(-v)^2 + \dfrac{1}{2}k(-x)^2 = \dfrac{1}{2}mv^2 + \dfrac{1}{2}kx^2$

この状態 $\boxed{1}$ 〜 $\boxed{8}$ で，外力による仕事はないので，力学的エネルギーは保存する。
$E_1=E_2=E_3=E_4=E_5=E_6=E_7=E_8$，つまり，

$$\underbrace{\dfrac{1}{2}kd^2}_{\boxed{1},\boxed{5}} = \underbrace{\dfrac{1}{2}mv^2 + \dfrac{1}{2}kx^2}_{\boxed{2},\boxed{4},\boxed{6},\boxed{8}} = \underbrace{\dfrac{1}{2}mv_0^2}_{\boxed{3},\boxed{7}}$$

という関係があるわけだ。一般的にまとめておこう。

単振動と力学的エネルギー保存則

$$\frac{1}{2}kA^2 = \frac{1}{2}mv^2 + \frac{1}{2}kx^2 = \frac{1}{2}mv_0^2$$

v_0：振動中心での速さ

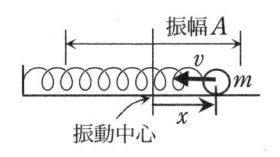

　これが，振動中心での速さを v_0 とし，この単振動の振幅を A とし，復元力定数を k とした場合の力学的エネルギー保存則の関係だ。なお，v は位置 x での速さである。

　では，再度，先ほどの**問題**を考えよう。今度は力学的エネルギーを用いて答えを導いてみよう。

問題（再掲）

　図 17-9 のように，自然長が l の軽いばねの一端を天井に固定し，質量 m のおもりを吊るしたところ，d だけのびてつりあった。この状態からおもりをばねが自然長になるまで鉛直に持ち上げ，そっと手を離したところ，単振動をはじめた。重力加速度の大きさを g として次の問いに答えよ。

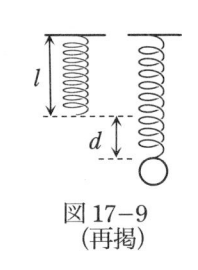

図 17-9
（再掲）

（3）おもりが振動中心を通る瞬間の速さはいくらか。

　（1）および（2）は，力のつりあいの式とすでに導出した周期の公式を用いるだけなので省略し，ここでは，（3）のみを力学的エネルギー保存則で解いてみる。

　（3）まずは，この単振動の**振動中心と振幅**を知らなくてはならない。振動中心と振幅がわかれば，すぐに力学的エネルギー保存則が適用できるわけだ。これは，本文中の"（つりあった）状態からおもりをばねが自然長になるまで鉛直に持ち上げ，そっと手を離した"とあるところから見抜く。つまり，**振動中心が力のつりあいの位置**（単振動ではいつでも振動中心＝力のつりあいの位置）で，**振幅 A が自然長の位置**ということさえわかればばよいのだ。すると，振動中心の座標

を原点として,振幅$A=d$となる。ならば,この単振動では,外力による仕事がないので力学的エネルギー保存則が適応できるから,

$$\frac{1}{2}kd^2 = \frac{1}{2}mv_0^2 \quad \cdots\cdots ⑨$$

となる。ただし,v_0は振動中心での最大の速さである。また復元力定数kは,ばね定数kと同じになっている点も注意が必要だ。よって,求めるv_0は⑨式より,

$$\frac{1}{2}mv_0^2 = \frac{1}{2}kd^2 \quad \therefore \quad v_0 = \sqrt{\frac{k}{m}} \cdot d = \sqrt{\frac{1}{m} \cdot \left(\frac{mg}{d}\right) \cdot d^2} = \underline{\sqrt{dg}}$$

となる。無論,ばね定数kには④式を代入している。

この結果は,単振動の式で求めた場合の結果である⑧式と同じになっていることがわかるだろう。**力学的エネルギー保存則で考えると位相や時間というものが登場しないので,単振動がいまいち理解しにくいという場合には,力学的エネルギー保存則で解くことをオススメしたい。**

単振り子

軽い糸の上端を固定し,下端におもりをつけたものを鉛直方向に吊り下げ,一次元的に振動させたものを**単振り子**(simple pendulum)という。図17-14のような振り子だ。

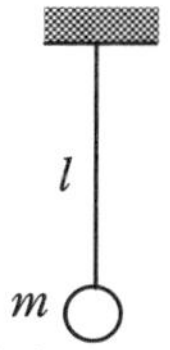

さて,この振り子。一見,その振動現象が単振動をしているように見える。しかし,図17-15を見てほしい。ちょっとだけずらしてみた時に,おもりにはたらく力をかいたものだ。振り子は糸の長さl一定の円弧を描くので,はじめのつりあいの位置(振動中心)に向くはずの復元力(重力の復元力方向成分$mg\sin\theta$)が,厳密には振動中心を向いていないことがわかる。つまり,**単振動ではない**ということだ。

図17-14

しかし,振り子の角度θが十分小さいときは,次のように近似できる。"≈"は,数学の"**大雑把な近似**"という記号である。

$$\sin\theta \approx \theta \quad (\theta が十分小さいとき)$$

この場合，図17–16のように，**復元力**（重力の復元力方向成分 $mg\sin\theta$）が，**振動中心を向いているとみなせ**，振動中心から右方向に x 軸の正をとった。図のように振動中心からのずれが x のときの角度を θ とすると，この**近似された単振動の運動方程式**は，

$$ma = -mg\sin\theta \approx -mg\cdot\theta = -mg\cdot\left(\frac{x}{l}\right) = -\frac{mg}{l}\cdot x = -kx$$

とかける。つまり，この**近似された単振動の復元力定数** k が $k = \dfrac{mg}{l}$ となる。

周期 T は，$T = 2\pi\sqrt{\dfrac{m}{k}} = 2\pi\sqrt{\dfrac{l}{g}}$ となり，おもりの質量 m によらないことがわかる。つまり単振り子の周期 T は糸の長さ l のみで決まる。これは**振り子の等時性**といい，ガリレオ・ガリレイが青年時代に発見している。

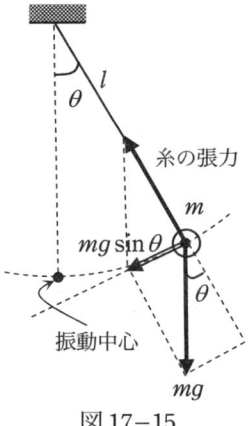

図 17–15

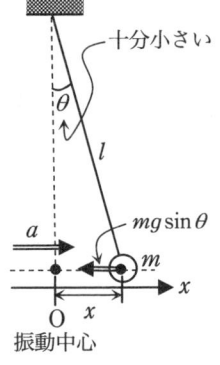

図 17–16

18. 天体の運動

　いよいよ，人類が太古の昔から見上げてきた宇宙の天体の運動へと話を進めるときがやって来た。地球上の物理現象における理解が，遠くの天体の運動をも説明できるということをぜひとも実感してほしい。言い換えると，われわれの世界は，宇宙も含めて，**目の前で起こっている現象の解明が全ての理解につながるということを示している**のだ。つまり，なぜこの世はあるのか，なぜわれわれは生まれてきたのか，なぜ自分が今ここに在るのか・・・。それらの理解を目的にし，物理学は進歩しているといっても過言ではないのだ。

万有引力の法則

　この法則は，1665年，ニュートンにより地上の重力と天体の運動にかかわる天体間にはたらく力の統一により発見された。だれでも名前くらいは聞いたことがあるであろう。

万有引力の法則（Issac Newton　英）1665年発見，1687年発表
　あらゆる質量をもつ物体間にはたらく引力
で，その引力の大きさ F は，
$$F = G\frac{m_1 m_2}{r^2}$$
であらわされる。

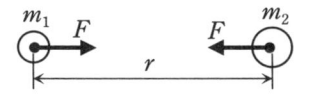

m_1, m_2 は 2 物体のそれぞれの質量であり，r は 2 物体間の距離である。また，G はすべての物体に共通する普遍定数で，**万有引力定数**（universal gravitation constant）または**キャヴェンディッシュ定数**という。この G の大きさは，1798 年にイギリスの**キャヴェンディッシュ**（Henry Cavendish）が，ねじればかりによる精密測定でその大きさを測定した。

$$G = 6.67 \times 10^{-11} \ [\text{N} \cdot \text{m}^2/\text{kg}^2]$$

<u>あらゆる質量をもつ物体が有する</u>（→万有）引力と，実にうまい日本語訳がなされている法則である。読んで字の如く，2 物体があれば必ずその間に引力がはたらくわけだ。ニュートンは，この法則を 1665 年に発見していながら，発表は 20 年以上後の 1687 年の『**プリンキピア**』内であった。また，それぞれの質量に比例し，距離の 2 乗に反比例するということは発見したが，現在，万有引力定数 G とよんでいる普遍定数の大きさが決められなかった。この G の大きさは，約 100 年後にキャヴェンディッシュによって，実験室内で精密に測定されたので，氏の功績をたたえて，万有引力定数ではなく，**キャヴェンディッシュ定数**と僕はあえてよぶように心がけている。G は"**キャヴェンディッシュ定数**"とよぼう！

この，**キャヴェンディッシュ氏の生き様**は実に興味深いので，少し紹介しておこう。イギリスの物理学者，化学者で，デヴォンシャーの貴族。**大変な人間嫌い**だったようで，社交を好まず，**生涯独身**だった。他人との交際を避け，**ほとんど自宅邸内の実験所で研究に打ち込んでいた。万有引力定数 G の測定だけのためにレンガ造りの大きな建築物を特別につくった**というから，キャヴェンディッシュ氏の研究への熱の入れ方をわかってもらえるだろう。G の精密測定には，熱的乱れがなくなるように，そのような大掛かりな装置を作った。しかも，建築物に小さな観測窓を開け，自分は外から観察をした。そこまで，徹底的に精密測定にこだわったので，現在までも名前が残っているのであろう。ちなみに，測定装置として

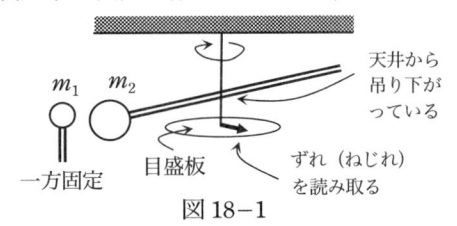

図 18-1

は，**ねじればかり**という装置を用いている。簡単に説明すれば，図 18-1 のように質量の違う球を接近させ，引きあう引力の大きさをねじれから測定するという装置だ（かなり実物と異なるが，原理的には図のような装置と考えていただきたい）。これのでかい装置を作っちゃったというのだから驚きもひとしおではなかろうか？　どうかな，これで，今日から君も"**キャヴェンディッシュ・ファン**"になったかな？

地表スレスレ人工衛星

万有引力の法則を実際に用いて天体の運動を考える前に，身近な地球表面での**衛星**（satellite）について取り上げることにしよう。ちなみに，衛星とは**惑星**（planet）のまわりを**公転**（revolution）する天体のことをいい，ここで扱うのは，人類が打ち上げる**人工衛星**（artificial satellite）である。

問題

人工衛星を打ち上げて，"地表スレスレ人工衛星"にしたい。必要な速さ v [km/s] を求めよ。ただし，"地表スレスレ人工衛星"とは，地球表面に何もないとみなし，地表に接触することなく地球を公転する人工衛星のことをいう。また，必要があれば，地球半径 $R = 6.4 \times 10^6$ [m]，地球質量 $M = 6.0 \times 10^{24}$ [kg] を用いよ。

さて，いつものように，**まずは自分で絵をかくことから始めよう**。地球の半径が R で，その表面を人工衛星がまわっているのだから，**人工衛星は半径 R の等速円運動をしている**と気づいただろうか？

なんと，人工衛星を扱っているはずなのに，話は16章の等速円運動なのである。どうだい？　物理学の魅力が少しずつわかってきただろうか？　**身近な等速円運動で考えたことが，人工衛星にもそっくりそのま**

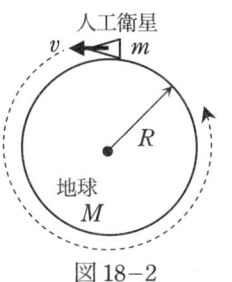

図 18-2

ま当てはまるというわけだ。その等速円運動が図18-2のように自分でかけただろうか。

次に，**等速円運動をするのに不可欠な力である向心力はどれか**を見極めよう。等速円運動しているのだから，必ず向心力があるはずである。**はたらく力の見つけ方**にしたがって，順に考えていこう。図18-3に極端に大きく人工衛星をかいたので見ながら確認してほしい。1．**重力**だが，天体の運動ではここが**万有引力**に相当する。これは，人工衛星が地球から受ける力なので $F_{人工衛星←地球}$ となる。ちなみに，反作用の力である $F_{地球←人工衛星}$ は，地球が人工衛星から受ける万有引力であり，文字通り互いに引きあっている（図中にもかいてみた）。・・・が，**地球があまりに大きいので，引き寄せられているのがわからないのだ。2．接垂力**としての力はない。なぜなら，地表スレスレであって，地表と接触しているわけではないからだ。3．**慣性力**であるが，今回は人工衛星に乗らない立場で考えることにするので，なし。結局，人工衛星に着目すると，はたらく力は $F_{人工衛星←地球}$ のみということがわかる。

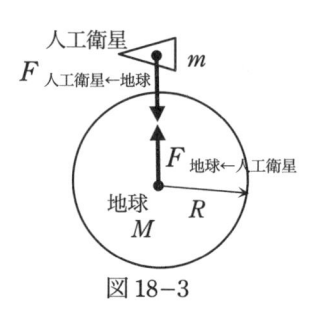

よって，向心力は，人工衛星が地球から受ける万有引力であることがわかった。これを万有引力の法則で表現すると，人工衛星の質量を m [kg] として，

$$F_{人工衛星←地球} = G\frac{Mm}{R^2} \quad \cdots\cdots ①$$

とかける。向心力がわかれば，等速円運動の運動方程式がかける。

$$F_{人工衛星←地球} = m \cdot \frac{v^2}{R} \quad \cdots\cdots ②$$

①式と②式を連立して，

$$m \cdot \frac{v^2}{R} = G\frac{Mm}{R^2} \quad \therefore v = \sqrt{G\frac{M}{R}} = \sqrt{6.67 \times 10^{-11} \times \frac{6.0 \times 10^{24}}{6.4 \times 10^6}} \cong \sqrt{6.25 \times 10^7}$$

$$= 2.5 \times \sqrt{10} \times 10^3 \cong 7.9 \times 10^3 \,[\text{m/s}] = \underline{7.9 [\text{km/s}]}$$

と求まる。この速さが人工衛星になるのに必要な最小速度であり，**第一宇宙速度**

（astronautical velocity または cosmic speed）とよばれる。

ここまで読んでくると，勘のいい人なら気づいているかもしれない。**地表スレスレ衛星にはたらく万有引力は，重力そのものなのではないのか**と。実は，その通りなのだ。練習のため，重力でなく万有引力の法則から導いたのだが，地表に物体があれば，今まで考えてきたのと同じなので，重力 mg がはたらくことになる。

つまり，地表での重力が万有引力と同じ大きさになっていないと，話がおかしいのだ。・・・きちんと確かめておこう。図18-3における $F_{人工衛星←地球}$ が，人工衛星にはたらく重力と等しいはずなので，①式より，

$$F_{人工衛星←地球} = G\frac{Mm}{R^2} = mg \quad \cdots\cdots ③$$

$$\therefore g = G\frac{M}{R^2} = 6.67 \times 10^{-11} \times \frac{6.0 \times 10^{24}}{(6.4 \times 10^6)^2} \cong 9.77 \,[\text{m/s}^2]$$

という結果が導かれ，有効数字2桁の精度で，重力加速度 $g \cong 9.8$ $[\text{m/s}^2]$ と一致している。つまり，**地表スレスレの物体にはたらく万有引力の大きさが重力である**ことが確かめられた。

この結果を用いると，第一宇宙速度は次のようにしても求めることができる。③式と②式を連立して，

$$m \cdot \frac{v^2}{R} = mg \quad \therefore v = \sqrt{gR} = \sqrt{9.81 \times (6.4 \times 10^6)} \simeq \sqrt{6.28 \times 10^7} \cong \underline{7.9\,[\text{km/s}]}$$

と求まり，当然のことだが同じ結果になる。万有引力を用いた場合に比べて数値代入の数が少なくなっていることがわかると思う。また，**地球の質量 M が不明な場合でも結果が得られる**という点に注意しておきたい。

ただし，万有引力の大きさと重力の大きさが等しいと考えられるのは，地表スレスレでの場合のみであり，地表から離れて地球を公転する人工衛星には適用できない。しかし，そうした場合においても $g = G\dfrac{M}{R^2}$ の関係は利用できることが多い。

万有引力による位置エネルギー

地表での運動を考えた際に,重力がする仕事から,**重力場による位置エネルギー**を考えたのと同じように,万有引力がする仕事から,**万有引力による位置エネルギー**を求めてみよう。

ところで,重力場の位置エネルギーを考えるときに,いつも忘れてはならないことがあった。なんだっただろうか。そう,**重力場の位置エネルギーを考える場合は,毎回基準をどこにとったのか明記しなくてはならない**のだ。なぜなら重力場の位置エネルギーは高低差によってどちらが多くエネルギーを蓄えているかが決まったからである(9章参照)。つまり,どこに基準をとったかによってまったく異なるからだ。

では,**万有引力による位置エネルギーの基準はどこにとればよいのだろうか?**よくよく考えるに,万有引力は質量のある2物体があればどんなときもはたらく力であるから,全宇宙の全ての物体に対して考える必要が出た場合に,その位置エネルギーの基準をいちいち決めるというのも面倒な話である。そこで,どんな場合でも適応できる基準ということで,**無限遠を万有引力の位置エネルギーの基準**と決めることにしよう。こうすることで,いちいち位置エネルギーの基準を決める必要がなく,全宇宙の物体を平等に扱うことが可能になるのだ。

万有引力による位置エネルギー

質量 M [kg] の物体から距離 r [m] の位置にある質量 m [kg] の物体がもつ万有引力による位置エネルギー U [J] は,無限遠を基準 ($U=0$ [J]) として,

$$U = -G\frac{Mm}{r} \quad [\text{J}]$$

となる。ただし,G は万有引力定数(キャヴェンディッシュ定数)。

地球と人工衛星で,この万有引力による位置エネルギーの関係を見てみよう。図18-4のように,地球の中心Oから距離 r の位置に人工衛星がいる場合を考え,

万有引力による位置エネルギーの変化を確認してほしい。**無限遠（$r \to \infty$）での万有引力による位置エネルギーUを0（基準）としているため，人工衛星がどの位置にいようともUの値は常に負になる**点に注意しよう。

図中のUの変化を見ていただければわかるのだが，$U \propto -\dfrac{1}{r}$なので，反比例の関係になっている。地球の中心に人工衛星がある（$r=0$）場合は，$U=-\infty$となるが，実際には地球に大きさがあるため，ありえない。

地球から距離rの位置にいる人工衛星が負の万有引力による位置エネルギーをもっているというのがなんだか不思議な気がするのだが，基準を無限遠にしたために，このようなことになっているだけなので，実際にもっているエネルギーは当然正の量である。**位置エネルギーは基準からの差を考えているので，間違っても負のエネルギーがあるなどという誤解のないようにしてほしい。**

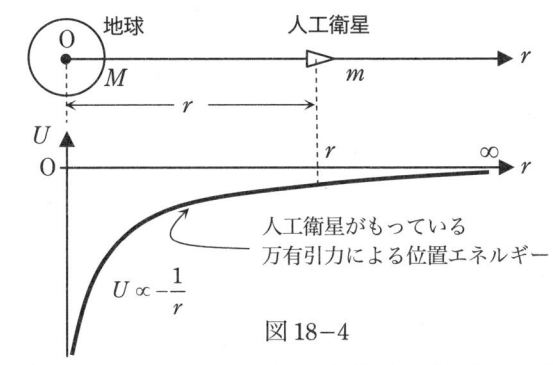

図18-4

地球の引力圏外へ脱出するには

地球から発射された人工衛星は，万有引力により地球の引力圏内で運動する。しかし，ある条件を満たす初速度があれば，引力圏外へ脱出できるのである。

問題

地上から打ち上げた質量mの人工衛星が，再び地上に戻ってこないようにするための初速度の大きさv_0を求めよ。ただし，地球の大きさを$R=6.4\times 10^6$ [m]，地表における重力加速度の大きさ$g=9.8$ [m/s^2] とする。

まず、**いつものように自分で絵をかいてみよう**。問題文に与えられていないが、万有引力を考えるために地球の質量を M とおく。また、地球からの距離 r の位置での人工衛星の速度の大きさを v としよう。地表を飛び立った人工衛星が図 18-5 のように飛んでいき、このまま戻ってこない条件を求めればよいわけだ。

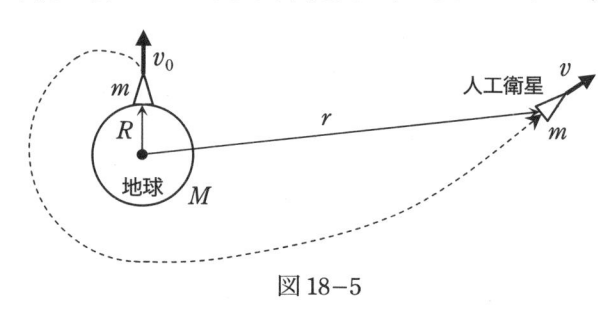

図 18-5

　さて、この運動であるが、**人工衛星に着目すると、力学的エネルギー保存則が適応できる**のだがわかるだろうか？　不安な人は 10 章を読みなおしてほしい。**外力による仕事がないときに、力学的エネルギーが保存する**んだった。今、人工衛星は宇宙空間を飛んでいくので、通常無視していた空気抵抗さえも受けることはない。宇宙空間は真空であるのはご承知のとおりだからだ。よって、人工衛星に着目すると、まったく外力は受けていないことになる。…そんなことはないぞ、地球からの万有引力を受けているじゃないかという人がいるかもしれない。しかし、**万有引力は、地球上での重力を重力場の位置エネルギーとして扱ったように、万有引力による位置エネルギーとして扱うため、外力としないのだ**。

　それでは、力学的エネルギー保存則を適応しよう。

| 地上の出発点での全力学的エネルギー | = | 位置 r での全力学的エネルギー |

$$\underbrace{\frac{1}{2}mv_0^2}_{\text{運動エネルギー}} + \underbrace{\left(-G\frac{Mm}{R}\right)}_{\text{位置エネルギー}} = \underbrace{\frac{1}{2}mv^2}_{\text{運動エネルギー}} + \underbrace{\left(-G\frac{Mm}{r}\right)}_{\text{位置エネルギー}} \quad \cdots\cdots ④$$

　この人工衛星が、再び地上へ戻ってこない（**地球の引力圏外へ脱出する**）ためには、どのような境界条件が必要なのだろうか？

　とりあえず、図 18-5 の地球から距離 r の位置で、地上に戻ってこない条件は、その位置で速さが $v \geq 0$ であることだ。人工衛星が地球から離れていく向きに動い

18. 天体の運動

ていれば戻ってこない。そうすると，地球の引力圏外へ脱出する条件が次のようになることもわかるだろう。

地球の引力圏外へ脱出する境界条件　$r \to \infty$ で $v \geq 0$

　人工衛星が地球から受ける万有引力は，万有引力の法則を見ればわかるように，どこまで遠くに離れてもはたらく力である。よって，**厳密には地球の引力圏外へ脱出はできない**。しかし，事実上，地球から無限の彼方にて人工衛星が速さをもつということは，再び地球上へ戻ってこないことを意味している。そこで，このような境界条件を満たす場合を地球の引力圏外へ脱出したと考えるのだ。

　$r \to \infty$ で $v \geq 0$ の境界条件を④式にあてはめよう。

$$\frac{1}{2}mv_0^2 + \left(-G\frac{Mm}{R}\right) = \frac{1}{2}mv^2 + \left(-G\frac{Mm}{r}\right) \xrightarrow{r \to \infty} \frac{1}{2}mv^2 \geq 0$$

$$\therefore \frac{1}{2}mv_0^2 + \left(-G\frac{Mm}{R}\right) \geq 0 \quad \cdots\cdots ⑤$$

この境界条件⑤式をみたすために必要な初速度の大きさ v_0 を求めよう。ただし，問題で地球の質量 M が与えられていないかわりに，重力加速度の大きさ g が与えられていることを考えると，③式の関係を用いる必要があることがわかる。よって，人工衛星が再び地上に戻ってこないようにするための初速度の大きさ v_0 は，⑤式より，③式の関係も用いて，

$$v_0 \geq \sqrt{\frac{2GM}{R}} = \sqrt{2gR} = \sqrt{2 \times 9.8 \times (6.4 \times 10^6)} \simeq 1.12 \times 10^4 \,[\text{m/s}] = \underline{11.2\,[\text{km/s}]}$$

となる。ここで求めた，地球上から人工衛星を打ち上げた後に再び戻ってこないようにするために必要な速度の最小値を**第二宇宙速度**（**離脱速度**または**脱出速度**ともいわれる）という。結果を見ればわかるのだが，**第一宇宙速度の $\sqrt{2}$ 倍の大きさになっているのだ**。戻ってこないのであれば人工衛星とはもはやいえないので，**ロケット**（rocket）というように名称も変えたほうがよいだろう。

　ちなみに，**第三宇宙速度**とよばれる速度もある。これは，ロケットを太陽系から脱出させるのに必要な最小の速度のことで，$v_0 \simeq 16.7\,[\text{km/s}]$ である。

ブラックホールの正体は？

話は変わって，**ブラックホール**（black hole）という天体をご存知だろうか。宇宙空間にあり，観測しても何も見えないことからそのような名前がつけられている。現代では，いろいろな定義によるブラックホールがあるのだが，**とにかくありとあらゆるものを自分の引力圏外へ出さないような天体のことだと考えればよい**。**観測して何も見えないということは，光もブラックホールの引力圏内にある**というわけだ。

では，地球がブラックホールとして振舞うための条件が求められないだろうか？　第二宇宙速度を求めたときの話を思い出してほしい。もし，地球の引力圏外への脱出速度が光の速度（**光速 $c = 3.00 \times 10^8$ [m/s]**）よりも速くなければならなかったならどうなるだろうか？　そう，**光は地球の引力圏外へ出られない**。つまり，地球外から地球を見ると真っ暗に見えるのだ。**これがブラックホールといわずして何といおう！**

> **問題**
> 地球が現在の質量のままブラックホールになる条件を求めよ。

第二宇宙速度 v_0 が，$v_0 > c$（光速）となる条件をみたせばよいので，

$$v_0 = \sqrt{\frac{2GM}{R}} > c$$

ここで両辺を2乗して，

$$\frac{2GM}{R} > c^2 \quad \therefore \quad R < \frac{2GM}{c^2} = \frac{2 \times (6.67 \times 10^{-11}) \times (6.2 \times 10^{24})}{(3.00 \times 10^8)^2} \approx 1 \,[\text{cm}]$$

と，地球半径 R についての条件が求まる。

つまり，**地球がブラックホールになる条件は，現在の質量のまま地球半径 R が 1 [cm] よりも小さくなること**である。この半径を**シュワルツシルト半径**という。シュワルツシルト（Karl Schwarzschild）が1916年に一般的に導いている。

18. 天体の運動

ケプラーの法則

　ここ数年になって，天文学が大幅に発展してきているのはよくご存知のことだろう。電波望遠鏡の進化や，コンピュータの大幅な普及により，昔の肉眼での観測にくらべて，宇宙から多くの情報を得られるようになってきている。われわれがどこからきて，どこへいくのか，頭上に広がる宇宙にその答えを見つけ出せるかもしれない。

　しかし，肉眼での観測で，何もわからなかったわけではない。ここからは，肉眼観測による時代の天文学に関する功績を見ていくことにしよう。

　地球が動いているという**地動説**の考えは，紀元前の古代ギリシア時代からあった。しかしご存知のように，主流は**天動説**であり，**アリストテレス**（Aristoteles）の考え方が支持されていた。150年ごろ，天動説を基盤にして円運動の組み合わせで観測と一致させた**プトレマイオス**（Ptolemaios）の周転円の考え（**プトレマイオスの宇宙体系**）が出た。その後地動説をまとまった考えで打ちたてたのは，1000年以上後の1543年，**コペルニクス**（Nicolaus Copernicus）であった。**コペルニクスの宇宙体系**では，宇宙の中心は太陽で，惑星は全てそのまわりを円軌道で公転するとされた。しかし，観測との誤差が天動説，地動説共に同じ程度生じており，コペルニクスの説が優位にたつには，次に紹介する人物の登場を待たねばならなかった。

　デンマークの**ティコ・ブラーエ**（Tycho Brahe）は，1576年からフヴェン島に観測所を設け，1597年からはプラハにて，望遠鏡のなかった時代において，肉眼による驚くべき精度の天体観測を生涯続けた。1600年に**ケプラー**（Johannes Kepler）がプラハに行ってティコ・ブラーエの助手となり，ブラーエの観測記録の整理を共同でおこなった。1601年のブラーエの死後，ブラーエの火星運動の観察記録の分析をしていくうちに，面積速度一定ということを見つけた（1603年頃）。その後，コペルニクスのいう円軌道という考え方を捨て，楕円軌道をあてはめてみるとうまくあった。このようにして，ブラーエの精密な観測結果をもとにケプラーが三つの法則を結論づけたのである。

> ## ケプラーの法則
>
> **第一法則**（1609 年）
> 　惑星は太陽を一つの焦点とする楕円軌道上を運動する。
>
> **第二法則　面積速度一定の法則**（1609 年）
> 　惑星と太陽とを結ぶ線分が，一定時間に通過する面積は一定である。
>
> **第三法則**（1619 年）
> 　惑星の公転周期 T の 2 乗と，楕円軌道の半長軸 a の 3 乗の比の値は，全ての惑星について同じ値になる。
>
> $$\frac{T^2}{a^3} = k \quad (一定)$$

　それぞれの法則を，図 18-6 を見ながら確認していこう。

ケプラーの第一法則

　太陽が惑星の楕円軌道の一方の焦点となっている。

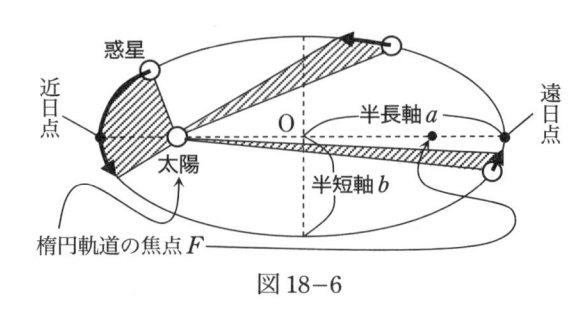

図 18-6

よって，惑星には，太陽に最も近づく**近日点**（perihelion）と，太陽から最も遠ざかる**遠日点**（aphelion）ができる。また，楕円の長いほうの半径を**半長軸**といい，図では a であらわした。短いほうの半径は**半短軸**という。b であらわした。

ケプラーの第二法則

　図の太い矢印（→）が同じ時間で惑星が進んだ距離を示す。当然，近日点側ではその距離が長く，遠日点側では短い。"惑星と太陽とを結ぶ線分が一定時間に通過する面積"とは，図の ▨ で，斜線で塗りつぶした面積をいう。図では 3 箇所での面積が示してあるが，これらの面積が同じになるというわけだ。また，この面積のことを**面積速度**（areal velocity）といい，この面積速度は惑星がどの楕

円軌道上にいようとも一定になるため，**面積速度一定の法則**ともよばれる。

しかし，このままでは面積が出しにくいので，面積速度が求めやすい場合について考えてみよう。それは，惑星が近日点および遠日点を通過する場合である。図 18–7 にその状態をかいてみた。太陽から近日点および遠日点までの距離をそれぞれ r_1, r_2 とし，近日点および遠日点での惑星の速さをそれぞれ v_1, v_2 とする。**単位時間あたりでの面積速度**を考えると，

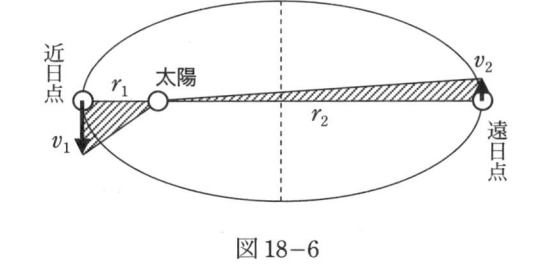

$$\frac{1}{2}r_1 v_1 = \frac{1}{2}r_2 v_2$$

図 18–6

という関係になる。楕円軌道の一般的な位置では面積速度が求めにくいが，近日点および遠日点を通過する瞬間では，簡単な直角三角形として求められるので，この結果を利用する場合が多い。

ケプラーの第三法則

通常なら公転周期 T の単位は [s] で，半長軸の長さ a は [m] なのだが，第三法則は比が一定であるというわけなので，別の惑星を考える場合とおなじ単位を用いれば，[s] や [m] でなくても成り立つ点が重要だ。

また，他の惑星を考える場合に，よくわかっている地球の公転周期 T や半長軸の長さ a を用いて考える場合が多い。確認しなくてもいいかもしれないが，**地球の公転周期は，$T_{地球}=1$ [年] である。**

ハレー彗星

1682 年に地球に接近した際に，イギリスの天文学者の**エドモンド・ハレー**（Edmond Halley）によってその軌道が計算され，1531 年および 1607 年に接近した彗星と同じであることが発見されたため，**ハレー彗星**（comet Halley）と呼ばれ

るようになった彗星をご存知だろうか？ 1986年にも接近しており肉眼での観測もできた。ちなみに**彗星**（comet）とは，惑星と同じように太陽を一つの焦点とした楕円軌道をえがくが，その離心率が大きく，円軌道からかなり外れた軌道になっているものである。

問題

ハレー彗星の公転周期 $T_{ハレー}$ を求めよう。ハレー彗星は，近日点で地球の1.81 倍の速さであり，太陽までの距離は，地球までの距離の 0.6 倍であることが観測でわかっている。

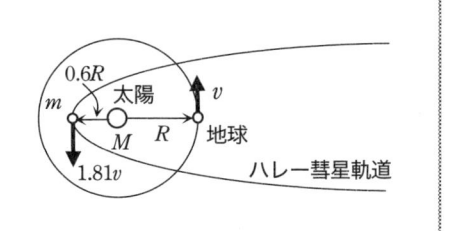

太陽質量 M，ハレー彗星の質量 m，太陽から地球までの距離を R（ハレー彗星の軌道に比べれば円軌道に近いので円軌道とみなす）とそれぞれする。

ハレー彗星の楕円軌道を知ろう

まずは，ハレー彗星の楕円軌道をしっかりと判別しよう。そこで，図 18-7 のように，わからない太陽から遠日点までの距離を近日点の距離の x 倍とおく。遠日点での速さを $v_{遠}$ とすると，**ケプラーの第二法則**が適用できる。つまり，**面積速度が一定**になるので，

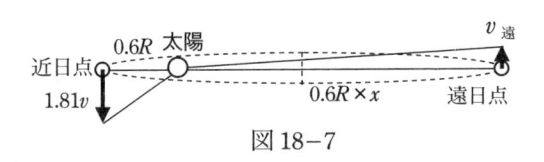

$$\frac{1}{2} \times 0.6R \times 1.81v = \frac{1}{2} \times 0.6Rx \times v_{遠} \quad \therefore \ x = \frac{1.81v}{v_{遠}} \quad \cdots\cdots ⑥$$

となる。また，天体の運動であるから**力学的エネルギーが保存する**。万有引力の位置エネルギーは，太陽からの距離で考えることになり，

$$\frac{1}{2}m \times (1.81v)^2 + \left(-G\frac{Mm}{0.6R}\right) = \frac{1}{2}mv_{遠}^2 + \left(-G\frac{Mm}{0.6Rx}\right) \quad \cdots\cdots ⑦$$

となる。一方，太陽のまわりをまわる地球に着目すると，円運動しているので，

$$m_{地球} \cdot \frac{v^2}{R} = G\frac{Mm_{地球}}{R^2} \quad \text{より,} \quad v^2 = \frac{GM}{R} \quad \cdots\cdots ⑧$$

の関係がある。⑥式，⑦式，⑧式を連立して x の2次方程式にすると，

$$\left(\frac{1.81^2}{2} - \frac{1}{0.6}\right)x^2 + \frac{1}{0.6}x - \frac{1.81^2}{2} = 0 \quad \cdots\cdots ⑨$$

となる。⑨式は，$x=1$ が解の1つであることが容易にわかるので，

$$(x-1)\left[\left(\frac{1.81^2}{2} - \frac{1}{0.6}\right)x + \frac{1.81^2}{2}\right] = 0$$

となり，もうひとつの解が，

$$x = -\frac{\dfrac{1.81^2}{2}}{\left(\dfrac{1.81^2}{2} - \dfrac{1}{0.6}\right)} = 57.24\cdots \cong 57$$

とわかる。つまり，**太陽から近日点までの距離の約57倍だけ遠日点が離れている**わけだ。

ハレー彗星の楕円軌道より公転周期を求める

　地球から観測できた情報だけで，ハレー彗星の楕円軌道が求まった。その結果を用いて公転周期 $T_{ハレー}$ を求めよう。**ケプラーの第三法則**を適用して，地球と比較すればよい。地球の公転周期は $T_{地球}=1$ [年] であることより，

$$\frac{T_{地球}{}^2}{(地球の軌道の半長軸の長さ)^3} = \frac{(1[年])^2}{R^3} = \frac{T_{ハレー}{}^2}{\left(\dfrac{0.6R + (0.6R \times 57)}{2}\right)^3}$$

となる。これを解くと $T_{ハレー} \cong 73$ [年] だ。ちなみに，**実際のハレー彗星の周期は約76 [年]** であるから，かなり正確な値が求まったことがわかる。

　最近では，1986年2月9日に接近した。次回の接近は2061年7月28日だ。その次は2134年3月27日である。さて，あなたは肉眼でハレー彗星を観測できるだろうか？？

19. 大きさのある物体の扱い方

　ここまでは，**物体が質点である**として扱ってきた。物理学では多くの場合，物体を質点として扱うことできちんと現象が説明できる。18 章では，宇宙にひろがる天体の運動までをも，天体を質点として扱うことで，身近な現象における物理学的な解析方法をそのまま適用できた。よって，**物体に大きさがあっても質点として運動を考えればよい**ということはすでにお分かりだと思う。

　しかし，どうしても，質点として扱うと説明が一部はできるものの十分にできないような現象が起きてしまうことがある。そこで，この章では，**質点として扱うだけでは十分に現象が説明できないような場合**について見ていくことにしよう。

剛体

　物体を質点として扱うのではなく，**大きさのある物体として扱う場合を剛体**（ごうたい：rigid body）**として扱う**という。正しくは，**力が加わっても変形しない大きさのある物体**のことを**剛体**という。

　大きさがある場合と，物体を質点として考えた場合とで，何が異なるのかを簡単に考えることにしよう。例えば，図 19−1 のような円筒形の金属棒があったとする。さて，この棒に力を加えてみよう。どのような現象が起こるだろうか？

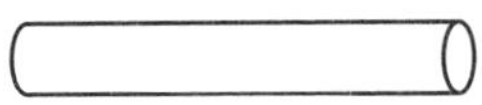

図 19−1

19. 大きさのある物体の扱い方

> **問題**
> 図 19-1 のような円筒形の金属棒に糸をつけて引っ張ってみよう。次の場合，どのようになるかを考察せよ。
> （1）金属棒を質点と考えた場合
> （2）金属棒を剛体と考えた場合
>
> 図 19-1（再掲）

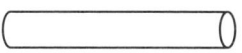

いつものように，**問題を考えるときにすることは，まず自分で絵をかくことだ**。では，（1）から順に絵にかいていこう。

（1）金属棒を質点と考えた場合は，絵も金属棒を点とみなしてかくことになる。図 19-2 のようにかけただろうか。あたりまえのようなことだが，この絵を

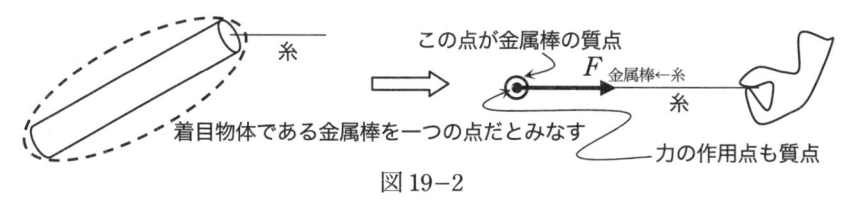

図 19-2

かくという作業を怠ってはいけないのは何度も繰り返し述べたとおりだ。

さて，図を見ていただければ一目瞭然だろうが，いちおう説明しておこう。金属棒を質点だと考えるということは**着目物体が金属棒**ということになり，その金属棒を糸で引っ張ると，金属棒は $F_{金属棒←糸}$ という張力を受けることになる。$F_{金属棒←糸}$ の作用点は，着目物体内のどこにとっても同じである。なぜなら，結局は右側のような質点と考えた点状の金属棒にはたらく力だからだ。

（2）ところが，金属棒を剛体と考えるとどうなるのだろうか。まず，単純に金属棒全体に着目できなくなる。つまり，図 19-3 のように，実際に糸を引っ張

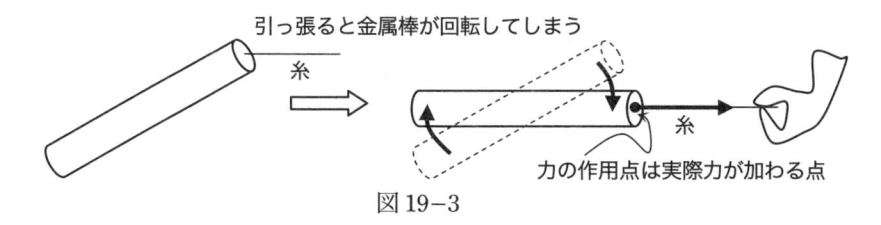

図 19-3

ってみればよいが，金属棒ははじめに回転してしまう。

　つまり，力の作用点を実際に力がはたらく点にとる必要があり，物体を剛体として考えると，その作用点の位置及び作用点にはたらく力の向きによって，回転する場合があるのだ。そして，この物体を剛体として考えた場合の回転は，質点として考えてきた今までのような扱い方では，どうやっても説明ができないのである。

　そこで，剛体の回転にかかわるあたらしい物理量の定義をしなくてはならない。繰り返すが，質点として基本的には物体の運動を扱えば問題ない。ここの**問題**で扱ったような，**どうしても剛体として考えなくては物体の回転を扱えない場合に限ってだけ，特別に導入するような物理量**だと思ってほしい。

力のモーメント

　剛体の回転を扱うために導入する物理量を，**力のモーメント** $\vec{N}$ （moment of force）という。なぜかあらわす記号として用いられるのは $\vec{N}$ だ。垂直抗力と誤解しないように注意しよう。日本語では"**力の能率**"というが，一般的には，この物理量は"**力のモーメント**"と呼ばれている。いまいちわからないので，僕の"**剛体が回転する要因**"（←聖史意訳）という日本語訳（？）をオススメしよう。

　剛体が回転する場合は，必ずその回転軸（支点という場合もある）を考え，回転の原因となる力 $\vec{F}$ と，その力がはたらく作用点までの回転軸からの距離 $\vec{r}$ で，力のモーメントは次のように定義される。

力のモーメント

　力のモーメント $\vec{N}$ ［N･m］は，剛体にはたらく力 $\vec{F}$ ［N］と回転軸から力の作用点までの距離 $\vec{r}$ ［m］により，次のように**ベクトルの外積で定義**される。

$$\vec{N} = \vec{r} \times \vec{F}$$

　　$\begin{cases} \text{向　き} & \vec{r} \text{ から } \vec{F} \text{ へ右ねじをまわして，ねじが進む向き} \\ \text{大きさ} & N = rF\sin\theta \ \text{［N･m］ （ただし } \theta \text{ は } \vec{r} \text{ から } \vec{F} \text{ のなす角度）} \end{cases}$

---

19. 大きさのある物体の扱い方

図中のラベル:
- 回転軸
- 回転軸から力の作用点までの距離
- はたらく力
- $\vec{r}$
- $\vec{F}$
- 力の作用点
- 剛体
- $\vec{N}$ 力のモーメントという物理量
- 始点をあわせるために平行移動
- $\vec{F}$
- $\vec{r}$
- 右ねじをまわして進む向き

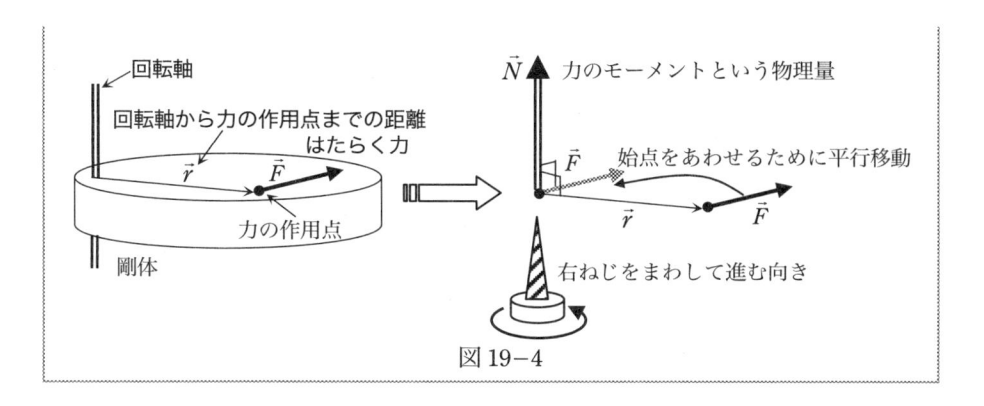

図 19-4

　定義の中に聞き慣れない言葉が出てきたと思う。**ベクトルの外積**という言葉だ。この"**ベクトルの外積**"というもので，**力のモーメントが定義される**のだ。記号を見たらわかるのだが，**ベクトルの外積とはベクトルの掛け算**だ。しかし，8章の仕事の定義で出てきたベクトルの内積とは大きく異なる。外積も内積も共に，ベクトルの掛け算なのだが，**内積は掛けた結果がスカラーになったのに対して，外積は掛けた結果もベクトルとなる**。しかも，**外積の掛けた結果のベクトルは，非常に変わった向きを向く**のだ。では，力のモーメントの定義を理解できるよう，ベクトルの外積についてくわしく説明していこう。

　図 19-4 の力のモーメントの定義を図解したものを見ながら確認してほしい。回転軸からの距離のベクトル（正しくは**位置ベクトル**という）$\vec{r}$ と，はたらく力のベクトル $\vec{F}$ との外積が，力のモーメント $\vec{N}$ というわけだ。式でかくと，

$$\vec{N} = \vec{r} \times \vec{F}$$

となり，"×"が $\vec{r}$ と $\vec{F}$ の外積であることを示す記号である。間違っても"・"とかいてはいけない。内積になってしまう。さらに，何もかかないのもまずい。ベクトルの外積であることを"×"でしっかりと表現しよう。

　さて，実際に $\vec{N}$ はどのようなベクトルとなるのだろうか。まずは，その向きについて説明する。ベクトルの外積の定義なのでそういうもんだと理解するしかない。

力のモーメント $\vec{N}$ の向き
$\vec{r}$ から $\vec{F}$ へ右ねじをまわして，ねじが進む向きが $\vec{N}$ の向き

右ねじというのは，ねじ頭を右向きにまわすとねじが締まる（進む）ような一般的なねじのことだ。$\vec{N} = \vec{r} \times \vec{F}$ と，式でかいた順に右ねじをまわしてやればよいということがお分かりだろう。

問題なのは，図 19-4 のような場合だと，$\vec{r}$ と $\vec{F}$ の位置や向きがバラバラだ。どうやって，右ねじをまわせばよいのかということが疑問になってくるだろう。そこで，次のように約束しよう。

力のモーメントの始点が回転軸（または支点）になるように，制限つきベクトルであるはたらく力のベクトルを，回転軸（または支点）が始点となるように平行移動させてから，右ねじをまわす。

いままで，力は始点が作用点になる平行移動できない制限つきベクトルだと扱ってきたのだが，力のモーメントを定義するときだけ，便宜的に平行移動を特別許可してやってほしい。**力のベクトルを平行移動して考えるのは，力のモーメントの向きを決めるときだけ**である点を十分確認しておきたい。

そのように，平行移動してやると，図 19-4 の右図のように "$\vec{r}$ から $\vec{F}$ へ右ねじをまわして，ねじが進む向き" を判別できるようになる。図の下に右ねじのイラストもかいておいたので見比べていただきたい。すると，力のモーメント $\vec{N}$ の向きが決められる。この $\vec{N}$ の向きは，$\vec{r}$ と $\vec{F}$ のある平面に垂直な向きである。つまり，$\vec{r}$ とも $\vec{F}$ とも垂直になっているのだ。**三次元関係**になっている。

これを毎回 x, y, z 軸をとって三次元空間に立体的にかいていては，複雑な場合は非常にわかりにくい。そこで，二次元平面（$\vec{r}$ と $\vec{F}$ のある面）に無理矢理 $\vec{N}$ をかき込む方法を伝授しよう。先ほど述べたように，$\vec{N}$ は，絶対に $\vec{r}$ と $\vec{F}$ のある面に垂直なので，図 19-5 のように $\vec{r}$ と $\vec{F}$ のある面をこの紙面と同じ面にすると，$\vec{N}$ は紙面に向かって手前から奥の向きか，奥から

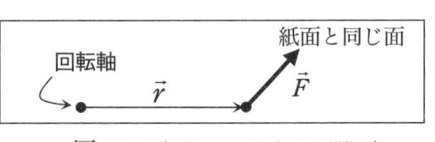

図 19-5（図 19-4 を上から見た）

手前の向きの2通りしかないことになる。それぞれ記号を用いて，次のように表現することになっている。

　　紙面に対して**手前から奥の向き** → ⊗
　　紙面に対して**奥から手前の向き** → ⊙　　　図 19-6

　手前から奥の向きにはバツ印みたいな記号を用いる。まるで，真新しい障子を指で穴を開けた痕みたいなので，"**破れ障子マーク**"とよぼう。奥から手前の向きには目玉のようなマークを用いる。これは，びっくりしたときに漫画なんかで目が飛び出す様子に似ているので，"**びっくりお目々マーク**"とよぼう。といっても，この呼び方は，僕が考えたわけではない。僕が高校のときの教科担任であった高橋賢二先生がそう呼んでいたのが自然と身についてしまったので，高橋先生の言葉を採用させていただく。後になって知ったのだが，この記号には正式名称と由来があった。**アロー記号**というらしい。アロー (arrow) とは，矢のことだ。この矢を前から見たときと後ろから見たときがそれぞれこれらのマークになっていることが図 19-6 を見ていただくとわかると思う。また，アロー記号と名付けたのは，「親切な物理」という参考書を執筆された渡辺久夫氏とのことだ。

問題

図 19-5 の中に，力のモーメント $\vec{N}$ の向きをアロー記号でかき込め。

いつものように，**まずは自分で絵をかいてから取り組む**ことを忘れないように。

　力のモーメントの向きを決めるためには，ベクトルの始点を回転軸（または支点）に合わせる必要があった。そこで，力という平行移動できない制限つきベクトルを力のモーメントの向きを決めるためだけに特別に平行移動を許可してやって，始点をそろえ，$\vec{r}$ から $\vec{F}$ に右ねじをまわそう。そのとき右ねじの進む向きが

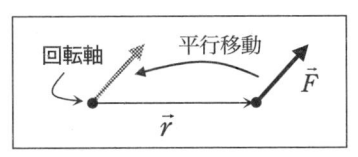

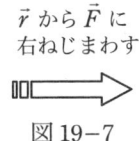

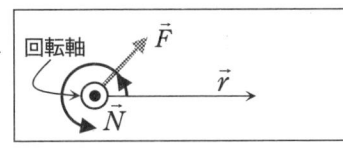

図 19-7

力のモーメント $\vec{N}$ の向きである。結果は，図 19-7 に示したように，回転軸のところに，紙面に対して裏から表の ⊙ "びっくりお目々マーク"の向きとなる。

この"びっくりお目々マーク"および"破れ障子マーク"の表記方法にはやく慣れて，力のモーメント $\vec{N}$ のベクトルがどの向きを向いているのかを，しっかり把握でき，自分でもかけるようになってほしい。

力のモーメント $\vec{N}$ の大きさ
$$N = rF\sin\theta \quad (ただし \theta は \vec{r} から \vec{F} のなす角度)$$

力のモーメントの大きさ N は，回転軸から力のはたらく作用点までの距離 r とはたらく力の大きさ F, $\vec{r}$ と $\vec{F}$ のなす角度 θ [rad] で定義される。

では，具体的に図 19-4 で，この大きさ N はどこをさしているのだろう？　というよりむしろ，$\vec{r}$ と $\vec{F}$ のなす角度 θ ってどこなんだ？　という疑問に答えていくことにしよう。

図 19-8 を見てほしい。力のモーメントの向きを求めるために $\vec{F}$ を平行移動させた図だ。$\vec{r}$ と $\vec{F}$ のなす角度 θ とは，**始点をそろえた後の $\vec{r}$ と $\vec{F}$ のなす角度**をいうのである。

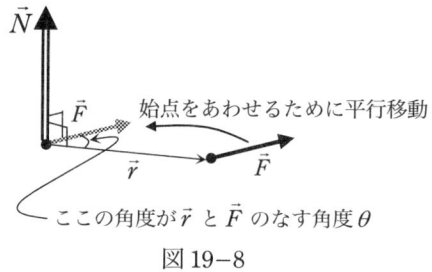

図 19-8

では，力のモーメントの大きさ N は，一体どこをさしているのかというと，図 19-8 を上から見て考えるとわかりやすい。

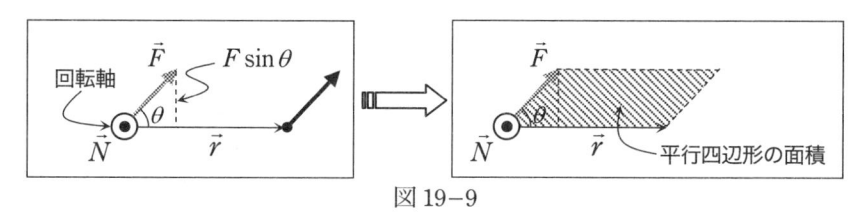

図 19-9

上から見た図をかいたものが図 19-9 である。$N = rF\sin\theta = r \times F\sin\theta$ と考え

ると，$F\sin\theta$ が左図にかいた点線部分になることがわかる。すると，$N=r\times F\sin\theta$ とは，底辺 r ×高さ $F\sin\theta$ で求めることができる右図の**平行四辺形の面積**になっている。これが，外積によって決まる力のモーメントの大きさ N になっているわけだ。

最後にひとつだけ重要なことを述べておく。**力のモーメントのベクトルには，"支点"という名の始点があるので，平行移動のできない制限つきベクトルである**。力のベクトルとよく似ている。

力のモーメントのつりあい

力のモーメントとは，"剛体が回転する要因"であった。よって，力のモーメント $\vec{N}$ があれば，剛体として考えた物体は，回転軸（または支点）を中心に回転することになる。しかし，**剛体として物体を考えても，回転しないで静止し続けている場合もある**。一体どのような場合だろうか。

問題

質量の無視できる棒が，図 19–10 のように支点に支えられている。重力加速度の大きさを g として次の問いに答えよ。

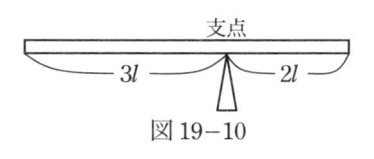

（1）左端に質量 $2m$ の物体 A を吊るすとどうなるか。
（2）右端に質量 $3m$ の物体 B を吊るすとどうなるか。
（3）左端に物体 A，右端に物体 B を吊るすとどうなるか。

図 19–10

さて，いつものように，**自分で絵をかきながら**考えてほしい。

（1）左端に物体 A を吊るすと，棒は左端を作用点として物体 A の重力分の大きさ $2mg$ の力をうける。図にかき込んでみよう。当然，支点を中心に左回りに回転を始めることはわかると思う。そこで，回転を物理的に説明するために，力のモーメントを求めることにしよう。

図19–11の一番上の図のように，支点から作用点までの距離のベクトル（位置ベクトル）$3\vec{l}$ と，左端を作用点とする力のベクトル $2m\vec{g}$ から，支点での**力のモーメント** $\vec{N}_{左端}$ が求まる。定義に従うと，

$$\vec{N}_{左端} = 3\vec{l} \times 2m\vec{g}$$

向きは，図 19–11 の真ん中の図のように力のベクトルを支点に平行移動して，位置ベクトル（$\vec{r} = 3\vec{l}$）から力のベクトル（$\vec{F} = 2m\vec{g}$）へ右ねじをまわし，ねじが進む向きとなる。図の場合は，"**びっくりお目々マーク**"の向き（奥から手前の向き）だ。結局，図 19–11 下図のように，力のモーメントのベクトルが支点から手前の向きになるわけだ。

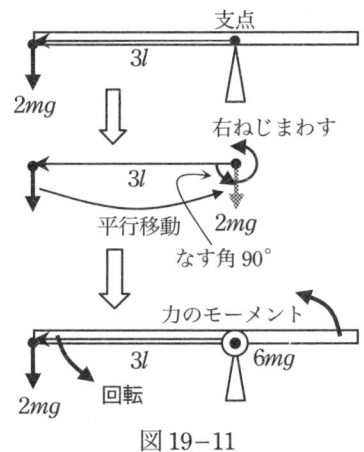

図 19–11

大きさは，$N_{左端} = 3l \times 2mg \sin\dfrac{\pi}{2} = 6mgl$ となる。位置ベクトル（$\vec{r} = 3\vec{l}$）と力のベクトル（$\vec{F} = 2m\vec{g}$）のなす角 θ は，力のベクトルを平行移動した後でのなす角であり，図の真ん中を見ればわかるが，$\theta = 90° = \pi/2$[rad] になっている。

つまり，左端に物体を吊り下げると，支点の位置に力のモーメントのベクトルが，"びっくりお目々マーク"の向き ⊙（奥から手前の向き）に $6mgl$ の大きさのベクトルとして**生える**というわけだ。そして，**この力のモーメントのベクトルが，棒が左回りに回転する要因を物理的に示している量**ということになる。

（2）（1）と同様に考えて，右端に物体 B を吊るしたときの力のモーメントを考えればよい。この場合は，右回りの回転の要因を示す力のモーメントとなるはずだ。

力のモーメントを $\vec{N}_{右端}$ とすると，定義より，

$$\vec{N}_{右端} = 2\vec{l} \times 3m\vec{g}$$

向 き ⊗ "**破れ障子マーク**"の向き
　　　　　（手前から奥の向き）

19. 大きさのある物体の扱い方

大きさ $N_{右端} = 2l \times 3mg \sin\frac{\pi}{2} = 6mgl$

となる。詳しくは，図 19-12 を参考にしてほしい。つまり，右側に物体を吊り下げると，支点の位置に力のモーメントのベクトルが，"破れ障子マーク"の向き $\otimes$（手前から奥の向き）に $6mgl$ の大きさのベクトルとして**生える**というわけだ。回転の向きが（1）と逆になっているが，これは，力のモーメントの向きと対応していることがわかる。

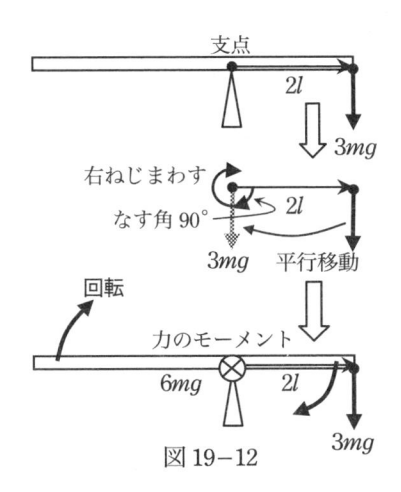

（3）物体 A と B を同時に棒に吊るすとどうなるか。やってみるとわかるが，回転しないで，静止し続ける。それぞれの物体による力が（1）および（2）で求めた向きと大きさをもった力のモーメントのベクトルをつくるのだが，よく考えると，$\vec{N}_{左端}$ と $\vec{N}_{右端}$ の関係は，**大きさが同じで向きが逆の関係**になっている。しかも，**始点も支点で共通**だ。これは，三次元の図にかいてみるとよくわかる。図 19-13 にかいてみたので見てほしい。

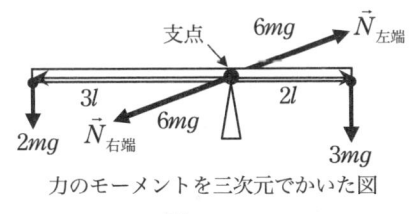

つまり，**合成するとまったく力のモーメントが生じていない状態**（零ベクトル $\vec{0}$）と同じになる。よって，静止し続ける。このように，**力のモーメントを合成した結果，零ベクトル**となり回転しないで静止し続ける状態を，"**力のモーメントがつりあっている**"といい，"**力のモーメントのつりあいの式**"を立てることができる。

$$\vec{N}_{右端} + \vec{N}_{左端} = \vec{0} \qquad \text{または} \qquad \vec{N}_{右端} = -\vec{N}_{左端}$$

ここで "**びっくりお目々マーク**"（奥から手前）の向きをモーメントの軸の正とおくと，力のモーメントのつりあいの式が大きさでかけることもわかると思う。

$$N_{右側}+(-N_{左側})=0 \quad \text{または} \quad N_{右側}=N_{左側}$$

ベクトルのままよりも，**大きさでの力のモーメントのつりあいの式を立てるほうがより実戦的**である。

このように，剛体として物体を扱っても，静止し続ける場合は，力のモーメントのつりあいが成り立っていることになる。つぎの**問題**でさらに理解を深めよう。

問題

なめらかで水平な床から，なめらかな鉛直な壁に，図19-14のように質量 m の棒を壁からの角度 θ となるように指で支えてすべらないように立てかけた。指で支えている力の大きさを求めよ。ただし，棒の重心は中央にあるものとし，重力加速度の大きさは g とする。

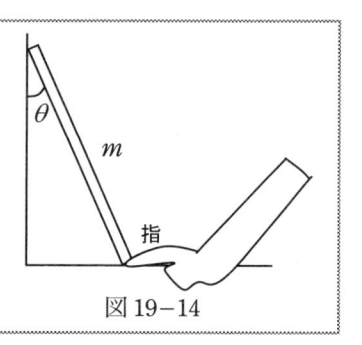

図19-14

いつものように，**自分で絵をかいてから**考えてほしい。

文中に"すべらないように立てかけた"とあるように，もし指で支えなかったらすべってしまう。ようするに棒は回転するわけである。今は，そうならないようにというわけなので，棒についての力のモーメントのつりあいを考えればよいということがわかると思う。では，順に考えていこう。

まずは，**棒に着目して，はたらく力を全てもれなくかき込もう**。はたらく力の見つけ方にしたがって，順にかき込んでいけばよい。1．重力は，棒の中央を重心として考えるので，棒の真ん中から鉛直下向きに mg だ。2．接垂力は，接触しているものを確認してかいていこう。まずは壁に接触している。壁から垂直に，垂直抗力 $N_{壁}$ である。床とも接触している。床からも垂直抗力 $N_{床}$ となる。そして，指で押しているので，指からの力 F がかける。3．**慣性力**は，動いているものに乗ってい

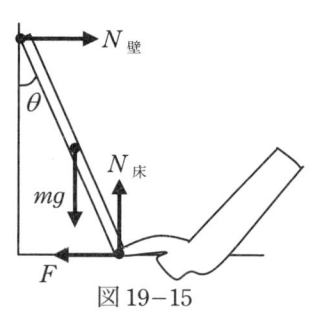

図19-15

ないので，なし。結局，図 19–15 のように力の矢印が 4 本かき込める。しっかり自分でかけただろうか。

つぎに，"すべらないように立てかけた"ということは，**図 19–15 の状態で静止しているわけであるから，棒を質点と考えて力のつりあいの式を立てる必要がある**。前にも述べたと思うが，**基本的には物理学では物体は質点として扱う**。どうしても質点として扱うと説明ができない場合のみ，剛体として考えるわけだ。よって，いきなり剛体として扱うのではなく，まずは質点として考えてみて，説明ができないことを確認したうえで，物体を剛体として扱うようにしよう。

棒を質点と考えて・・・

では，棒を質点として考えて，静止しているのだから，力のつりあいの式を立てることにしよう。**棒を質点と考えるということは，図 19–16 に示したように，棒を点とみなすことになるので，全ての着目物体を棒とした力は，同じ作用点を始点とするベクトルということになる**。棒が静止しているので，力のつりあいの式は，

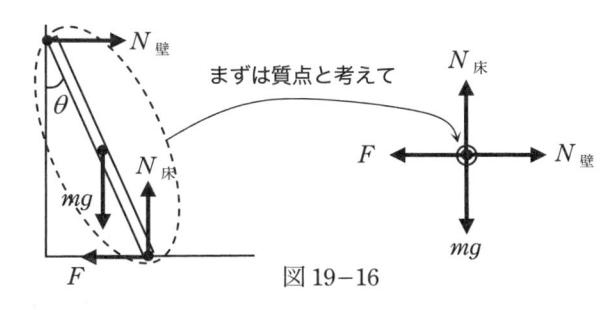

$$水平方向 \quad F = N_壁 \quad \cdots\cdots ①$$
$$鉛直方向 \quad mg = N_床 \quad \cdots\cdots ②$$

図 19–16

となる。

ここで，指で支えている力 F が求められれば，棒を剛体として考える理由がない。しかし，①式および②式を連立しても（この場合は連立すらできないが），F の大きさは自分でおいた垂直抗力 $N_壁$ ということしかわからない。つまり，**質点として棒が静止している状態を説明しただけでは十分ではない**というわけだ。ここまで考察を進めてはじめて，棒を剛体として考える必要があるなという結論に至るわけだ。くどいようだが，**はじめから剛体として物体を扱うのではなく，質**

点として扱って限界がきたときのみ，物体を剛体と考えるようにしよう。

棒を剛体と考えて・・・

では，棒を剛体と考えて，回転していないことに注目しよう。つまり，力のモーメントがつりあっているはずである。よって，力のモーメントのつりあいを求めればよい。

ところで，この棒はどこにも固定されていない。つまり回転軸が不明である。しかも，回転しないで静止している。ではどのようにして，力のモーメントを考えるための回転軸（または支点）を決めればよいのか。実は，回転軸が不明な場合はどこを回転軸としてもよいのである。なぜなら，静止しているので，どこを回転軸としても回転しないのだから力のモーメントはつりあっているからである。ならば，より計算が簡単になる場所を回転軸（または支点）にするのが望ましい。

力がはたらくと，回転軸から力の作用点までの距離のベクトル（位置ベクトル）$\vec{r}$ と，はたらく力 $\vec{F}$ で，力のモーメント $\vec{N}$ が定義された。すると，もし回転軸を作用点とする力があったとすると，その力のモーメント $\vec{N}$ はどうなるだろうか。回転軸から力の作用点までの距離のベクトル $\vec{r}=\vec{0}$ となる。つまり，

$$\vec{N}=\vec{r}\times\vec{F}=\vec{0}\times\vec{F}=\vec{0}$$

となり，回転軸を作用点とする力による力のモーメント（回転する要因）は零ベクトルとなるのだ。つまり，回転軸を作用点とする力は回転には影響を与えないということだ。これをうまく用いれば，次のような場所を力のモーメントの支点にするのが望ましいことがわかってもらえるだろう。

力のモーメントの支点の決め方（←聖史式）

物体を剛体として考えなければならず，静止している場合，より多くの力が同じ作用点からはたらいている場所を力のモーメントの支点とする

では，問題に戻ろう。この問題の場合は，どこを力のモーメントの始点にとるべきか。・・・該当する場所は 1 つだけに決まるのだがわかるかな？　そう，図

19. 大きさのある物体の扱い方

19-18 に矢印で示した場所になる。なぜなら，この作用点からだけ 2 つの力がはたらいているからだ。よって，力のモーメントを考えるべき力は垂直抗力 $N_{壁}$ と重力 mg の 2 つだけでよいということになる。棒の長さを $2l$ として支点からの距離を求めることにしよう。

垂直抗力 $N_{壁}$ の力のモーメント $\vec{N}_{N壁}$ は，図 19-19 より，

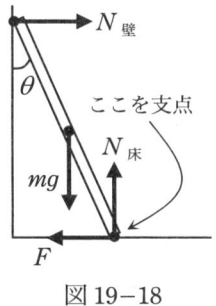

$$\vec{N}_{N壁} = 2\vec{l} \times \vec{N}_{壁} \quad 向き \otimes, \quad 大きさ \ N_{N壁} = 2lN_{壁}\sin\left(\theta + \frac{\pi}{2}\right) = 2lN_{壁}\cos\theta$$

図 19-18

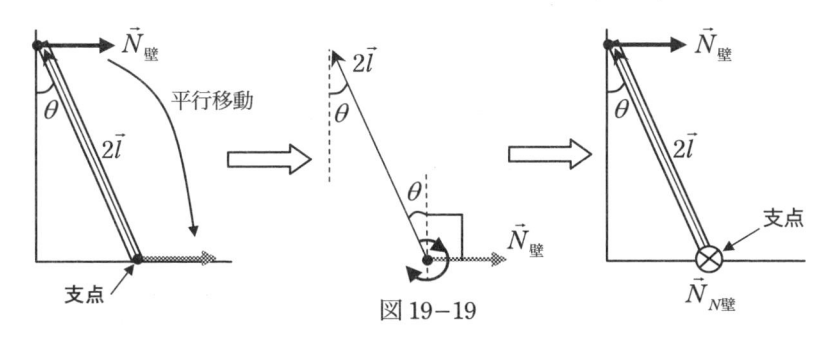

重力 mg の力のモーメント $\vec{N}_{mg}$ は，図 19-20 より，

$$\vec{N}_{mg} = \vec{l} \times m\vec{g} \quad 向き \odot, \quad 大きさ \ N_{my} = lmg\sin(\pi - \theta) = lmg\sin\theta$$

図 19-20

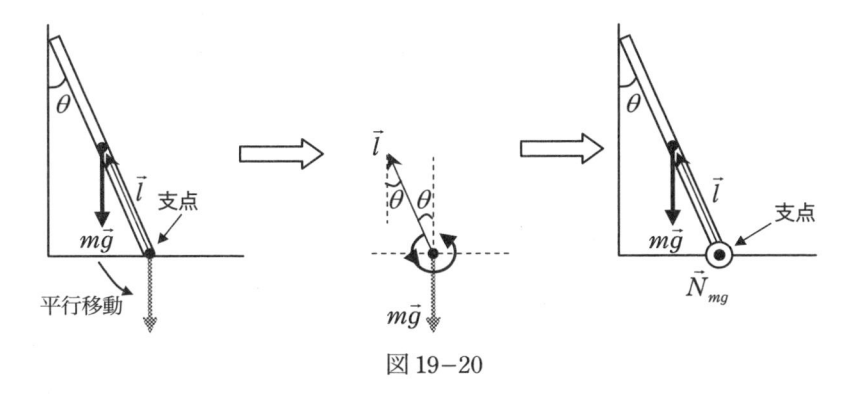

239

この棒は静止しているので，支点において力のモーメントがつりあっている。
$$N_{mg} = N_{N壁}$$
$$lmg\sin\theta = 2lN_{壁}\cos\theta$$
$$\therefore N_{壁} = \frac{1}{2}mg\frac{\sin\theta}{\cos\theta} = \frac{1}{2}mg\tan\theta \quad \cdots\cdots ③$$

よって，指で支えている力 F は，①式に③式を代入して，
$$F = N_{壁} = \frac{1}{2}mg\tan\theta$$

となる。

　せっかくなので，結果の意味していることをみておこう。結果が示すのは，棒を支える力の大きさ F は，$\tan\theta$ に比例しているということだ。図 19-21 に，$\tan\theta - \theta$ グラフをかいたので，見ながら考えてほしい。

　$\theta = 0$ のときは，棒が壁にくっついているわけなので，支える力 $F = 0$ でも回転しない。角度 θ を少しずつ大きくすると，棒を回転しないように支える力 F は $\tan\theta - \theta$ のグラフに比例した大きさが必要となる。$\theta = \frac{\pi}{2}$ に近づく（棒がほとんど水平になっている状態）と，とても大きな力が支えるために必要となるわけだ。実際の図 19-14 でその状態を想定しても，自分で実際に試してみてもよいが，この結果と実験がよく一致することがわかると思う。

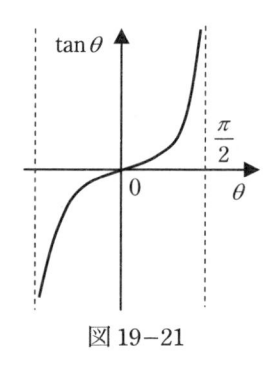

図 19-21

重心

　ところで，いま考えた**問題**の中に"**重心**"という言葉が出てきた。これまでは，**物体が重力を受けるときの重力の作用点**として，物体の中心に重心を考えてきた。物体を質点として考えた場合は，着目物体を点として扱うため，重心の正確な位置を決めることに意味はなかったのだが，剛体として物体を扱う場合はそうはい

かない。

では，剛体における重心とはどんな位置なのか。剛体として物体を考えると，当然，各部分に重力がはたらくことになる。その各部分にはたらく重力の合力を求めると，物体内の1つの作用点からの力となる。この作用点を物体の**重心**(center of gravity) という。また，物体を重心で支えると物体は回転することなくバランスをとることができる。なので，重心とは次のような点のことだと考えると，非常に理解しやすい。

重心（←聖史解釈による定義）
　重心とは，剛体として物体を扱う場合に，支えると物体が回転することなくバランスをとることができる位置に**全質量が集中している**と考えた点

よって，剛体として物体を扱う場合でも，**重力は重心という作用点からの1本の矢印でかいても何の問題もない**ということになるわけだ。

また，重心は剛体として物体を扱う場合に回転しない点なので，**重心を支点としたまわりの力のモーメントがつりあっていなければならない**。

問題
　図19-22のような，質量の無視できる棒でつながれた2物体の重心の位置 x_G を求めよ。ただし，物体1, 2の質量をそれぞれ m_1, m_2 とし，その位置を x_1, x_2 とする。

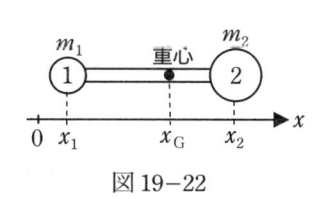

図19-22

問題で重心の位置を確認しよう。いつものように，**自分で絵をかいてから取り組んでほしい**。

物体1, 2にはたらく重力によるモーメントを，重心を支点としてそれぞれ図19-23を参考にして求めると，

物体1にはたらく重力のモーメントは，$\vec{N}_1 = (\vec{x}_G - \vec{x}_1) \times m_1 \vec{g}$ で，向きは ⊙ "び

っくりお目々マーク"の向き，大きさは，$N_1 = (x_G - x_1)m_1 g \sin\dfrac{\pi}{2} = (x_G - x_1)m_1 g$ となる。

物体2にはたらく重力のモーメントは，$\vec{N}_2 = (\vec{x}_2 - \vec{x}_G) \times m_2 \vec{g}$ で，向きは ⊗ "破れ障子マーク"の向きで，大きさは，$N_2 = (x_2 - x_G)m_2 g \sin\dfrac{\pi}{2} = (x_2 - x_G)m_2 g$ となる。

重心を支点として，力のモーメントがつりあわねばならないので，

$$N_1 = N_2 \quad (x_G - x_1)m_1 g = (x_2 - x_G)m_2 g \quad \therefore x_G = \dfrac{m_1 x_1 + m_2 x_2}{m_1 + m_2}$$

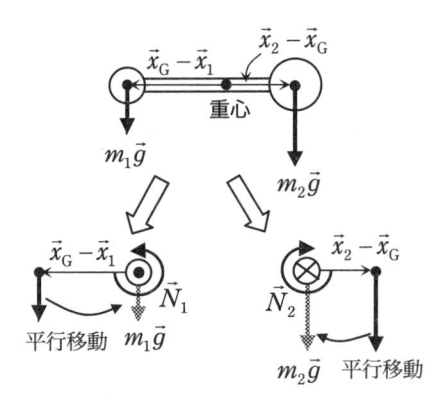

図 19-23

結果から容易に想像できるように，物体の数が増えると，重心の位置は次のようになる。

$$x_G = \dfrac{m_1 x_1 + m_2 x_2 + \cdots + m_n x_n}{m_1 + m_2 + \cdots + m_n}$$

20. 回転運動

19章では，物体を質点として考えて限界が来たときに，剛体として扱う方法を示した。そして，力のモーメントという"回転する要因"を用いて，剛体が静止しているためには，力のモーメントがつりあっていることがわかったと思う。

では，力のモーメントがつりあわなかった場合はどうなるのか？ 当然，剛体として考えた物体が回転を始める。ここでは，**剛体の回転運動を扱っていくこと**にしよう。

角速度はベクトルとして

回転運動という運動を理解するためには，16章で扱った等速円運動から発展させると理解しやすいはずだ。**回転する運動を扱うには，デカルト座標よりも極座標表現で考えるほうが便利である**ことは，わざわざ述べるまでもないだろう。

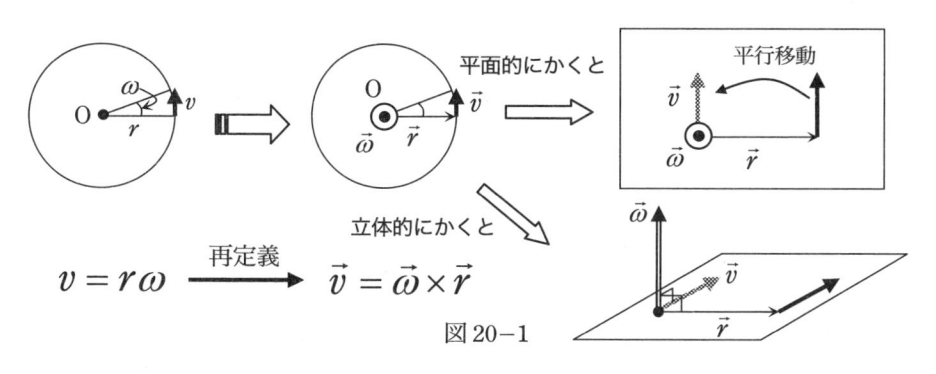

$$v = r\omega \xrightarrow{\text{再定義}} \vec{v} = \vec{\omega} \times \vec{r}$$

図20-1

さて，極座標表現を紹介したときに，角速度を定義したのだが，ここでは，さらに**角速度をベクトルの外積を使って再定義する**ことから始めよう。角速度は，よく文字列を見れば"速度"とあるので実はベクトルではないのかと，賢明な方はすでに薄々感づかれていたかもしれない。実際，**角速度はベクトル**である。

16章で定義したように，**角速度は単位時間あたりに回転する角度**のことである。図20-1の左端図のように，円運動の半径rと円運動している物体の速度vを用いると，角速度ωは，$v=r\omega$とかけた。この角速度をベクトルとして次のように追加再定義する。ベクトルの外積での定義である。図20-1の中央図から右図を見ながら，再定義された角速度の向きと大きさを確認してほしい。

ベクトルとしての角速度の追加再定義

円運動の半径のベクトル（位置ベクトル）$\vec{r}$ [m] と，円運動している物体の速度ベクトル$\vec{v}$ [m/s] により，角速度$\vec{\omega}$ [rad/s] を**ベクトルの外積を用いて**，次のように定義する

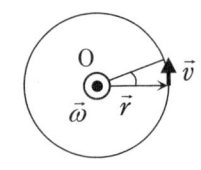

$$\vec{v} = \vec{\omega} \times \vec{r}$$

向 き　$\vec{\omega}$ から $\vec{r}$ に右ねじをまわして右ねじが進む向きが $\vec{v}$ となるような向き

大きさ　$v = \omega r \sin\dfrac{\pi}{2} = \omega r$ が成り立つ大きさ　→　$\omega = \dfrac{v}{r}$（16章と同じ）

　　　　└── $\vec{\omega}$ と $\vec{r}$ のなす角度は**常に直角**となる

　　　　[$\vec{v}$ は円軌道の接線方向なので，$\vec{r}$ と $\vec{v}$ のなす角度は**常に直角**となり，向きに矛盾は生まれない]

角加速度

さて，回転運動では，"回転する要因"である力のモーメントにより，角速度$\vec{\omega}$が変化する場合を扱うことになる。そこで，**角加速度**（angular acceleration）という物理量を定義しよう。といっても，速度$\vec{v}$を用いて加速度$\vec{a}$を定義したのとまったく同様の関係で定義されるので，話は理解しやすいはずだ。

20. 回転運動

角加速度

単位時間あたりの角速度 $\vec{\omega}$ [rad/s] の変化

$$\vec{a}_\theta \equiv \frac{\Delta \vec{\omega}}{\Delta t} \quad [\text{rad/s}^2]$$

角加速度 $\vec{a}_\theta$ の向きは，角速度 $\vec{\omega}$ と同じ向き（または逆向き）となる。

（注）角加速度を表現する文字はいろいろあるようだが本書では a_θ を用いることにする

力のモーメントと角加速度の関係

力のモーメントにより剛体が回転し，結果として角加速度が生じるわけなので，それらの間の関係を考える必要がある。複雑な剛体を回転させると厄介なので，ここでは，簡単な場合で考えていくことにしよう。

図 20-2 のように，質量 m の質点が半径 r の円運動をする場合を考えよう。この質点に円軌道の接線方向に力 F がはたらいた場合，質点の回転運動が変化する様子を順に見ていくことにする。

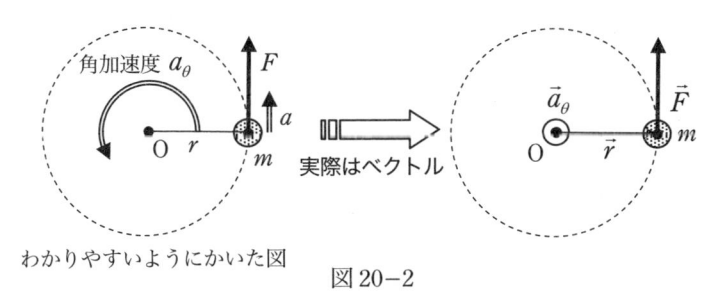

図 20-2

図 20-2 の右側がベクトルで表現した図だ。しかし角加速度 $\vec{a}_\theta$ が，"びっくりお目々マーク"の向きを向いていては，われわれの直感でわかりにくい。そこで，図 20-2 の左図のように感覚的にわかりやすいように，角加速度 a_θ は，回転方向の加速度らしく表記することにしよう。ただし，**実際は右図のようなベクトルである点は忘れてはならない。**

円軌道を運動する質量 m の物体に力 F がはたらくと，物体は加速度運動をする。

そこで，その加速度を a とおいて，運動方程式を立てると，
$$ma = F \quad \cdots\cdots ①$$
となる。一方，加速度 a は，角加速度 a_θ を用いて，
$$a = r a_\theta \quad \cdots\cdots ②$$
とかける。この関係は $v = r\omega$ と同様で，図20-3 のような関係である点を考えれば納得いくはずだ。

さて，ここで，"回転する要因" の力のモーメントを考えよう。回転軸を O として物体にはたらく力のモーメント $\vec{N}$ を考えると，$\vec{N} = \vec{r} \times \vec{F}$ であり，向きは ⊙ で，大きさは $N = rF \sin\frac{\pi}{2} = rF$ となる。

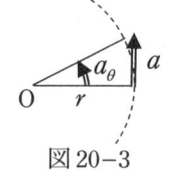

図20-3

この力のモーメント N に，①式および②式を代入すると，
$$N = r(ma) = r[m(r a_\theta)] = mr^2 a_\theta \quad \cdots\cdots ③$$
となる。力のモーメント N と角加速度 a_θ の関係が求まったわけだ。

ここで，③式をよく見てみると，mr^2 という量は，**回転と無関係に決まる量である**ことがわかる。言い換えると，**質量 m の質点をセットした瞬間に決まる**わけだ。よって，
$$mr^2 \equiv I$$
とおくことにしよう。すると③式は，
$$N = I a_\theta$$
とかけることになる。

ここまでは，半径 r の円軌道を運動する質量 m の質点での話であった。しかし，剛体ではどのようになるかを次に考えることにしよう。図20-4 の左図のように例えば円板状の剛体の回転運動を考えたい。

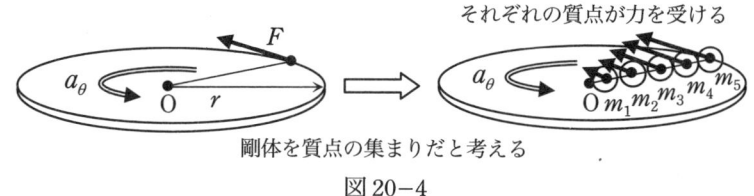

剛体を質点の集まりだと考える

図20-4

20. 回転運動

　そこで，この**剛体円板の力を受ける部分を質点の集まりだと考えると，それぞれの質点が力を受ける**ということはわかると思う。すると，**それらの質点に力のモーメントが生まれることになり，それぞれ回転運動をすることになるわけだ**。それぞれ分けて考えた質点全体での力のモーメントを N とすると，質点の質量 m_i と回転軸からの距離 r_i を用いて，それぞれ③式の関係が成り立つから，

$$N = \sum_{i=1}^{n} N_i = \sum_{i=1}^{n} m_i r_i^2 a_\theta \quad \cdots\cdots ④$$

となる。ちなみに，"Σ" は"**シグマ**"とよみ，**和をあらわす数学の記号**だ。ここでは，$\sum_{i=1}^{n} N_i = N_1 + N_2 + N_3 + \cdots + N_n$ というような和をあらわしている。

　さて，回転と無関係に剛体を用意しただけで決まってしまう量を，

$$\sum_{i=1}^{n} m_i r_i^2 \equiv I$$

とあらためておくことにすると，④式は，

$$N = I a_\theta \quad \cdots\cdots ⑤$$

とかけることになる。ここで定義した，剛体固有の値となる I は**慣性モーメント**または**慣性能率**（moment of inertia）という。

　そして，⑤式は，ベクトルでかきなおすと，

$$\vec{N} = I \vec{a}_\theta$$

であるが，これは**剛体の回転運動をきめる運動方程式**であり，**オイラーの運動方程式**（Euler's equation of motion 1760 年）とよばれる。しかし，方程式とはいうものの，ニュートンの運動方程式と同様で，慣性モーメント I に測定できない質量 m が含まれるため，"**オイラーの運動関係式**"とよんだほうが僕としてはシックリくる。

　まとめておこう。

> **剛体の回転運動**
>
> **慣性モーメント（慣性能率）** I $[\mathrm{kg \cdot m^2}]$
>
> 回転と無関係に剛体を用意した時点で決まる量
>
> $$I \equiv \sum_{i=1}^{n} m_i r_i^2$$
>
> **オイラーの運動方程式**
>
> 角加速度 $\vec{a}_\theta$ と力のモーメント $\vec{N}$ の関係式
>
> $$I\vec{a}_\theta = \vec{N}$$

　ここまで読んでくると，あることに気がついたのではないか？　特に，"オイラーの運動方程式"という言葉の登場で，ピンと来た！　という人もいるかもしれない。回転運動は一見複雑そうだが，1～3章で扱ってきた質点の運動（**並進運動**）ととてもよく似た式の形になっているのである！　そこで，それぞれを対応させて次ページの表にまとめてみたので見比べて確認していってほしい。

　特に，**等角加速度運動の三公式**は，**等加速度直線運動の三公式**と同様に，非常に活躍する公式であるので，しっかり押さえておくようにしたい。

回転運動の運動エネルギー

　回転運動も回転しているのだから，運動エネルギーをもつはずである。図20-2のような質点の回転運動がもつ運動エネルギーを考えると，

$$\frac{1}{2}mv^2 = \frac{1}{2}m(r\omega)^2 = \frac{1}{2}mr^2\omega^2$$

となる。

　これを剛体円板の場合に適用すると，剛体の回転運動がもつ運動エネルギー K を求めることができる。図20-4のように質点の集まりだと考えると，

$$K = \sum_{i=1}^{n} \frac{1}{2} m_i r_i^2 \omega^2 = \frac{1}{2}\left(\sum_{i=1}^{n} m_i r_i^2\right)\omega^2 = \frac{1}{2}I\omega^2$$

20. 回転運動

回転運動と並進運動の対応表 (その1)

回転運動	並進運動
中心角　θ [rad]	位置　x [m]
角速度　$\omega = \dfrac{\Delta \theta}{\Delta t}$ [rad/s]	速度　$v = \dfrac{\Delta x}{\Delta t}$ [m/s]
角加速度　$a_\theta = \dfrac{\Delta \omega}{\Delta t}$ [rad/s^2]	加速度　$a = \dfrac{\Delta v}{\Delta t}$ [m/s^2]
等角加速度運動の三公式 　1．位置の公式 　　　$\theta = \theta_0 + \omega_0 t + \dfrac{1}{2} a_\theta t^2$ 　2．速度の公式 　　　$\omega = \omega_0 + a_\theta t$ 　3．位置と速度の関係式 　　　$\omega^2 - \omega_0{}^2 = 2 a_\theta (\theta - \theta_0)$	等加速度直線運動の三公式 　1．位置の公式 　　　$x = x_0 + v_0 t + \dfrac{1}{2} a t^2$ 　2．速度の公式 　　　$v = v_0 + at$ 　3．位置と速度の関係式 　　　$v^2 - v_0{}^2 = 2a(x - x_0)$
慣性モーメント　$I = \sum_{i=1}^{n} m_i r_i^2$ [kg·m^2]	質量　m [kg]
力のモーメント　$N = r \times F$ [N·m]	力　F [N]
オイラーの運動方程式 　　　$I a_\theta = N$	（ニュートンの）運動方程式 　　　$ma = F$
仕事　$W = N\theta$ [N·m·rad]	仕事　$W = F \cdot x$ [N·m]
運動エネルギー　$K = \dfrac{1}{2} I \omega^2$ [J]	運動エネルギー　$K = \dfrac{1}{2} m v^2$ [J]

（注）**等角加速度運動の三公式**という言葉は，聖史造語？　である。

となる。

> **問題**
> 図20-5のように，固定軸のまわりを自由に回転できる半径r，慣性モーメントIの車輪がある。この車輪に長さlの伸びない軽い糸を巻きつけておき，糸の一端を車輪の接線方向にのばし，質量mのおもりをつけてある。おもりを手放すと車輪が回転をはじめた。車輪に巻きつけた糸はすべることはなく，重力加速度の大きさをgとし，次の問いに答えよ。(岡山大改)
> (1) 車輪の角加速度を求めよ。
> (2) 糸の他端が車輪から離れるまでの時間を求めよ。
> (3) 糸の他端が車輪から離れたあとの車輪の角速度を求めよ。

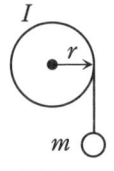

図20-5

さあ，いつものように**まずは自分で絵をかいてから**考えよう。この車輪は回転運動をするので，おもりを手放したあとにはたらく力をかき込むことからはじめよう。回転運動だからといっても恐れる必要はなく，今までどおり，**はたらく力の見つけ方**にしたがってかき込めばよい。まずは**車輪に着目**しよう。1．**重力**として車輪の重力。2．**接垂力**としては，接線方向に伸びている糸から受ける糸の張力Tと，固定軸からの抗力である。少し考えればわかるが，**重力と固定軸からの抗力がつりあっているから車輪が固定されている**わけだ。よって，それらの力をかき込まないとすれば，車輪にはたらく力は糸の張力Tの1本の矢印のみとなる。次に**おもりに着目**しよう。こちらはいつもどおりなので，1．**重力** mg と，2．**接垂力**の糸の張力Tがかき込めることになる。結局，図20-6のようになるはずだ。

(1) さて，おもりを手放したあとの回転運動を考えよう。車輪は角加速度a_θで回転し，おもりは加速度aで鉛直下向きに落ちていくとする。図20-7を見ながら，順に式を立てていこう。

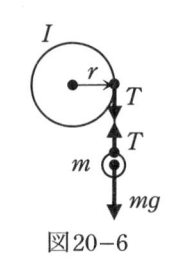

図20-6

20. 回転運動

おもりの運動方程式は，下向きを正として，

$$ma = mg - T \quad \cdots\cdots ⑥$$

となる。

車輪は，接線方向の糸の張力 T による力のモーメント N_T により回転運動をする。N_T は，糸の張力 T を固定軸（回転中心）に平行移動して，

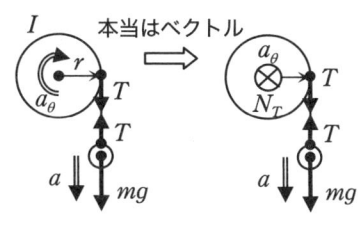

図20-7

$$\vec{N}_T = \vec{r} \times \vec{T} \quad 向き \otimes, \quad 大きさ \quad N_T = rT\sin\frac{\pi}{2} = rT$$

と求められるので，**車輪の回転運動のオイラーの運動方程式**は，

$$I\,a_\theta = N_T = rT \quad \cdots\cdots ⑦$$

となる。

ここで，図20-7の右図を見ると，角加速度 a_θ と張力による力のモーメント N_T の向きは，ベクトルとしては共に $\otimes$ "破れ障子マーク"の向きで，同じであることから，オイラーの運動方程式での符号も共に正になっている点は確認しておいてほしい。

よって，⑦式に⑥式を代入すれば，車輪の角加速度 a_θ が求まる。

$$a_\theta = \frac{rT}{I} = \frac{r}{I}(mg - ma) \quad \cdots\cdots ⑧$$

ところで，おもりの加速度 a は，車輪の接線方向の加速度と等しいので，

$$a = r\,a_\theta$$

の関係がある。これを⑧式に代入して整理すると，

$$a_\theta = \frac{mr}{I + mr^2} g \quad \cdots\cdots ⑨$$

（2）"糸の他端が車輪から離れるまで"とは，"ちょうど糸の長さ l だけ回転するまで"という意味だ。この間に回転した中心角を θ とすると，

$$l = r\theta \quad \cdots\cdots ⑩$$

となることがわかると思う。また，車輪は角加速度 a_θ で等角加速度運動をしているので，**等角加速度運動の三公式の位置の公式**より，求める時間を t とすると，

$$\theta = 0 + 0 \cdot t + \frac{1}{2}a_\theta t^2 = \frac{1}{2}a_\theta t^2 \quad \cdots\cdots ⑪$$

となる。⑨式，⑩式，⑪式を連立させると，求めたい時間 t が求まる。

$$t = \sqrt{\frac{2\theta}{a_\theta}} = \sqrt{\frac{2l(I+mr^2)}{mr^2 g}} \quad \cdots\cdots ⑫$$

（3）糸が車輪から離れたあとは，力のモーメントを生み出す接線方向の張力 T がなくなるので，車輪は等速円運動をすることになる。つまり，**糸が車輪から離れる瞬間の角速度 ω のまま回転し続ける**ことになるので，回転しはじめてちょうど t だけたった瞬間の角速度 ω を求めればよい。**等角加速度運動の三公式の速度の公式**に，⑨式および⑫式を代入して，

$$\omega = 0 + a_\theta t = a_\theta t = \left(\frac{mr}{I+mr^2}g\right)\cdot\left(\sqrt{\frac{2l(I+mr^2)}{mr^2 g}}\right) = \sqrt{\frac{2mgl}{I+mr^2}} \quad \cdots\cdots ⑬$$

となる。

　等角加速度運動の三公式の使い方がわかっていただけただろうか。**今まで積み重ねてきた質点の等加速度直線運動の三公式を使って求めたいものを求めるあの方法に非常によく似ている**ことがわかってもらえたはずだ。

　ところで，(3) は次のように**力学的エネルギー保存則**を用いても解くことができる。こちらも，質点の運動とさほど変わらない方法なので，すぐ理解できるだろう。

（3）おもりと車輪の全体を考え，図 20-8 を見ながら，力学的エネルギー保存則を適用してみよう。糸が車輪から離れる瞬間のおもり速さを v とし，はじめのおもりの位置を重力場の位置エネルギーの基準とすると，外力がはたらいていないので，力学的エネルギーは保存する。

$$\underbrace{0}_{\text{運動}} + \underbrace{0}_{\text{位置}} + \underbrace{0}_{\text{回転}} = \underbrace{\frac{1}{2}mv^2}_{\text{運動}} + \underbrace{(-mgl)}_{\text{位置}} + \underbrace{\frac{1}{2}I\omega^2}_{\text{回転}}$$

$$\boxed{\text{はじめの全力学的エネルギー}} = \boxed{\text{あとの全力学的エネルギー}}$$

$$\therefore 0 = \frac{1}{2}mv^2 - mgl + \frac{1}{2}I\omega^2 \quad \cdots\cdots ⑭$$

ところで，糸が離れる瞬間のおもりの速さ v は，その瞬間の角速度 ω と，

$$v = r\omega$$

の関係にあるので，⑭式に代入して整理すると，⑬式と同じ結果が得られる。

$$\frac{1}{2}m(r\omega)^2 - mgl + \frac{1}{2}I\omega^2 = 0 \quad \therefore \omega = \sqrt{\frac{2mgl}{I + mr^2}}$$

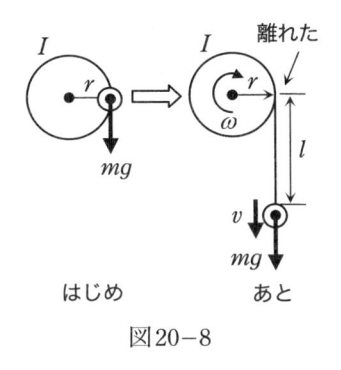

図20-8

角運動量

剛体の回転運動を考える場合に，質点では定義したのだが，まだ定義していない物理量があることに気がついているだろうか。そう，"運動量" である。ここでは，剛体の回転運動の解明に欠かせない，回転運動における運動量を定義することにしよう。

回転運動においては，剛体にはたらく力をモーメントとして考えたように，運動量も**運動量のモーメント**を考えることにする。

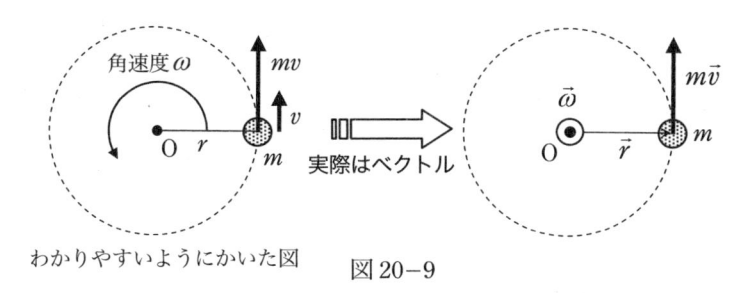

図20-9

図20-9の左図のように，質量 m の質点が半径 r の等速円運動をする場合を考えよう。角速度を ω で，質点の速さが v のとき，この質点の運動量は $p = mv$ とな

る。実際には右図のように，角速度$\vec{\omega}$も質点の速度$\vec{v}$も運動量$\vec{p}=m\vec{v}$もベクトルであるが，角速度$\vec{\omega}$の向きが"びっくりお目々マーク"の向きでは直感的にわかりにくいので，角加速度$\vec{a}_\theta$を考えるときにしたように，左図のような表記方法を用いることにしよう。

運動量のモーメントは**角運動量**とよばれ，次のように定義される。

角運動量（angular momentum）

角運動量$\vec{L}$ [kg・m²/s] は，回転軸のまわりの運動量$\vec{p}=m\vec{v}$ [kg・m/s] と回転軸からの距離$\vec{r}$ [m] によって定義される運動量のモーメント

$$\vec{L} \equiv \vec{r} \times \vec{p} = \vec{r} \times m\vec{v}$$

$\vec{L}$ 角運動量
（運動量のモーメント）

始点をあわせるために平行移動

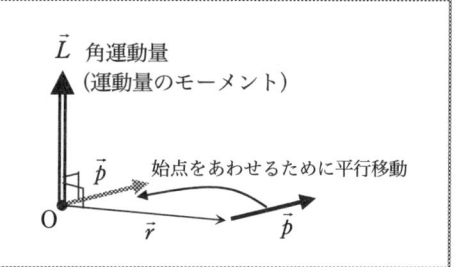

図20-9において，質量mの質点の角運動量は，定義により，

$$\vec{L} = \vec{r} \times \vec{p} = \vec{r} \times m\vec{v} \quad 向き \odot, \quad 大きさ L = rmv\sin\frac{\pi}{2} = rmv$$

となる。ここで，$v = r\omega$であるから，

$$L = rmv = rm(r\omega) = mr^2\omega$$

慣性モーメントを考えたときと同様に，剛体円板を考え，図20-4のようなn個の質点の集まりだと考える。全体の角運動量をLとすると，

$$L = \sum_{i=1}^{n} L_i = \sum_{i=1}^{n} m_i r_i^2 \omega \quad \cdots\cdots ⑭$$

となり，慣性モーメントが，$I \equiv \sum_{i=1}^{n} m_i r_i^2$であるから，⑭式は，

$$L = I\omega$$

とかけることになる。これが，角運動量と慣性モーメントの関係だ。また，実際の角運動量や角速度はベクトルなので，ベクトルで表現すると，

$$\vec{L} = I\vec{\omega}$$

となり，角運動量$\vec{L}$の向きと，角速度$\vec{\omega}$の向きは，同じ向きとなる。もともとの

20. 回転運動

定義は，運動量のモーメントなのだが，実戦的にはこの慣性モーメントとの関係のほうが便利である。

> **角運動量の実戦的な表現**
>
> 角運動量は運動量のモーメントで定義される量だが，実戦的には慣性モーメント I と角速度 $\vec{\omega}$ を用いた表現のほうが便利である。
> $$\vec{L} \equiv \vec{r} \times \vec{p} = \vec{r} \times m\vec{v} = I\vec{\omega}$$

角運動量保存則

質点の並進運動で運動量保存則があったように，角運動量もある条件を満たせば保存される。運動量の保存則がどのような場合に成立したのかを確認しながら，角運動量保存則について発展させていこう。

11章を振り返っていただければ思い出してもらえると思うのだが，運動の効果をあらわすために，［力］×［時間］で定義される"**力積**"を用い，その**力積と同等の単位をもつような物理量となるように運動量を定義した**んだった。そして，力積と運動量の変化の関係は，

$$\vec{F}\Delta t = \Delta \vec{p} = m\Delta \vec{v} \qquad \cdots\cdots ⑮$$

であった。つまり，**外力がはたらいていなければ**，はじめとあとで全運動量が保存することになり，それが**運動量保存則**であった。⑮式において外力 $\vec{F} = \vec{0}$ ならば，右辺も零ベクトルとなり，運動量が変化しないということを示すからである。

では，回転運動においても力積のような量を考えることにしよう。回転運動では，並進運動の力 $\vec{F}$ に対応するのは，"回転運動と並進運動の対応表（その１）"を見ていただければわかるように，力のモーメント $\vec{N}$ である。よって，"**力のモーメント積**"（←聖史造語）という量を考えれば角運動量と同等の単位をもつ物理量ということになるわけだ。ちなみに，"**力のモーメント積**"（←聖史造語）は正しくは"**力積のモーメント**（moment of impulse）"というが，いまいちピンと来ないんで，"**力のモーメント積**"と僕はよぶことにしている。

255

> **力のモーメント積**（←聖史造語）
> ［力のモーメント］×［時間］で定義される量で，"力のモーメントの時間による効果"を表す。正しくは"力積のモーメント"という。
> $$\vec{N}\Delta t \quad [\text{N·m·s}]$$

この力のモーメント積が，角運動量と同等な単位をもつので，力のモーメント積と角運動量の変化は，

$$\vec{N}\Delta t = \Delta \vec{L} \quad \cdots\cdots ⑯$$

となる。

⑯式が意味するところは，**外力によるモーメントがなければ，はじめとあとで全角運動量が保存する**ということだ。⑯式において外力によるモーメント $\vec{N}=\vec{0}$ ならば，右辺も零ベクトルとなり，角運動量が変化しないということを示すからである。これが，**角運動量保存則**または**角運動量保存の法則**である。

> **角運動量保存則**（law of conservation of angular moment）
> 着目物体において，**外力によるモーメントがなければ**全角運動量は，はじめとあとで保存される。
> $$\vec{L}_{はじめ} = \vec{L}_{あと} \quad 実戦的には, \quad I\vec{\omega}_{はじめ} = I\vec{\omega}_{あと}$$

ところで，外力によるモーメントがない（$\vec{N}=\vec{0}$）とはどのような状態のときなのか。次の2つが考えられるので合わせて確認してほしい。

1. 着目物体に力がはたらかない（$\vec{F}=\vec{0}$）とき → $\vec{N}=\vec{r}\times\vec{0}=\vec{0}$
2. 力がはたらいてもその作用線が回転軸（支点）を通る場合
   力のモーメントの定義を思い出すと $\vec{r}=\vec{0}$ の場合になる → $\vec{N}=\vec{0}\times\vec{F}=\vec{0}$

20. 回転運動

回転運動と並進運動の対応表（その２）

回転運動	並進運動
力のモーメント積（力積のモーメント） $\vec{N}t$　[N·m·s]	力積 $\vec{F}t$　[N·s]
角運動量 $\vec{L} = \vec{r} \times \vec{F} = I\vec{\omega}$　[kg·m²/s]	運動量 $\vec{p} = m\vec{v}$　[kg·m/s]
力のモーメント積と角運動量の変化 $\vec{N}\Delta t = \Delta \vec{L}$	力積と運動量の変化 $\vec{F}\Delta t = \Delta \vec{p}$

（注）"力のモーメント積"は聖史造語なので要注意

では，角運動量保存則を用いる**問題**に挑戦してみよう。

問題

図20-10のような，なめらかで水平な板の上に小さな穴を開け，長さlの軽い糸を通した。一端に質量mのおもりAをつけ，板の上に置く。他端に質量MのおもりBをつけ，図のように吊るす。摩擦はないものとし，重力加速度の大きさをgとして，次の問いに答えよ。（東工大改）

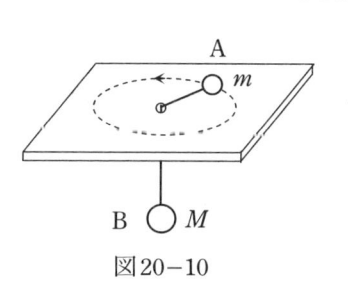

図20-10

(1) 図20-10のようにAが等速円運動をし，Bが静止しているときの，Aの角速度を求めよ。ただし，Aの等速円運動の半径は$\frac{1}{2}l$であった。

(2) (1)の状態から，Bを静かに$\frac{1}{4}l$だけ引き下げて手で固定した。この状態でもやはりAは等速円運動をしつづけた。Aの角速度を求めよ。

(3) (2)の状態で，手が糸を引っ張っている張力の大きさを求めよ。

さあ，いつもどおり**自分で絵をかいてから**はじめよう。図20-10を見て，等速円運動のところで向心力の大きさを求める実験じゃないかと思った人も多いかもしれない。ほとんどの教科書で扱っている等速円運動の実験を角運動量保存則を用いてさらに理解を深めようというねらいである。

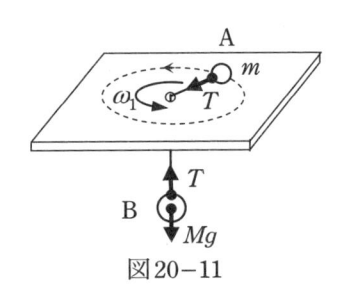

図20-11

はじめにすることは，等速円運動をしているということよりおもり A について運動方程式をたてることである。そのためには，はたらく力を矢印でかかなくてはならない。いつもどおり，**はたらく力の見つけ方**で見つければよい。まずは，**A に着目**すると，1．**重力** mg。2．**接垂力**は，板から受ける垂直抗力 N と，糸に引っ張られる糸の張力 T である。しかし，A については，重力と垂直抗力は常につりあうためかかないことにし，糸の張力 T のみの矢印をかき込むことにしよう。次に，**B に着目**すると，1．**重力** Mg。2．**接垂力**は糸の張力 T のみ。合計 2 本の矢印をかき込むことになる。図20-11のようになっただろうか。

（1）A が等速円運動している間，B は静止しているのだから，B については…そう，**力のつりあいの式**をたてることになる。

$$Mg = T \quad \cdots\cdots ⑰$$

次に，A は等速円運動をしており，その向心力は糸の張力 T であるから，等速円運動の運動方程式は，求めたい A の角速度を ω_1 とすると，

$$m \cdot \frac{1}{2} l \cdot \omega_1^2 = T \quad \cdots\cdots ⑱$$

となる。⑰式を⑱式に代入すれば，

$$m \cdot \frac{1}{2} l \cdot \omega_1^2 = Mg \quad \therefore \omega_1 = \sqrt{\frac{2Mg}{ml}} \quad \cdots\cdots ⑲$$

（2）ところで，A にはたらく力である向心力は，常に円運動の中心を向いている。そして A はその円運動の中心を中心として回転運動をしている。つまり，**円運動の中心が回転中心**である。なにをいまさらと思うかもしれない。でも，こ

20. 回転運動

こからが大事なのだ。A にはたらく力（A に着目した場合は外力）である向心力は，回転中心の方向を常に向いているので，**向心力のモーメントは常に** $\vec{N} = \vec{0} \times \vec{T} = \vec{0}$ **となる**。すなわち，**おもり A については，常に角運動量が保存される**わけだ！

ならば，(1) の状態での A の角運動量と，(2) の変化させた後の角運動量が同じであることから，(2) の A の角速度 ω_2 を求められることになる。

今，おもり A に着目すると，A にはたらく外力である糸の張力 T は，常に円運動の中心を向いているため，向心力のモーメントは常に $\vec{0}$ となるから，A については，角運動量が保存する。よって，(1) での角運動量を L_1，(2) での角運動量を L_2 とすると，

$$\boxed{(1)\text{の全角運動量}} = \boxed{(2)\text{の全角運動量}}$$
$$L_1 = L_2 \quad \cdots\cdots ⑳$$

となる。

また，(1) での慣性モーメント I_1 は，定義より，

$$I_1 = m\left(\frac{1}{2}l\right)^2$$

となる。図 20-12 を見ながら詳しく説明しよう。回転軸を中心に質点であるおもり A が半径 $\frac{1}{2}l$ で回転している場合であるから，質点の場合の慣性モーメントの定義にあてはめればよい。質点の場合の慣性モーメントは，質量 m と回転中心からの距離 r によって決まり，その定義は，$I \equiv mr^2$ であった。今は，円運動の半径が異なるので，それに注意すれば，慣性モーメントの値が求まるというわけだ。

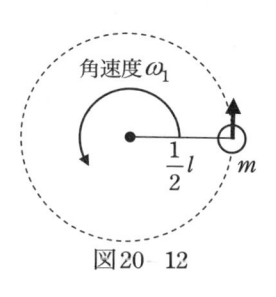

図 20-12

よって，(2) での慣性モーメント I_2 は，回転運動の半径が変わるので当然 I_1 とは異なる。(1) の状態から $\frac{1}{4}l$ 下げたということは，半径が $\frac{1}{2}l - \frac{1}{4}l = \frac{1}{4}l$ になったので，

$$I_2 = m\left(\frac{1}{4}l\right)^2$$

となるわけだ。

すると，(2) の状態での等速円運動の角速度を ω_2 とすると，$L_1 = I_1 \omega_1$, $L_2 = I_2 \omega_2$ だから，⑳式は，⑲式を代入して，

$$m\left(\frac{1}{2}l\right)^2 \cdot \omega_1 = m\left(\frac{1}{4}l\right)^2 \cdot \omega_2 \quad \therefore \quad \omega_2 = 4\omega_1 = 4\sqrt{\frac{2Mg}{ml}} \quad \cdots\cdots ㉑$$

結果が示すのは，円運動の半径を半分にすると，回転スピードが **4 倍の速さになる**ということだ。A を直接はじいたりしていないのにそうなるわけだ。回転運動はなかなか興味深いとは思わないか？

(3) まずは，図 20-13 のように，B を下げて手で固定した場合の図を**自分でかき**，はたらく力もかき入れてからはじめよう。

手で引っ張っている張力の大きさを $T_手$ とすると，A の等速円運動の運動方程式は，

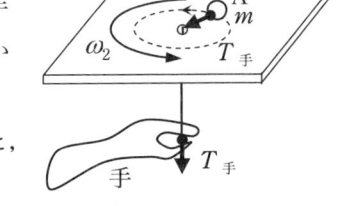

$$m \cdot \frac{1}{4}l \cdot \omega_2^2 = T_手 \quad \cdots\cdots ㉒$$

図 20-13

となる。㉑式を㉒式に代入すれば，

$$T_手 = m \cdot \frac{1}{4}l \cdot \left(4\sqrt{\frac{2Mg}{ml}}\right)^2 = \frac{ml}{4} \times 16 \times \frac{2Mg}{ml} = \underline{8Mg}$$

である。つまり，おもり B の重力の 8 倍の力で糸を引っ張らねば，A が等速円運動できないということだ。

この問題でわかるように，**回転運動の半径が小さくなると，角運動量が保存する場合，その角速度が大きくなる。**

よく知った例では，フィギュアスケートで，選手が回転する場合がある。大きい半径（腕を水平に伸ばした状態）から回転を始め，だんだん腕を曲げていき，小さい半径（腕を体の真上に伸ばした状態）になると，かなり速く回転する。これは，今考えた問題に非常によく似た現象であるといえる。

また，自分で簡単に実験したいのならば，**回転する椅子を使えば体験ができる。**

20. 回転運動

足を伸ばした状態で座り，椅子を回転させる。ひざを曲げて回転半径を小さくすると，椅子の回転が**かなり**速くなるのが身をもってわかると思う。ぜひ試してほしい。ついでにまた足を伸ばすと回転は遅くなり，ひざを曲げるとまた速くなる。目を回さない程度に試してみよう！

21. コリオリの力

　回転運動と大きく関係のある力が，**コリオリの力**（Coriolis force）という力である．しかも，われわれの身近なところで大きくかかわっている力なので，避けては通れない．さらに，非常に理解しにくい力であるので，一つの章として独立させることにした．

　ちなみに，**コリオリ**（Gustave Gaspard Coriolis）とは人物名である．フランス人で，力学の基礎原理を研究し，$\frac{1}{2}mv^2$ という量を定義し，"仕事"という言葉を提唱した物理学者である．そのコリオリが1828年に明らかにした**コリオリの力**（または**コリオリ力**）について，みていくことにしよう．

コリオリの力

　等速で回転運動（角速度 $\vec{\omega}$）している半径 r の円板上で，図21-1のように，A君が円板の中心 O から B 君の方を向いた状態で，まっすぐに B 君に向かってボールを投げた場合を考えよう．

　A 君が投げたボールにはたらく力は，**はたらく力の見つけ方**により，1. **重力**のみである．よって，この円板上での運動を真上から見ると A 君の投げたボールは

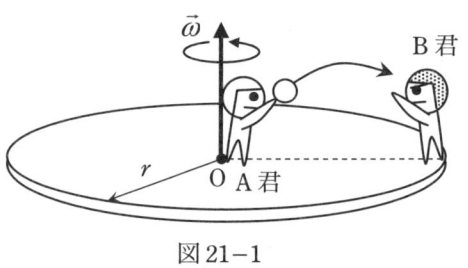

図21-1

等速直線運動をするわけだ。しかし，もし円板が回転していなければ Δt の時間で B 君に届くはずなのだが，今は円板が回転しているため，Δt 後には，B 君は中心角 $\omega \Delta t$ 分だけ移動してしまっているため，ボールは B 君に届かない。図 21-2 を

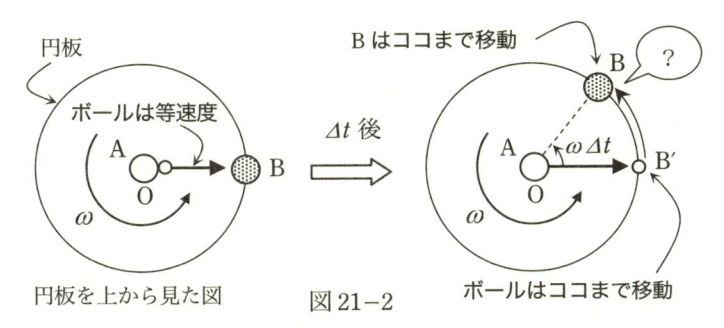

図 21-2

見ながら確認してほしい。

確認してほしいことは，**ボールは円板の等速の回転運動とは無関係に，A→B の向きに等速直線運動をしているだけ**だということだ。

さて，ここまでは問題ないだろう。ここからが面白いところなのだ。**じっくりゆっくり読みながら理解していってほしい**。

このボールの運動を，円板上に乗っている，B 君のほうを常に向いている A 君から見ると，どのように見えるのだろうか？ ・・・少なくとも，A 君から見ると，ボールは，まっすぐに B 君のほうへは向かわず，**勝手に右へ曲がっているように見える**。図 21-3 は，よくわかるように A 君から見たボールの軌跡を描いたものだ。B′ というのは，図 21-2 の "ボールがココまで移動" した Δt 後のボールの位置である。ボールが右へ曲がっているのがわかると思う。

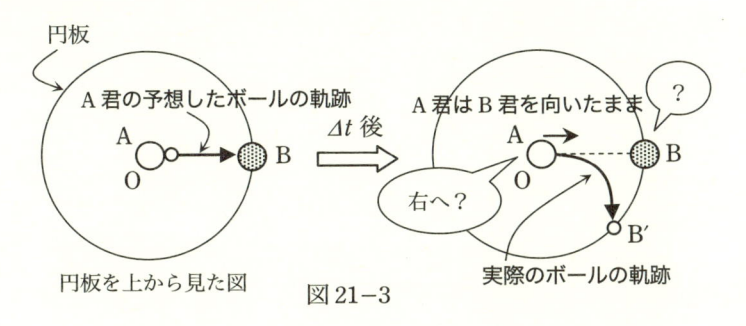

図 21-3

さて，ボールが勝手に曲がるわけはないので，何かの力がはたらいたと考えるのが物理学的に妥当だろう。しかし，図 21-2 で確認したように，円板上に乗っていない立場でこのボールの運動を見ると，A→B の向きには何の力もはたらかないので，等速直線運動をしているのである。

しかし，A 君から見ると，力がはたらいているように見える。このように，動いている物体に乗ったときのみはたらくような力があったはずだ。・・・そう，**はたらく力の見つけ方の３．慣性力**だ！　慣性力とは実際にはたらく力ではなく，**動いているモノに乗ったときのみ感じる力**であった。A 君から見てボールが右に曲がる原因となったみかけの力のように，**回転運動をしている物体の上に乗ったときのみはたらくように感じる力**を"コリオリの力"または"コリオリ力"という。

では，A 君から見て右に曲がる原因となった**コリオリの力の大きさ**を求めてみよう。**A 君から見た円板上でのボールの速さを v' とすると**，v' の向きと垂直にコリオリの力 $F_{コリオリ}$ がはたらくので，A 君から見るとボールが右へ曲がるのである。

このボールの，A 君から見たときのみかけの加速度を $a_{コリオリ}$ とすると，Δt が微小時間であるなら，図 21-4 のように弧 BB′ が直線と近似できる。ただ，この図ではわかりやすいように Δt をかなり長い時間にしてあるため，弧 BB′ が直線のようには見えないので，自分で Δt が微小の場合を想像してほしい。

よって，直線 BB′ の距離は，

$$\text{弧BB}' = r\omega\Delta t \cong \text{直線BB}'$$

としてよい。

すると，図 21-4 の下図のように，x 軸および y 軸をおくと，A から x 軸方向に投射されたボールは，y 軸方向に加速度 $a_{コリオリ}$ の等加速度直線運動をする。これは水平投射にとてもよく似ている。さて，y 軸方向での，

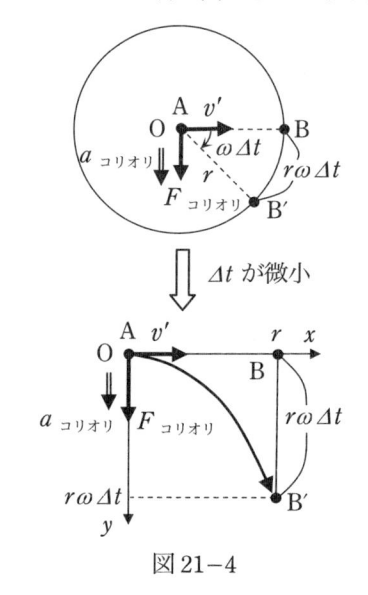

図 21-4

微小時間 Δt の B の移動距離は，$BB' \cong r\omega\Delta t$ であるので，**等加速度直線運動の三公式**の１．**位置の公式**より，

$$r\omega\Delta t = 0 + 0\cdot\Delta t + \frac{1}{2}a_{コリオリ}(\Delta t)^2$$

となり，このボールの，A 君から見たときのみかけの加速度 $a_{コリオリ}$ は，

$$a_{コリオリ} = \frac{2r\omega}{\Delta t}$$

となる。よって，コリオリの力の大きさは，(ニュートンの) **運動方程式**により，

$$F_{コリオリ} = ma_{コリオリ} = \frac{2mr\omega}{\Delta t} \quad \cdots\cdots ①$$

とわかる。

また，x 軸方向の A→B 成分のボールの運動は，$v'=$ 一定 の等速直線運動なので，半径 r は，

$$r = v'\Delta t$$

となる。①式に代入すると，

$$F_{コリオリ} = \frac{2m\omega(v'\Delta t)}{\Delta t} = 2m\omega v'$$

となる。これが，**コリオリの力の大きさ**である。

では，向きについても考えて，コリオリの力をまとめておこう。

コリオリの力 (Gustave Gaspard Coriolis 1828 年)

 質量 m [kg] の物体が，角速度 $\vec{\omega}$ [rad/s] の等速で回転運動している台上に乗ったときのみ感じる**慣性力**で，等速で回転運動している台上からみた物体の速度 $\vec{v}'$ [m/s] に常に垂直にはたらく。

 コリオリの力 $\vec{F}_{コリオリ}$ [N] は，**ベクトルの外積**で，次のように表される。

$$\vec{F}_{コリオリ} = -2m(\vec{\omega}\times\vec{v}')$$

　　向　き　$\vec{\omega}$ から $\vec{v}'$ に右ねじをまわして，右ねじの進む向きと**逆の向き**

　　大きさ　$F_{コリオリ} = 2m\omega v'\sin\dfrac{\pi}{2} = 2m\omega v'$

　　　　　　角速度 $\vec{\omega}$ と，回転運動している台上からみた物体の速度 $\vec{v}'$ は常に垂直

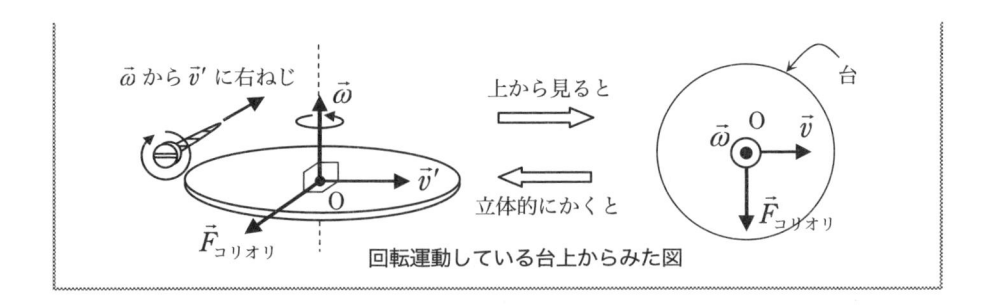

図中ラベル: $\vec{\omega}$ から $\vec{v'}$ に右ねじ／$\vec{\omega}$／上から見ると／立体的にかくと／台／$\vec{v}$／$\vec{F}_{コリオリ}$／$\vec{v'}$／回転運動している台上からみた図

メリーゴーランド上で 2 人の人間がいればすぐに実験ができるので，ぜひ試してみるのがよい。ただし，**きちんと係員の人に事情を説明してからでないと，迷惑になる点は，いわずもがな。**

また，このコリオリの力は，母なる大地である地球上で起こっている現象にも深くかかわっている。**地球はご存知のように自転という回転運動をしているので，われわれは，回転運動している物体の上に常に乗っているわけだ。**大きな気象現象である台風は，低気圧に大気が移動して渦巻きが生じるものなのだが，コリオリの力がはたらくようにわれわれには感じるため，大気にコリオリの力がはたらいて，結果，どんな場合でも，**北半球では反時計回りの渦巻き，南半球では時計回りの渦巻き**となる。ぜひ，台風情報を見たときに，衛星写真があると思うので，台風の渦の向きを確認してほしい。

22. 物理学と微分・積分

　いよいよ，聖史式物理学（力学編）の最終章だ。ここでは，これまでに説明済みのいろいろな定義や法則を，数学の**微分**と**積分**を使って考えていくことにする。放物運動のところでも述べたように，**数学と物理学はかなり関係が深い**。特に歴史的には，**微分や積分という計算方法は，力学現象をうまく説明するために発見された計算方法**なのだ。力学の法則を発表したニュートンが，物理学者であると同時に天文学者でも数学者でもあったため，力学現象を説明するための微積分法の発見をしていることは，有名な話だ。

　いままで，"**面積だ**"とか"**傾きだ**"とか表現していたグラフ上での処理が，微分や積分を用いて数学できちんとかけることをここでは見ていこう。

速度と加速度（1章参照）

位置と速度の関係は，速度の定義で決まっていた。

$$v \equiv \frac{\Delta x}{\Delta t} = \frac{x_2 - x_1}{t_2 - t_1} \quad \cdots\cdots ①$$

速度 v とは，単位時間（1秒間）あたりの位置の変化 Δx のことだった。この①式の，時間変化 Δt をどんどん小さくしていったらどうなるのだろうか。図22-1 の x-t グラフでいうと，t_2 をどんどん t_1 に近づけるとどうなるかということである。

　これは，数学でいうところの微分に相当する。微分とはすなわち図 22-1 の右

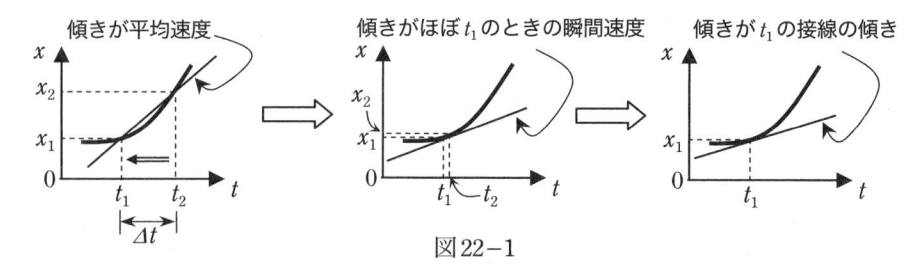

図22-1の左側：傾きが平均速度
図22-1の中央：傾きがほぼt_1のときの瞬間速度
図22-1の右側：傾きがt_1の接線の傾き

図22-1

側の図にあるように$t=t_1$でのグラフの接線の傾きになる。物理学では$t=t_1$の瞬間の速度vということになる。まとめると、**速度vとはx–tグラフの傾きである**というわけだ。ある瞬間の速度は、グラフ上のその瞬間の接線の傾きで求めることができる。逆に、位置の変化xはvの積分になるというわけだ。

$$v = \lim_{\Delta t \to 0} \frac{\Delta x}{\Delta t} = \frac{dx}{dt} \qquad \text{ならば、} \qquad x = \int v\,dt \qquad \cdots\cdots ②$$

積分とは面積のことだ。②式の積分が示しているのはv–tグラフのt軸で囲まれた部分の面積のことである。図22-2の網をかけた部分がその面積にあたるわけだ。**移動距離xはv–tグラフのt軸で囲まれた部分の面積である**と、前に述べたとおりになっていることを確認してほしい。

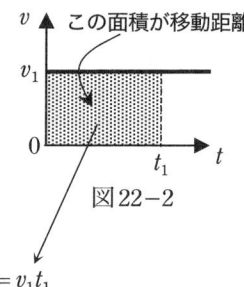

図22-2：この面積が移動距離

$$x = \int_0^{t_1} v_1\,dt = [v_1 \cdot t]_0^{t_1} = v_1 \cdot (t_1 - 0) = v_1 t_1$$

加速度aも、単位時間（1秒間）あたりの速度変化Δvであったので、速度の場合と同じように時間変化Δtをどんどん小さくしていくと、

$$a = \lim_{\Delta t \to 0} \frac{\Delta v}{\Delta t} = \frac{dv}{dt} = \frac{d^2 x}{dt^2} \qquad \text{ならば、} \qquad v = \int a\,dt \qquad \cdots\cdots ③$$

速度のときと同様に考えると、**加速度aとはv–tグラフの傾きである**ことがわかり、**a–tグラフのt軸で囲まれた部分の面積が速度vである**こともわかる。

速度も加速度も、時間で微分したり積分したりすることで結びつくのだ。また、ここまで読み進むとわかってくるかとは思うが、変化分の"Δ"を、とても小さ

くしていって最終的に 0 に近づける（極限）と，"Δ" → "d" と，微分記号になると考えてもよい。それが微分法の定義であるからだ。

等加速度直線運動の三公式（2章参照）

では，この速度や加速度を微積分法で表現したのを受けて，等加速度直線運動の三公式について考えてみよう。

等加速度直線運動なので，**加速度 a は一定**でなくてはならない。

加速度 a が決まったら，③式によって，速度 v が積分によって求められる。

$$v = \int a\, dt = a \int 1 \cdot dt = at + v_0$$

これは不定積分であるから，積分したら積分定数 v_0 がつく点に注意が必要だ。この v_0 は，$t=0$ のときの速度（**初速度**）である。そう，この式こそ **2．速度の公式**なのだ。

速度が求まったら，次は位置の変化 x である。②式より，

$$x = \int v\, dt = \int (at+v_0)dt = a\int t\, dt + v_0 \int 1\cdot dt = a\cdot\left(\frac{1}{2}t^2\right) + v_0 t + x_0$$

となる。先ほど速度を求めた際の積分定数である初速度 v_0 は，定数扱いする点に注意だ。しかも，この積分もまた不定積分なので積分定数 x_0 が必要になる。この x_0 は，$t=0$ のときの位置（**はじめの位置**）である。この式が，**1．速度の公式**というわけだ。

よって，積分法によって，等加速度直線運動の公式を導けた。ちなみに，**3．位置と速度の関係式**は，この **1．** と **2．** から前に述べた方法で導くしかない。

仕事（8章参照）

仕事の定義は，$W = F \cdot \Delta x$（力 F の向きと移動した距離 Δx の向きが同じ場合）である。いままでは，**力の大きさが一定の場合のみ**を扱っていたのでとくに問題はなかったのだが，**力の大きさが変化する場合**の仕事はどうしたら求まるのだろ

うか。

　そこで, F–x グラフを用いることにする。図 22–3 に, 一定の力 F が x_1 から x_2 まで物体に与えられた場合の仕事 W を考えよう。定義により, $W = F \cdot \varDelta x = F \cdot (x_2 - x_1)$ となるが, これは, 図 22–3 の中では, 網をかけた部分の面積になっていることがわかる。面積といえば, 積分で求められることになる。つまり,

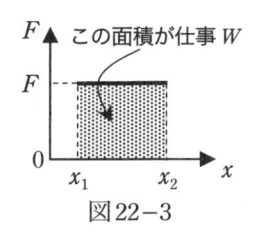

$$W = \int_{x_1}^{x_2} F\,dx \quad \cdots\cdots ④$$

と積分で表されることになる。

ばねの弾性エネルギー（9章参照）

　なぜ, ばねの弾性エネルギーが $\frac{1}{2}kx^2$ という量になるのかを, 9章で紹介した際には, 単位が仕事と同等になるようにした, いわば定義のようなものと考えてほしいと述べたが, 仕事がエネルギーの一つの形であることに着目すれば, **仕事を求めることで蓄えられていたばねの弾性エネルギーの量も求まる**のだ。

　では, 図 22–4 のようにばねを自然長からのばした場合で考えてみよう。ばね定数が k のばねを手でひっぱって, x だけ自然長からのびた場合に蓄えられている仕事量を求めよう。その蓄えられた仕事量がほかならぬ, ばねの弾性エネルギーなのだ。

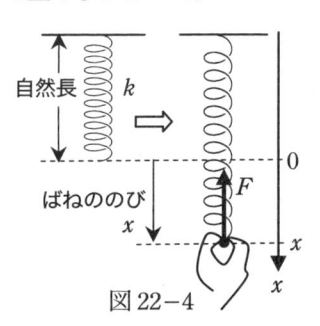

　いま, はじめにばねをのばす向きを x 軸の正とするので軸は鉛直下向きにとる。x だけばねをのばしたときにはたらく力は, フックの法則により, $F = -kx$ だ。向きが上向きで大きさが kx の力である。ばねが手にする仕事 W は, このばねの弾性力（復元力）F で自然長まで距離 x 移動させるだけの大きさとなる。よって, ばねが手にする仕事は $W = F \cdot x$ の定義に入れて求

めたいところだがそうはいかない！　よく見ていただけば分かるのだが，**ばねの弾性力 F は，のび x によって変化し，一定の大きさではないのだ！**

ばねの弾性力 F の大きさの変化を F–x グラフにかいてみよう。図 22-5 のように，$F=kx$ なので F は傾き k で x に比例している。力が変化する場合の仕事を求めなくてはならないわけだ。こんなときこそ④式の出番である。

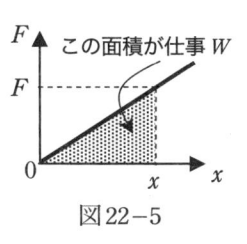

$$W = \int_0^x F\,dx = \int_0^x kx\,dx = k\int_0^x x\,dx = k\left[\frac{1}{2}x^2\right]_0^x = \frac{1}{2}kx^2$$

図 22-5
この面積が仕事 W

この積分によってもとめた図 22-5 の網をかけた部分の面積が，ばねが手にする仕事量であり，すなわち，これだけの量の仕事をする能力を，のびた状態のばねが蓄えていることがわかる。それがばねの弾性エネルギー U であり，$U = W = \dfrac{1}{2}kx^2$ であることが導けた。

ちなみに，図 22-5 のように直線グラフであれば，灰色部分の三角形の面積として求めることもできる。結果は，(底辺×高さ)÷2 で求めると，

$$W = \frac{x \times F}{2} = \frac{1}{2} x \times kx = \frac{1}{2}kx^2$$

となり，当然，同じ仕事の大きさとなる。

力積 (11 章参照)

力積の定義は，$I = \overline{F}\Delta t$ である。平均の力 $\overline{F}$ を "**エイヤッ！**" と考えた場合は，図 22-6 の太い線と t 軸で囲まれた部分の面積が力積の大きさとなる。網をかけた部分の面積だ。これは，実際の瞬間瞬間の力をあらわした，図 22-6 中の山のような曲線と t

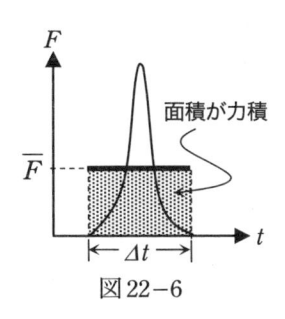

図 22-6
面積が力積

軸と囲まれた部分の面積と同じになる。図22-7にわかりやすいように該当部分に網をかけた。

力積が面積であるということは、積分で求めることができる。

$$I = \int_{t_1}^{t_2} F\, dt \quad \cdots\cdots ⑤$$

F が一定値 $\overline{F}$ の場合、⑤式は、

$$I = \int_{t_1}^{t_2} \overline{F}\, dt = \overline{F} \int_{t_1}^{t_2} 1 \cdot dt = \overline{F}[t]_{t_1}^{t_2} = \overline{F}(t_2 - t_1) = \overline{F} \Delta t$$

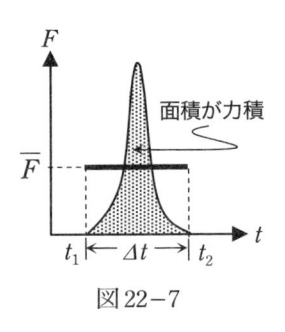

図22-7

となる。しかし、通常の衝突現象では一定の力 $\overline{F}$ を Δt 間受け続けるということはない。かといって、瞬間瞬間の力 F を知るのも困難なため、衝突前後での運動量の変化より、衝突前後での力積を知るわけだ。言い換えると、**衝突現象では、衝突途中についてはあまり深く考えず、はじめとあとの状態のみで現象を説明している**というわけである。仮に、瞬間瞬間の力 F がわかれば⑤式を使って、力積を考えることができる。

単振動の位置と速度と加速度 （17章参照）

単振動の振動中心を原点 O にとり、位置 x を決め、図22-8のように、経過時間 t を横軸にとった x–t グラフを元に考えよう。

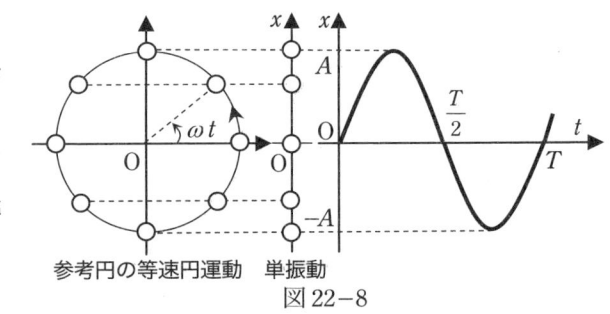

この単振動の振幅を A、角振動数を ω とすれば、単振動の位置 x は、図からわかるように、sin型カーブになるから、

$$x = A \sin \omega t$$

となる。

さて，位置 x が求まれば，速度 v および加速度 a は，②式および③式の**微分の関係を使って**，数学的に求めることができる。

速度 v は，位置 x を時間 t で微分すればよいので，

$$v = \frac{dx}{dt} = \frac{d}{dt}(A\sin\omega t) = A \cdot \frac{d}{dt}(\sin\omega t) = A \cdot \frac{d}{d(\omega t)}[\sin(\omega t)] \cdot \frac{d(\omega t)}{dt} = A\omega\cos\omega t$$

と求められる。**三角関数の合成関数の微分になっている**点に注意が必要だ。

求まった速度 v を時間 t で微分すれば，加速度 a が求まる。

$$a = \frac{dv}{dt} = \frac{d}{dt}(A\omega\cos\omega t) = A\omega \cdot \frac{d}{dt}(\cos\omega t) = A\omega \cdot \frac{d}{d(\omega t)}[\cos(\omega t)] \cdot \frac{d(\omega t)}{dt}$$

$$= A\omega \cdot (-\sin\omega t) \cdot \omega = -A\omega^2 \sin\omega t = -\omega^2 x$$

初期条件として，単振動に初期位相 δ がある場合も同様にして，

$$x = A\sin(\omega t + \delta), \quad v = \frac{dx}{dt} = A\omega\cos(\omega t + \delta), \quad a = \frac{dv}{dt} = -A\omega^2 \sin(\omega t + \delta)$$

と求めることができる。

万有引力による位置エネルギー （18章参照）

万有引力による位置エネルギーを万有引力の法則から導き出そう。

質量 M の点 O に固定された地球から受ける万有引力 F に逆らって，質量 m の人工衛星を位置 r（$r = r$）から無限遠（$r = \infty$）の位置エネルギーの基準位置まで図 22-9 のようにゆっくりと直線上に移動させるとき，万有引力 F がする仕事 W が，万有引力による位置エネルギー U である。

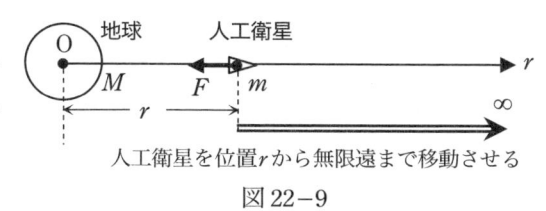

人工衛星を位置 r から無限遠まで移動させる

図 22-9

万有引力がする仕事 W は，④式を用いて積分で表現すると，

$$W = \int_r^\infty \vec{F} \cdot d\vec{r} = \int_r^\infty (-F) \cdot dr = -\int_r^\infty F \cdot dr = -\int_r^\infty G\frac{Mm}{r^2} \cdot dr = -GMm \int_r^\infty \frac{1}{r^2} \cdot dr$$

$$= -GMm \left[-\frac{1}{r}\right]_r^\infty = G\frac{Mm}{\infty} - G\frac{Mm}{r} = -G\frac{Mm}{r}$$

となる。この万有引力がする仕事 W が万有引力による位置エネルギー U なので，

$$U = W = -G\frac{Mm}{r}$$

が導かれる。もちろん，**万有引力による位置エネルギーの基準を無限遠（$r=\infty$）にとっているので，U が負の値になるが，実際には負のエネルギーではないので**注意が必要だ。

慣性モーメント （20章参照）

慣性モーメント（慣性能率）を，20章で扱ったときは，質点の円運動を考え，その後，図22-10（図20-4の再掲）のように，剛体は質点の集まりだと考えて，

$$I \equiv \sum_{i=1}^{n} m_i r_i^2 \qquad \cdots\cdots ⑥$$

と定義した。

それぞれの質点が力を受ける

剛体を質点の集まりだと考える

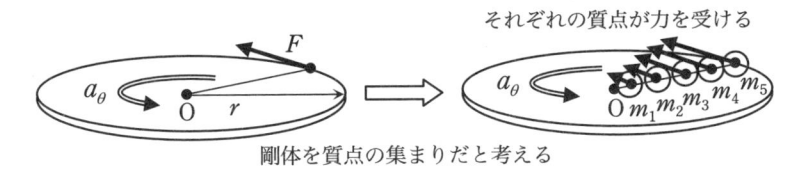

図22-10

この⑥式は和の記号"Σ"（シグマ）を用いていることからもわかるが，**実際には剛体は連続体と考えねばならないので**，積分を使って次のようにして求める。

$$I = \int r^2 dm$$

ここで，dm は回転軸から距離 r のところにある微小質量である。

これだけではいまいちわからないので，慣性モーメントが正確に計算できる幾何学的に単純な形の剛体を例として考えることにしよう。

［例１］均一な円板

図22-11のように半径Rで質量Mの均一な円板の慣性モーメントを求めよう。円板が均一であるならば，同心円環が集まったものであると考えることができる。

回転軸 O からの半径 r と半径 dr の間にある物質が1つの円環をつくる（図の網の部分）と考えると，その面積 dS は，

$$dS = 2\pi r \cdot dr$$

である。

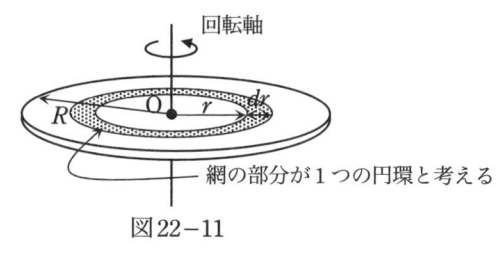

また，円の全面積は πR^2 なので，網の部分の円環の微小質量 dm は，

$$dm = \frac{dS}{\pi R^2} M = \frac{2\pi r \cdot dr}{\pi R^2} M = \frac{2M}{R^2} r\, dr$$

とかけることになる。

すると，この均一円板の慣性モーメント I は，

$$I \equiv \int r^2 dm = \int_0^R r^2 \left(\frac{2M}{R^2} r\, dr\right) = \frac{2M}{R^2} \int_0^R r^3 dr$$

$$= \frac{2M}{R^2} \left[\frac{r^4}{4}\right]_0^R = \frac{2M}{4R^2}(R^4 - 0^4) = \frac{MR^2}{2}$$

［例２］均一な棒

もう一つ例をあげよう。今度は，図22-12のような，質量 M で長さが L の均一な棒の慣性モーメントを求めよう。

図の網かけ部分の，回転軸からの距離 r から $r+dr$ の間の物質の微小質量 dm は，

$$dm = \frac{M}{L} dr$$

となる。ここで dr は，$-\frac{L}{2}$ から $\frac{L}{2}$ まで積分することになるので，図のような均一な棒の慣性モーメン

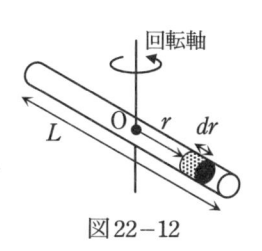

トは，

$$I \equiv \int r^2 dm = \int_{-\frac{L}{2}}^{\frac{L}{2}} r^2 \left(\frac{M}{L} dr\right) = \frac{M}{L} \int_{-\frac{L}{2}}^{\frac{L}{2}} r^2 dr$$

$$= \frac{M}{L}\left[\frac{r^3}{3}\right]_{-\frac{L}{2}}^{\frac{L}{2}} = \frac{M}{3L}\left[\left(\frac{L}{2}\right)^3 - \left(-\frac{L}{2}\right)^3\right] = \frac{M}{3L} \cdot 2\left(\frac{L}{2}\right)^3 = \frac{ML^2}{12}$$

と求めることができる。

力のモーメント積（力積のモーメント）と角運動量の変化の関係

(20 章参照)

ニュートンの運動方程式は，③式を用いてベクトルのままかくと，

$$\vec{F} = m\vec{a} = m\frac{d\vec{v}}{dt}$$

となる。

図 22-13 のような回転する質量 m の質点の運動を考えよう。

力のモーメント $\vec{N}$ は，回転軸（支点）からの距離（位置ベクトル）$\vec{r}$ に，力 $\vec{F}$ がはたらいているので，

$$\vec{N} = \vec{r} \times \vec{F} = \vec{r} \times m\frac{d\vec{v}}{dt}$$

である。また，角運動量は，

$$\vec{L} = \vec{r} \times \vec{p} = \vec{r} \times m\vec{v}$$

である。

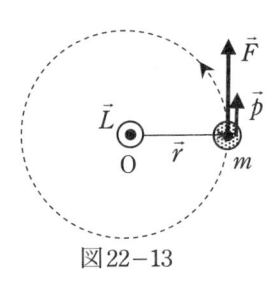

図 22-13

さてここで，**角運動量の時間変化量**を求めてみよう。いいかえれば，**単位時間あたりの角運動量の変化**を求めるということだ。つまり，時間 t で角運動量 $\vec{L}$ を微分するわけだ。

$$\frac{d\vec{L}}{dt} = \frac{d}{dt}(\vec{r} \times m\vec{v}) = \left[\frac{d}{dt}(\vec{r}) \times m\vec{v}\right] + \left[\vec{r} \times \frac{d}{dt}(m\vec{v})\right]$$

$$= \left(\frac{d\vec{r}}{dt} \times m\vec{v}\right) + \left(\vec{r} \times m\frac{d\vec{v}}{dt}\right) = (\vec{v} \times m\vec{v}) + \left(\vec{r} \times m\frac{d\vec{v}}{dt}\right) = \vec{r} \times \vec{F} = \vec{N}$$

ここで，$\vec{v} \times m\vec{v}$ というベクトルの外積が出ているが，同じ向きをもつベクトル

の外積なので,定義によりその大きさは $v \cdot mv \sin 0 = 0$ となる。

まとめると,次のようになる。

$$\vec{N} = \vec{r} \times \vec{F} = \frac{d\vec{L}}{dt} \quad \cdots\cdots ⑦$$

⑦式は,"**角運動量の時間変化量が力のモーメントである**"ということを示している。

さらに,⑦式を時間 t で積分してみると,

$$\int \vec{N} dt = \int \frac{d\vec{L}}{dt} dt$$
$$\vec{N} \int 1 \cdot dt = \int 1 \cdot d\vec{L}$$
$$\vec{N} \Delta t = \Delta \vec{L}$$

となる。この結果は,"**力のモーメント積(力積のモーメント)が角運動量の変化**"であることを示している。力のモーメント積と角運動量の変化にはこのような関係があったわけだ。

ちなみに,慣れ親しんだ力についても,

$$\vec{F} = m \frac{d\vec{v}}{dt} = \frac{dm\vec{v}}{dt} = \frac{d\vec{p}}{dt}$$

と変形できるので,"**運動量の時間変化量が力である**"ことが示される。

また,時間 t で積分すると,

$$\int \vec{F} dt = \int m \frac{d\vec{v}}{dt} dt = \int \frac{d\vec{p}}{dt} dt$$
$$\vec{F} \int 1 \cdot dt = m \int 1 \cdot d\vec{v} = \int 1 \cdot d\vec{p}$$
$$\vec{F} \Delta t = \quad m \Delta \vec{v} \quad = \Delta \vec{p}$$

となる。この結果は,"**力積が運動量の変化**"であることを示している。11章では,力積と同等の単位をもつ量として運動量を定義したのだが,このように微積分を用いるとしっかりとその関係が導かれることがわかる。

付録A．高校物理の家

さて，いきなりだが，次の**問題**を考えてみてほしい。

問題

目の前にとても乗り越えられないような壁がある。しかも，その壁がどんな壁かまったく知る術はない。しかし，どうしても向こう側へ行きたい。さぁ，あなたならどうする？？

「爆弾でぶっ壊す」「穴を掘る」「意地で乗り越える！」「とにかく体当たりする」「塩酸をかける」「ハンマーでぶん殴る」・・・。いろいろな方法が考えられるだろう。もちろん，僕が驚くような方法があるかもしれない。しかし，それらは大きく分けると2つのグループに分けられると思う。

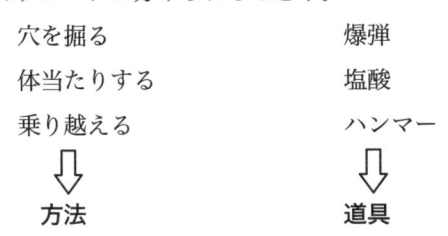

      穴を掘る   爆弾
      体当たりする   塩酸
      乗り越える   ハンマー
       ⇩   ⇩
      方法   **道具**

左のグループは"〜する"という言葉のグループだ。言い換えると**方法**だ。それに対して，右側のグループは**道具**のグループだ。ここでよく考えてほしい。

　たとえば，ハンマーがあって，それで壁をぶっ壊そうと思う。"ハンマー"は**道具**だ。"壊す"が**方法**。でも，これだけでは壊せない。・・・そう，"どうやって"という**使い方**が抜けている。**壁を壊すためには道具の使い方が必要不可欠**なのである。

　さらに言うと，この壁はまったく未知のものだから，どれだけ厚いかわからない。1分で壊れるかもしれないし，100万年かかるかもしれないのだ。では，どうしたらいいのだろう？　・・・そう，いかに手早く壊すかという技をゲットしていることが肝心となるわけだ。言い換えれば，**要領という術（すべ）の獲得**だ。

　まとめると，壁を壊すには，**道具，使い方，方法，要領**の4つが必要になるということだ。

　ところで，付録Aなのに，なぜこんな**問題**を出したのか気になった人も多いのではなかろうか？　実は，**この壁を壊すという話が物理学の学習方法を教えてくれる**からなのだ。

　では，実際に物理学の学習をするにはどうしたらよいかというと，いま考えた壁を壊す問題と同じ手法をとればいい。**壁**が**目の前の現象や問題**にあたる。この現象や問題を解明しようと，ハンマーなどの**道具**で壊そうとするのだが，物理学ではこれに相当するものが**基本法則**である。そうすると，**使い方**に相当するのは，その**基本法則の使い方**になる。それだけでは，未知なる現象や問題の解決ができないので，その**アプローチ方法**を学ばなくてはいけない。それが**方法**と**要領**に相当するわけだ。まとめよう。

```
・壁　　・・・・・・・　目の前の現象や問題（未知なる現象や問題）
┌・道具　・・・・・・　基本法則
┤・使い方　・・・・・　基本法則の使い方
└・方法＋要領　・・・　未知なる問題へのアプローチ方法
  → 基礎・基本
```

物理学の学習とは，つまり，**基本法則と使い方と未知なる問題へのアプローチ方法をマスターすればよい**ということになるわけだ。僕は，この3つを"**基礎・基本**"と考えている。

　ところが，多くの学習者は，道具のみが基本だと考えて，ひたすら法則や公式を丸暗記することだけで満足し，なかなか問題が解けるようにならなかったり，道具と使い方ばかりの反復練習を繰り返して，公式代入問題はできるのだが，ちょっと変わった問題が出ると手も足も出なくなるという状態なのではないだろうか。

　しかし，それらは当たり前の話で，壁である目の前の現象や問題，そして，未知なる現象や問題を自分で解決していくために必要な**アプローチ方法が身についていない**からなのである。この本では，このアプローチ方法を重視してきた。"**積み重ね学問としての物理学**"というのは，実は，未知なる問題へのアプローチ方法へつながるのである。"**前に学んだことを次に活かす**"これが"**積み重ね学問**"たるゆえんなのだが，実際に未知なる問題が目の前に出された場合でも，これまでに学んだことを次に活かすことができると知っていれば，恐れることなく挑めるというわけである。どんな壁があろうとも，それに立ち向かうことができるのだ。

高校物理の家

　さて，ここからは，高校物理の話をしよう。僕は，高校物理は家と同じだと考えている。そこで，"**高校物理の家**"（←聖史造語）を紹介しよう。

　まず，土台である"**力学**"がある。その上にペラッと薄い床がある。"**エネルギー**"とか"**運動量**"だ。たいしたことはない。なぜなら，床などなくても家は立派に建つはずだからだ。たたみに相当するのが"**熱力学**"という分野。所詮たたみだ。次は部屋だ。一階建ての家なので，広い空間を確保したいところだ。ここに相当するのが"**電磁気学**"という分野。でも，部屋の大半は空間なので，さほどたいしたことはない。ところで，屋根の前に，雨どいの工事をしたいところ。

281

屋根から雨がザバザバ垂れては，土台がゆるくなりかねないからだ。この雨どいに相当するのが"**波動**"の分野。ところで，雨どいは柱さえあればつけられる代物だ。よって，一階部分とほとんど関係がないと思ってよいわけだ。最後に屋根。これが"**現代物理学**"である。やっと"**高校物理の家**"が建ったわけだ。

どんな家でもそうだが，**土台である基礎工事がしっかりしていないと，あっという間につぶれてしまう**。それほどまでに基礎が大事だというわけだ。高校物理においても同様で，基礎に該当する"**力学**"がしっかりマスターできていないと，その上に作られる家の各パーツが，いくらしっかりできていても，家としては不安定なものとなることはわかると思う。地震がきたら，それこそ一発でつぶれかねない！

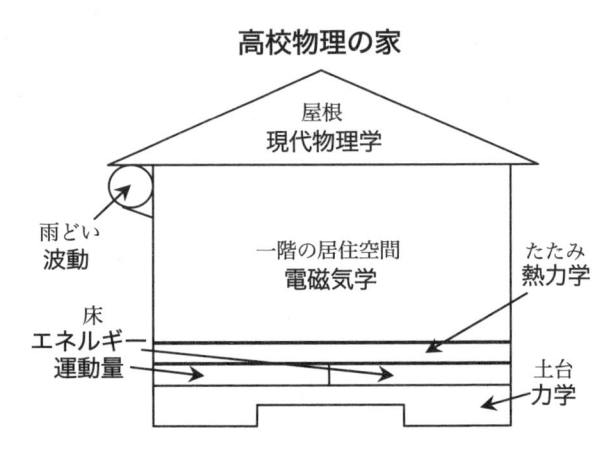

高校物理の家"とはいうものの"**物理学の家**"と言い換えてもおかしくないくらい，"**力学**"は大切な基礎部分である。先に述べたように，基礎・基本として**"力学"の基本法則と使い方と未知なる問題へのアプローチ方法をマスターすることが物理学を学ぶために不可欠なのだ**。ぜひ，この本でしっかりした土台を作り，あなたの大きな"**物理学の家**"を建ててほしいと思う。

ところで実際は，波動と電磁気学は親密な関係があるし，その両方を併せ持って現代物理学が成り立つので，**この家のモデルは正確ではない点を付け加えておく**。だが，高校物理では，この家のモデルどおりの分野イメージをもっていただいて一向に構わないだろう。

高校物理の家

- 屋根　現代物理学
- 雨どい　波動
- 一階の居住空間　電磁気学
- たたみ　熱力学
- 床　エネルギー　運動量
- 土台　力学

付録B．ぴこちゃんと父ちゃんの会話問題

物理学をもっと身近にできないだろうか？

それを実現するためのひとつの方法として，僕が実践してきた，名付けて"**ぴこちゃんと父ちゃんの会話問題**"を紹介しよう．物理学をより身近にしたいという目的のため，いろいろな現象を疑問にもつ娘の"ぴこ"と，その話を聞いて，答える父ちゃんの会話形式とした．また，父ちゃんは，あっさりとぴこちゃんの疑問に答えるのではなく，考えるきっかけを与えることで，共に世の中の疑問を物理学で解き明かしてゆこうという，紙の上や，テストのためだけの物理からの離脱をしてほしいと願って作った，いわば，**実験的な問題**である．

今回は，力学編で世の中の物理現象が説明できるようになったのか，つまり，**物理学が自分のものとして利用できるかの判定になる**と考え，僕の作成した過去の定期テスト問題から力学編の内容であるものを載せることにした．

さらに，模範解答を載せればよいのだが，それでは，みなさんの考える機会を奪ってしまいかねない．そこで，**あえて模範解答は載せないこととした**．それではあんまりだという人もいるかもしれないと思い，**ヒント**を少しだけページの最下部に載せることにした．父ちゃんの代わりに，ぜひ，あなたの言葉で，うまく，わかりやすく，ぴこちゃんに説明してあげてほしい．

なお，これらの問題はいろいろな書物やインターネット上の情報を参考にして作ったものである．どうしてもわからなければインターネットなどを調べてみるのもよいかもしれない．ただし，いきなり調べるのではなく，自分でウンウン唸って，何日も考え，どうしてもわからないときだけにしてほしい．なぜなら，**こ**

の本の内容で必ずうまく説明できるはずだからだ。

　ここまで読み進めてきたあなたなら，難なくぴこちゃんの疑問に答えられるのではないかと信じたい。それでは，じっくりと，"ぴこちゃんと父ちゃんの会話問題"に取り組んでいただきたい。

　また，せっかくうまい答えを考えたのだから，ぜひ見てほしいという要望もあるかもしれない。それはまったく大歓迎である。ぜひ，僕にあなたの答えを見せていただきたい。その答えが物理学的である場合，僕から**"物理マスター"**の称号を認定しようと思う。ぜひ**"物理マスター認定証"**をあなたも手に入れてほしい。僕への連絡先は，インターネット上で"物理マスター認定証"と検索すれば見つかると思うので，ぜひ検索してみてほしい。

付録B．ぴこちゃんと父ちゃんの会話問題

その1　次の会話文を読んで，後の【問題】に答えなさい。

　おや、今日は、娘のぴこが、叔父さんに買ってもらった地球儀を熱心に見ているぞ。
「ねぇ、ぴこちゃん。なにしてるんだい？」
「・・・あ、父ちゃん。ほら、地球儀って面白いんだよ。」
　そう言って、ぴこは、くるくると地球儀を回転させている。
「うん。実際の地球も、そうやって自転しているんだよ。」
「・・・知ってる。」
　うーん、ぴこのやつ、くるくる回しながら何か考えているようだ。
「ぴこは、地球の外から宇宙人になって地球を見ているんだね・・・。」
おっと、そろそろ質問が来るぞ。
「でね、ぴこは思うんだ。」
　　・・・ほら来た。
「なんだい？」
「え〜とね、ぴこの見ているように、宇宙人が地球を見ていたとするよね。」
「うん。」
「地球上の人は、地球が自転しているから、そのまま一緒に回転しているよね。」
「そうだね。」
「うん。そこで、考えてみたいの。宇宙人から見て、まったく動いていないように見えるには、地表でどれだけの速度で移動する必要があるかなぁって。」
「なるほどねぇ。なかなか面白いなぁ。」
ぴこはこうやっていつも面白い発想をする。
「じゃあ、父ちゃんと一緒に考えよう。まずは、・・・赤道上を考えることにしようか。考えやすいようにね。」
「うん。」
「地球の半径は、6.4×10^6 [m] なので・・・」

【問題】このあと，お父さんがしたであろう説明をつづけて下さい。必要ならば、絵や図を用いてもかまいません。　　　　　　　　　　　　（2004年6月作成）

　　　　　　　　　　　　　　　　　　　　　ヒント　速度の定義

その2　次の会話を読み，あとの問いに答えよ。　　　　（2002年6月作成）

　6月になり、梅雨の時期になると、いつも娘のぴこが僕に同じ質問をしてくる。今回は観念してじっくり考えてみることにしようか。
「父ちゃん、雨が降っているよ。雨粒がこのボールみたいだったら、落ちてくるうちにどんどん速くなって、ぴこの頭に突き刺さっちゃうよね。でも、頭大丈夫なの。不思議だなぁ。」
「う〜む、ぴこちゃんが言うのももっともだなぁ。雨雲はだいたい地表から1 [km] 上空にあるらしいから、そこから計算してみようか。」
「うん。」
「雨粒が1 [km] 地点から自由落下して地表に達するとすれば、地表では、（　1　）[m/s] になっているはずだよね。でも、実際に雨粒を見ていると・・・。」
「そんなに速くないし、ぴこには、等速度で降っているように見えるよ。」
「じゃあ、等速度だったとしようか。このとき力はつりあっていることになるわけだから雨粒にはたらく力を考えると・・・。」
「うんうん・・・。」

（1）文中の（　1　）にあてはまる数値を答えよ。
（2）お父さんがこのあとぴこちゃんに説明したであろう内容を、代わりに説明せよ。

　　　ヒント　等加速度直線運動の三公式　雨粒の重力とつりあう力は何か？

付録B．ぴこちゃんと父ちゃんの会話問題

その3　次の会話を読み，あとの問いに答えよ。　　　　（2002年9月作成）

　娘が、今日の運動会で、すばらしい活躍をした。他人には、親バカと言われそうだが、嬉しいものは嬉しいのである。
「お父さん、今日のぴこ、がんばったよねっ！！」
「すごかったぞぉ〜！　なんてったって、かけっこでは、3人も抜いたもんな。さ〜すがアンカーに選ばれただけのことはあるぞ！　えらいえらい！！」
「うん！　えへへへ。」
「そうそう、クラス対抗戦でも、ぴこちゃんのクラスが1位だったよね。おめでとう！」
「ありがとう！　最後の3組との綱引きで、勝ったから1位になったんだよ。」
「・・・そうだったな。あの綱引きが勝負の分かれ目だったね。前半は、どっちのクラスも一歩も譲らなかったのに、最後の最後で、ぴこちゃんのクラスがっ！！！」
「そ〜なんだよ。うんとね、最後まで粘り強く、あきらめなかったのがよかったんだと思う！」
「何事も、そうやって，最後まであきらめないことで勝てるってことだね。今日は、ぴこちゃん、身をもって大事なことを学んだんだな。」
「うん！」
「しかし、すごかった。一歩も譲らない2クラスのあの緊張感は、見てる父ちゃんのほうにも伝わってきたよ。ははははは。」
「・・・ねぇ、父ちゃん、ぴこ、考えてみたんだ。」
「なにをだい？」
「一歩も譲らなかった瞬間は、力がつりあっているから動かなかったんだよね。」
「・・・そうだねぇ。綱を両端から引っ張っている力がつりあっていたから動かなかったんだろうね。」
「でね、もし、クラス40人がみんな同じ条件だったら、3組とぴこのクラスと

の差は、まったくなかったんだと思う。今日、最後に勝てたのは、やっぱりあきらめなかったからなんだけど、・・・もっと科学的に、2つのクラスの差を考えられないかなぁって。」
「・・・ふむ、なるほど。じゃあ、クラス人数は40人で、足の大きさはみんな同じとした場合で、地面との静止摩擦係数が同じ場合（グラウンドの状態が均一で履いている靴は同じという意味）を考えてみようか。この条件で、何が違うと、この綱引き勝負に勝てるかってことだよね？ それはねぇ、・・・

【問題】科学的に，綱引きに勝つための両クラスの違いを考えて，お父さんの代わりにぴこちゃんに説明してあげてください。

ヒント　摩擦の法則

付録B．ぴこちゃんと父ちゃんの会話問題

その4　次の会話文を読んで，お父さんの替わりにぴこちゃんに説明してあげてください。
　　　　　　　　　　　　　　　　　　　　　　　　　　　（2004年11月作成）

　娘のぴこが、なにやら熱心に考えている。
「やぁ、ぴこちゃん。何をそんなに考えているんだい？」
「あ、父ちゃん。・・・みてみて、これこれ。」
　ぴこが見せてくれたのは、ニュートンの"運動方程式"と、"力積と運動量の関係式"だ。
「父ちゃん、この"運動方程式"から"力積と運動量の関係式"を導くことができるよね。」
「そうだよ。」
「・・・でね、ぴこは考えたんだ。」
・・・ほらきた！
「同じように、ニュートンの"運動方程式"から"仕事とエネルギーの関係式"が導けないかなぁって。」
「・・・う〜ん、そうだなぁ、じゃあ、位置エネルギーと仕事の関係で考えてみようか？　まず、そうだな、高さ h の位置に質量 m のボールがあったとしようか。このボールのもつエネルギーが、地面に落ちた瞬間には・・・

ヒント　ニュートンの運動方程式　仕事　重力場の位置エネルギー

その5　次の会話を読み，あとの問いに答えよ。　　　　　（2002年11月作成）

　今日は、ぴこちゃんがなにやらテレビにかじりついているようだ・・・。
「父ちゃん！　野口聡一さんが、2003年に宇宙に行くんだって！」
「おお、日本人宇宙飛行士も活躍してるなぁ。で、今度はどんな役割をする予定なの？」
「うん、テレビでは、組み立てミッションに参加だって言ってるよ。若田さんとおんなじだね！　すごいなぁ！！」
「もう、宇宙も身近な世界になってきてるんだね。」
「・・・宇宙といえば、ぴこ、不思議に思ってることがあるんだ。」
「なんだい？」
「うん。ロケットのことなの。地上では自分が前に進むには、地面を蹴って進めるんだけど、宇宙でロケットが前に進むには、宇宙空間は真空だから蹴ることができないでしょう？　なのに、前に進めるってことはどういう仕組みなのかなぁって。」
「ほほう、確かに気になるね。じゃぁ、一緒に考えてみようか。まず、ロケットはどうやって推進力を得るかだよね。う〜〜んと・・・。」
「・・・。父ちゃん！　エンジンの噴射の勢いじゃないのかな？　生中継とかで軌道修正するとき"ゴー"って、大きな音がするでしょ？　あれあれっ！　ガスみたいの。」
「なるほど。たしかに、ロケットはケロシン（灯油）を積んでいるからね。で、そこから推進力を得るとすると・・・。そうだなぁ、運動量保存則かぁ？」
「あ、わかった。燃えカスがチリになってロケットの進行方向とは逆に飛んでいけば、ロケットには速度が生まれるよね！　・・・つまりロケットの質量を m として・・・」

【問題】ロケットの進む仕組みと，考えられる速度限界について話を続けてください。
　　　　　　　　　　　　　　　ヒント　運動量保存則と分裂の関係

付録B．ぴこちゃんと父ちゃんの会話問題

その6　次の会話文を読み，あとの【問題】に答えなさい。

　　台所のほうで、娘のぴこが、りんごをじっと見て何かを考えているぞ。こういうときは、決まって、質問をしてくるんだよなぁ・・・。
「・・・やぁ、ぴこちゃん。そんなに一生懸命りんごを見て・・・食べないのかい？」
「父ちゃん。りんごで思い出したんだけど、ニュートンって人は、りんごが木から落ちるのを見て、引力を発見したんだよねぇ。」
「うん。有名な話だよ。」
「ぴこね、ちょっと疑問に思ったんだ。」
「・・・何をだい？」
「うん。地球って自転しているでしょ？　だから、地球上にある、このりんごは、等速円運動しているわけじゃない？」
「・・・そうだねぇ。それで？」
「そこなの。等速円運動が成り立っているってことは、重力がはたらいているからだと思うけど、その条件を使って重力加速度の大きさ g を求められないかなぁって思ったんだ。」
「・・ほほう。なるほどね。じゃあ、一緒に考えてみようか。たしか、地球の半径は 6.4×10^6 [m] だったから・・・」

【問題】このあと，お父さんがしたであろう説明をつづけて下さい。必要ならば，絵や図を用いてもかまいません。
　　　　　　　　　　　　　　　　　　　　　　　　　　　（2004年6月作成）

ヒント　等速円運動　向心力

291

|その7| 次の会話文を読み，あとの【問題】に答えなさい。

> 　　ガタターン、ガタターン・・・。
> 　今日は、娘のぴこと2人で電車に乗って遊園地に向かっている。ぴこは、電車が好きで、いつも一番前に立って、線路を見ているんだよなあ。なんでも、線路が続いている様子がわくわくするんだそうな。
> 「・・・ねぇ、父ちゃん？」
> 　・・・きたきたきたっ！　今日はどんな質問だ？？
> 「ん～。いい天気だね。・・・で、どうしたんだい？」
> 「うん。電車がカーブで曲がる様子がなんか気になるの。」
> 「はい？」
> 「うんとね、ぴこが父ちゃんの車に乗っているときとは何か違うような気がするんだ。・・・どうしてかな？」
> 「・・・ははぁ、わかった。それはねぇ・・・、

【問題】このあと，お父さんがしたであろう説明をつづけて下さい。必要ならば，絵や図を用いてもかまいません。
　　　　　　　　　　　　　　　　　　　　　　　　　　　　　（2005年6月作成）

　　　　　ヒント　等速円運動するのに必要なのは？　実際に体験するとすぐわかる

付録C．松野聖史作詞作曲"物理学（？）の歌"

僕は，趣味で歌を作る。決してうまくないとは思うのだが・・・（苦笑）
　物理学も楽しく歌にできたらいいなぁと気楽に考えて作ってみた曲を紹介しよう。楽譜も載っているので，楽譜のよめる人にはどんな曲かわかってもらえるだろう。
　なるべく公式暗記物にならないように配慮して作詞したつもりなのだが，いかがだろうか？　では，簡単に各曲の紹介をしておく。

はたらく力の見つけ方

　ズバリ，タイトルのとおり。この本の中ではいつもくどいくらい使ってきたあの，はたらく力の見つけ方にメロディーをつけたもの。後半では力のつりあいも扱っている欲張りな歌詞。

運動量保存則

　タイトルどおり運動量保存則の歌。短くポイントをうまくまとめたつもりなのだが・・・。いかがだろうか。この曲を生徒に披露した後，しばらく携帯電話の着メロに採用していた生徒がいたのが印象に残っている。一度聞いたら忘れない旋律が特徴だ。

　これらの曲も，インターネット上で聴けるようにしてある。"物理マスター認定証"と同じページにあるので，興味がわいたら，ぜひ検索してみてほしい。

はたらく力の見つけ方

(2002年5月作)

モノにはたらく　力の見つけ方
力は何が何からはたらいているかがミソ

まず考えるモノをきめる
きめたモノに　はたらく力は

１番　重力　遠隔力のこと
２番　接垂力　垂直方向に
動いているものに乗ったときのみ
３番　慣性力も忘れないようにね・・・

そのモノが静止もしくは
同じ速さで動いているとき

力はつりあっている　または合力がゼロ
力がつりあわないとき　それは加速度運動だ！

はたらく力の見つけ方

作詞／作曲　松野 聖史

Allegro (♩=120)

モノに はたらくー ちからの みーつけかたー

ちからは なにがー なにから はたらいている かがミソ

まーず かんがえーる モノーを きめるー

きーめた モノーに はたらく ちからは

いちばん じゅうりょくー えんかく りょーくーのこと

にーばん せっすいーりょく すいちょくほーーこーうーに

うごいている ものにのったとき のみ

さんばん せっすいーりょくも わすれないーよーーにね・・・

そーのー モノが せいしー もしくはー

おーなじ はやさで うごーいている ときー

ちからー は つりあっている または ごうりょーくが ゼロ

ちからー が つりあわないとき それは かそくど うんどうだ！

運動量保存則

(2001年10月作)

モノとモノがぶつかるとき・・・
運動量保存則
完全弾性衝突　（ならば）
エネルギーも保存する

さらに　もうひとつ　大事なことがある
モノ自体の　はねかえり係数さ！

運動量はベクトル
それにも注意をして
x と y 別個に　（分けて）
運動量保存則

これで　完璧よ

運動量保存則

作詞／作曲　松野 聖史

Allegro (♩=120)

モノとモノがぶつかるときー　　うんどうりょう ほぞんそく

かんぜんだんせい しょうとつー（ならば）　エネルギーも ほぞんする

さーらにーもう ひとつー　　だいーじなことがあるー

モーーーノー じたいのー　　はねーかえり けいすうさ

うんどうりょうーは ベクトルー　それにも ちゅういをしてー

エックスとワイべっこーにー（わけて）　うんどうりょう ほぞんそく

これで かんぺき よー

おわりに

　ここまで読んでいただき，まことにありがとうございます。いかがだったでしょうか？　入試物理ではない，本当の物理学を垣間見ることができましたか？

　この本では，はじめに述べたように，**"積み重ね学問としての物理学"** を念頭において仕上げたため，学んだことが次の章で，もしくは，だいぶ後で活かされていることがわかったかと思います。昨今の高校での物理教育課程では，力学だけでも分割されており，系統立てて学ぶことが難しくなっています。さらに，教科書で，系統立てた展開が難しいため，単なる現象説明科目に成り下がってしまっているように僕には感じられて仕方ありません。

　この本では，それらのしがらみを完全に打ち破って，力学を系統立てて学べるように構成し，随所に工夫をこらしたつもりです。

　また，高校の物理では，微積分や，ベクトルの内積と外積は用いてはいけないことになっています。僕の個人的な考えではありますが，物理現象の理解に微積分は用いなくてもよいと思いますが，ベクトルの内積と外積は不可欠だと思っています。そこで，実際にこの本では，**仕事の定義はベクトルの内積を用いましたし，力のモーメントや角速度，そして角運動量などの剛体の回転運動にかかわる部分では，ベクトルの外積を用いました**。この点は，賛否両論あるとは思いますが，定義がベクトルの内積や外積であるとはじめから学んだほうが，後々のためであると信じて疑わないからです。微積分との関係については，22章で軽く触れるだけにとどめました。

　そして，今回この本でこだわったのは，現在の高校の物理教育課程から完全に

消えてしまった**剛体の回転運動**を扱った20章です。物理に詳しい方から見ると，かなり噛み砕いた説明になっているので不満もあるかと思われますが，参考文献にも挙げてあります『前田の物理』および『MIT物理 力学』を参考にし，自分なりの解釈も加えて，微積分を用いずに説明しました。自分が大学でも時間の関係でほとんど教えてもらえず，本で読んで理解するのにかなり時間を要した部分であるため，今回は，自学自習ができるようにとても丁寧に説明をしたつもりです。さらに，積み重ね学問としての物理学であることを重視し，それ以前の話と絡めて説明してあります。剛体の回転運動も，かなり身近な現象であるため，質点の運動だけで満足してはだめであると考えたからです。

当初の予定にはなかったのですが，回転運動を説明しているうちに，回転運動に絡んで自分の記憶の中で理解しにくかった"**コリオリの力**"も扱うことにしました。『大学1・2年生のためのすぐわかる物理』を参考に，さらに詳しく説明を加えました。地球上での自然現象に結びつくこの力が理解していただけたでしょうか？

また，"入試物理に成り下がった物理"とさんざん言っておきながら，一部の例題は，大学入試問題を改作して出題させていただきました。やはり，入試問題という形ではあるものの，身近な現象を説明するのによい例は多くあります。そして，入試問題として終わってしまわないように，結果についてはなるべく深く考察を加えました。結果の考察をすると，物理学の面白さが見えてくる場合が多いからです。

本文中では，**僕の思い込みや独自の解釈による記述があるかもしれません**。お気づきの点などありましたら，今後の参考にさせていただきますのでご一報いただければ幸いです。

力学が"**積み重ね学問としての物理学**"を実感できる一番よい学問だと思うので，今回は，力学だけに絞って説明しました。また，僕が一番好きなのも力学であるからです。**目の前で起こる現象が説明でき，理論と現実がこんなに一致するんだということを実感できるため**です。本文中でいろいろな具体例をあげたり，簡単な実験方法も紹介してありますので，ぜひお試しになられるとよいでしょう。

おわりに

　ここで，ちょっと自分のことでもお話しましょう。**僕は，高校時代は，物理がまったくできませんでした。**ええっ？　と思われるかもしれませんが，テストでは本当に点が取れませんでした。しかし，式から導かれる数値と実験結果が一致することが大変面白かったのです。一緒に授業を受けているクラスメイトたちと，うなずいたり，おおっ！　とか声を出していたものの，やはりテストだけはできませんでした。さて，大学を選ぶときです。**自分と同じ歳のクラスメイトにできるのになぜ自分にはわからないのか？**　きっと大学にいって物理学を学べばわかるようになるに違いない！　と，一浪の末，なんとか，理学部物理学科へ入学できました。**自らイバラの道を選んだのです！**　大学で物理学を学んでいくと，当然もともとわからないわけですから苦労しましたが，さらに物理学が奥の深い学問であることを痛感し，大学院にまで進学しました。僕の物理学は，そういう自分の体験を背景にして成り立っているといっても過言ではありません。**物理が苦手な人に，理解できるようになるまでの道のりをこの本で示すように書きました。物理が得意な人が，**いったい頭の中で何をどのように考えているのかを，とにかく全部惜しげもなく書きました。ゆっくりじっくり読んでください！

　最後になりますが，僕の本をきっかけに，物理学に興味を持っていただけたならばと願ってやみません。僕が教員になることをいつも応援してくださった，大学時代の恩師である故宮村修氏をはじめとする先生方に感謝いたします。僕に物理学の本質と楽しさを教えてくださった川勝博氏にも感謝いたします。本文の内容についていろいろ協力してくれた生徒の皆さん，出版して下さった海鳴社さん，そしてなによりも，この本を手に取り，読んでいただいた皆さんに感謝いたします。それではまた，どこかでお会いしましょう！

　ところで，僕の名前ですが，"聖史"とかいてなんと読むかわかりますか？　"せいじ"と読みます。よって，"聖史式物理学"は"せいじしきぶつりがく"と発音して下さいね。

2006 年 7 月　松野聖史

参考文献

主に参考にしたもの

『MIT 物理 力学』 A.P.フレンチ 培風館
　　力学をこの本で学んだ後にさらに深めるにふさわしいと思います
『川勝先生の物理授業（上巻）』および『同（中巻）』 川勝博 海鳴社
　　僕の高校時代の物理の教科担任だったので川勝先生の影響が大きいです
『たのしくわかる物理 100 時間（上）』 東京物理サークル編著 あゆみ出版
　　授業展開の形でまとめられており話の流れなどを大いに参考にしました
『四訂 前田の物理（上）』 前田和貞 代々木ライブラリー
　　回転運動を主に参考にしました
『大学 1・2 年生のためのすぐわかる物理』 前田和貞 東京図書
　　コリオリの力の説明を参考にしました
『岩波 理化学辞典 第 5 版』 長倉三郎ほか 岩波書店
　　本文中の雑学やアルファベットでの表記はこの辞典を参考にしています
『四訂版 高等学校 物理 教授資料』 後藤憲一ほか 数研出版
　　愛用している 2 世代前の指導資料でいろいろ参考にしました
インターネット上の情報 多くのインターネットホームページ作成者のみなさん
　　書ききれませんのでこのような表現で感謝の意を述べたいと思います

部分的に参考にしたもの

『橋元流 解法の大原則・1』 橋元淳一郎 学研
　　物理はイメージという考え方や嚙み砕いた解説を参考にしました
『高等学校物理 力学の総合学習』 数研出版
　　いわゆる新課程用の力学部分の再編集学校用サブテキストです
『高等学校 物理Ⅰ』および『高等学校 物理Ⅱ』 兵藤申一ほか 啓林館
　　現在の勤務校で採用している教科書で説明部分や例題を参考にしました

参考にした問題集など

書ききれないほどの各社の多くの問題集や模試の問題
　　旺文社 東京書籍 啓林館 数研出版 浜島書店 実教出版 河合塾 ベネッセ 代ゼミ など
　　なお問題集の問題は大学入試の出典が明記されているものは本文内でも明記しました
大学入試の過去問題集

著者：松野 聖史（まつの せいじ）
　　　1975 年，愛知県生まれ．愛知県立旭丘高等学校，広島大学理学部物理学科，広島大学大学院理学研究科物理科学専攻博士課程前期修了，理学修士（物理学）．その後，岐阜県立中津高等学校教諭，岐阜県立各務原西高等学校教諭を経て，現在，愛知県立高蔵寺高等学校教諭．
　　　高校時代，物理に興味はあったもののまったくテストで点が取れず（要は赤点連続獲得），大学に進めばわかるようになるだろうと物理学科へ進学．それでもまだわからないことが多かったため，大学院でも物理学を専攻．現在も研究中．将来の夢は，物理学の大衆化に貢献すること．
　　　モットーは，自分にしかできないことは何かを探り，それをカタチにすること．趣味は創作活動。特技は運動音痴．
　　　フリーズ事件の服部剛丈くんとは旭丘高校のクラスメイト．竹門会会員．

聖史式
積み重ね型物理学入門　力学編

2006 年 8 月 7 日第 1 刷発行

発行所：㈱海鳴社
　　　〒101-0065
　　　東京都千代田区西神田 2 − 4 − 6
　　　http://www.kaimeisha.com/
　　　E メール：kaimei@d8.dion.ne.jp
　　　電話：03-3262-1967
　　　ファックス：03-3234-3643

発行人：辻　信　行　　組版：海鳴社　　印刷・製本：㈱シナノ

JPCA　日本出版著作権協会
http://www.e-jpca.com/
本書は日本出版著作権協会（JPCA）が委託管理する著作物です．本書の無断複写などは著作権法上での例外を除き禁じられています．複写（コピー）・複製，その他著作物の利用については事前に日本出版著作権協会（電話 03-3812-9424、e-mail:info@e-jpca.com）の許諾を得てください．

出版社コード：1097
ISBN 4-87525-233-1

© 2006 in Japan by Kaimeisha
落丁・乱丁本はお買い上げの書店でお取替えください

―― 海鳴社 ――

川勝先生の物理授業　全3巻　A5判、平均260頁

川勝 博／これが日本一の物理授業だ！　愛知県立旭が丘高校で，物理の授業が大好きと答えた生徒が，なんと60％！　しかも単に楽しいお遊びに終わることなく，実力もつけさせる．本書は授業を生徒が交代でまとめたもの．

上巻：力学 編　2400円

中巻：エネルギー・熱・音・光編　2800円

下巻：電磁気・原子物理 編　2800円

ようこそニュートリノ天体物理学へ

小柴昌俊／一般の読者を相手に，ノーベル賞受賞の研究を中心に講演・解説したもの．素粒子の入門書であり，最新の天体物理学への招待状でもある．

新書判128頁口絵16頁，520円

量子力学　観測と解釈問題

高林武彦著・保江邦夫編／著者のライフワークともいえる量子力学における物理的実体と解釈の問題が真正面から論議されている．研究者必読の書である．

A5判200頁，2800円

熱学史　第2版

高林武彦／難解な熱学の概念はどのようにして確立されてきたのか．その歴史は熱学の理解を助け，入門書として多くの支持を得てきた．待望の改訂復刻版．

46判256頁，2400円

―― 本体価格 ――